JN094532

KYOTO
UNIVERSITY
PRESS

学術選書 096

生命の惑星 上

チャールズ・H・ラングミューアー　ウォリー・ブロッカー　著

宗林由樹　訳

ビッグバンから人類までの地球の進化

京都大学
学術出版会

水素原子の発光
スペクトル

太陽光の
スペクトル

ナトリウム原子の
発光スペクトル

青　　　　緑　　　　黄　　　　赤

口絵1　スペクトルと暗線　図 2-3 も参照

口絵2　オリオン星雲　図 5-0 も参照

口絵3　グランドキャニオンの傾斜不整合　図 6-1 も参照

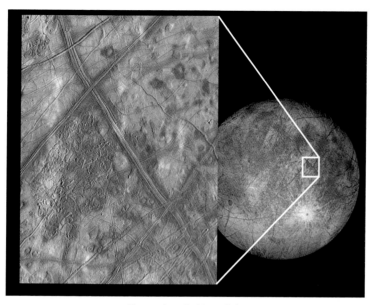

口絵4　エウロパ　図8-4も参照

口絵5　イオ　図8-4も参照

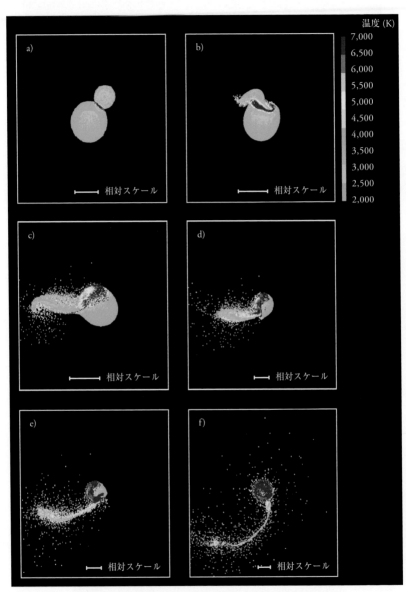

温度 (K)

7,000
6,500
6,000
5,500
5,000
4,500
4,000
3,500
3,000
2,500
2,000

a) 相対スケール

b) 相対スケール

c) 相対スケール

d) 相対スケール

e) 相対スケール

f) 相対スケール

口絵6 ジャイアントインパクトの数値モデル 図8-7も参照

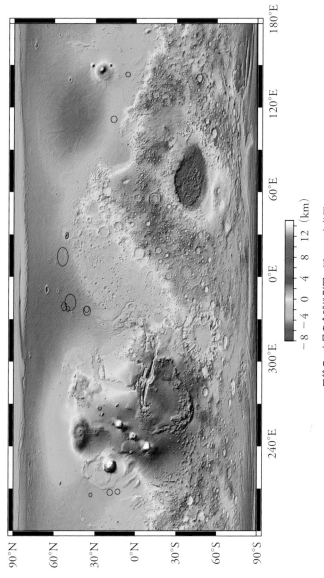

口絵 7　火星の全球地形図　図 8–12 も参照

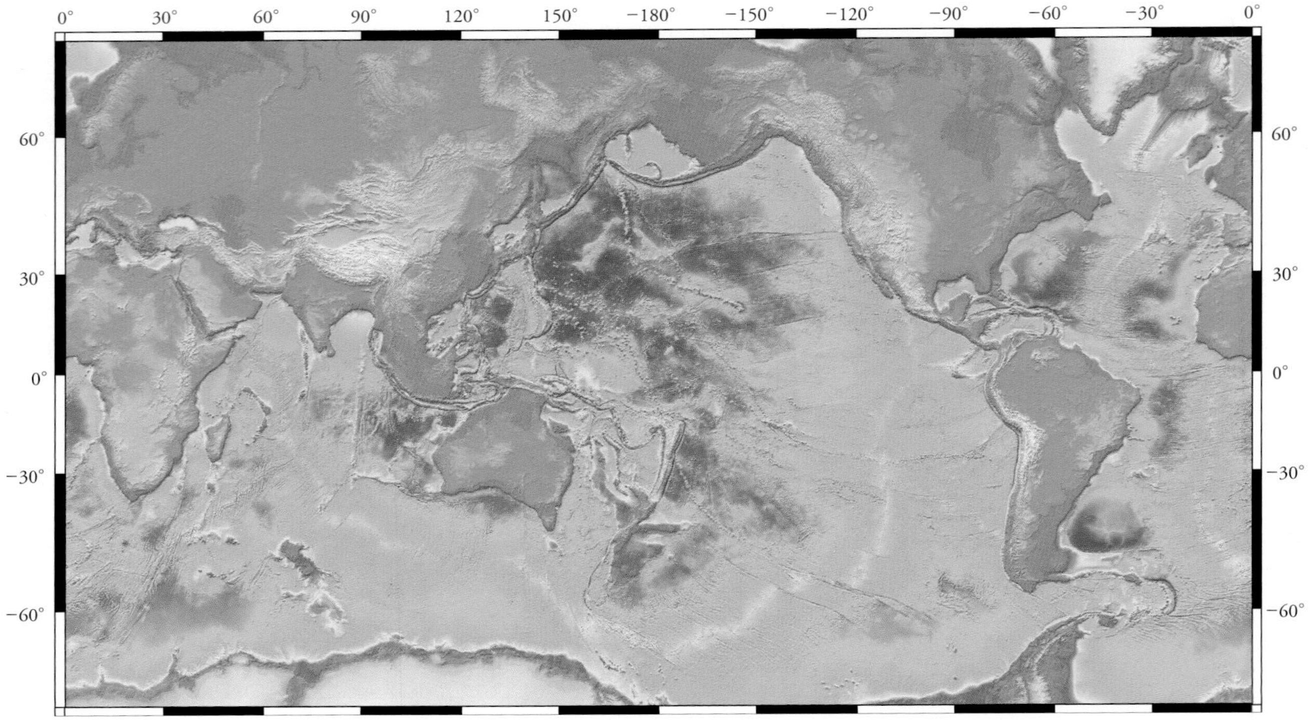

口絵 8 海洋底地形図 図 10-0 をも参照

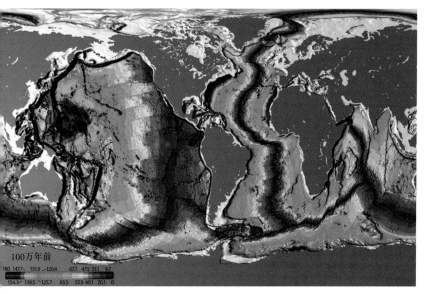

100万年前

180 147.7 131.9 120.4 67.7 47.9 33.1 9.7
154.3 139.5 125.7 83.5 55.9 40.1 20.1 0

口絵9　海洋リソスフェアの年代　図 10-5 も参照

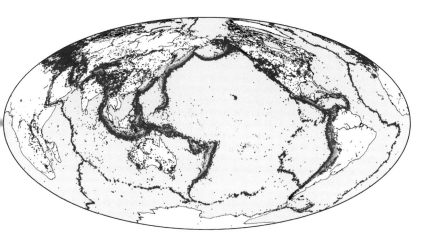

口絵 10　地震活動度の全球分布　図 10-7 も参照

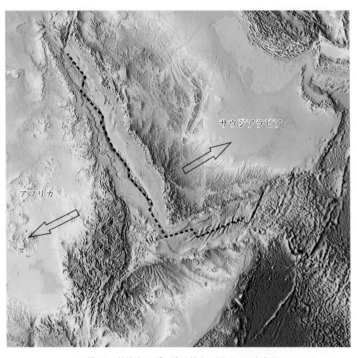

サウジアラビア

アフリカ

口絵 11　紅海とアデン湾の拡大　図 10-14 も参照

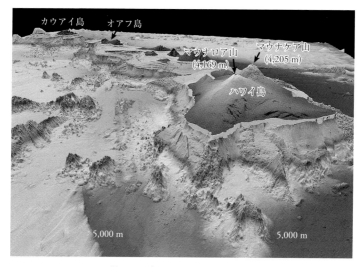

口絵 12　マウナロア山　図 11-0 も参照

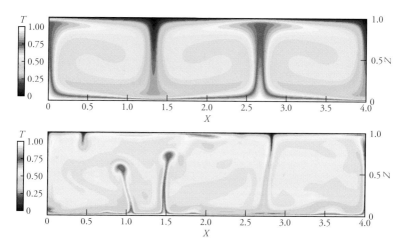

口絵 13　対流の数値モデル　図 11-5 も参照

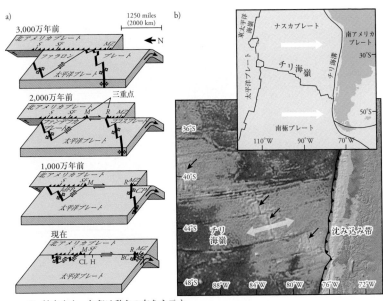

a)

3,000万年前

1250 miles
(2000 km)

北アメリカプレート
S   SF   MZ
ファラロン   プレート
太平洋プレート

b)

2,000万年前
三重点
北アメリカプレート
S   SF   M   R   MZ
ファンデフカ
プレート
太平洋プレート

1,000万年前
北アメリカプレート
S   SFM   M
R MZ
KPF   CPF
太平洋プレート

現在
北アメリカプレート
S   MZ
R
CL H   BC
太平洋プレート

東太平洋海嶺   ナスカプレート   南アメリカ
プレート
チリ海嶺   チリ海溝
30°S
太平洋プレート
50°S
南極プレート
110°W   90°W   70°W

36°S
40°S
44°S   チリ海嶺   沈み込み帯
48°S
88°W   84°W   80°W   76°W   72°W

拡大中心. 矢印は動きの向きを示す.

沈み込み帯. のこぎり歯を付けたプレートが上部にある.

断層. 矢印は相対運動の向きを示す.

▲ 三重点

口絵 14 南北アメリカの沈み込み帯　図 11-7 も参照

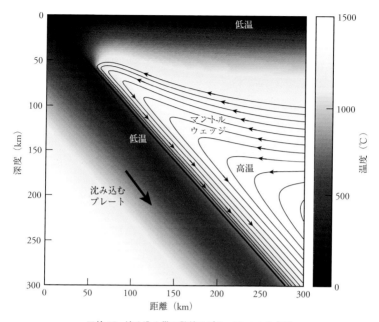

口絵 15　沈み込み帯の数値モデル　図 11-9 も参照

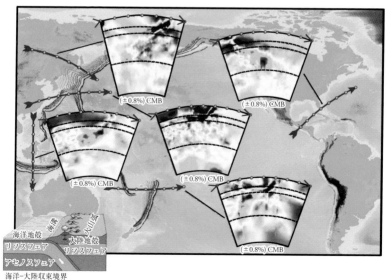

口絵 16　地震波トモグラフィー画像　図 11-10 も参照

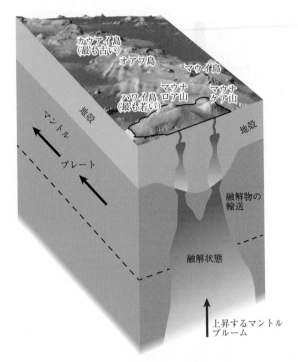

口絵 17　ハワイのホットスポット　図 11-13 も参照

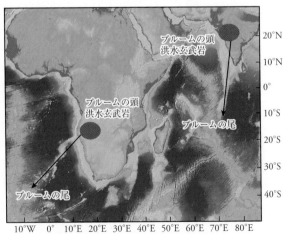

口絵 18　プルームの頭と尾　図 11-15 も参照

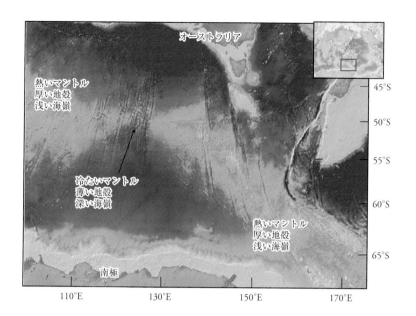

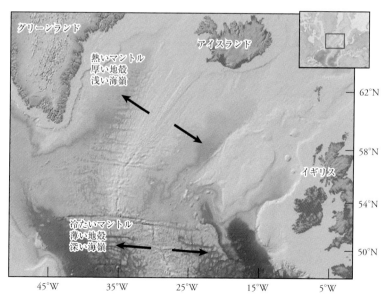

口絵 19　南東インド洋海嶺とアイスランド地域　図 11-19 も参照

口絵 20　東太平洋海嶺のブラックスモーカー　図 12-0 も参照

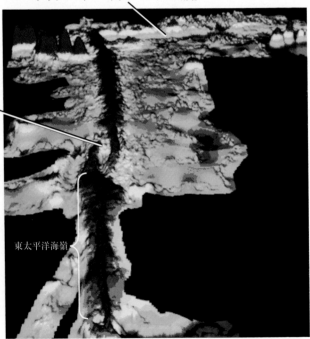

クリッパートン・トランスフォーム断層

9°N　重なり
合った拡大中心

東太平洋海嶺

口絵 21　東太平洋海嶺の海底地形　図 12-2 も参照

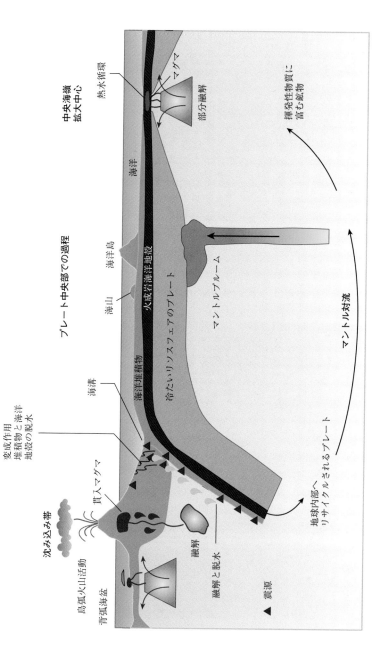

口絵 22　プレートテクトニクス地球化学サイクル　図 12-1 も参照

口絵 23　大西洋中央海嶺の海底地形　図 12-3 も参照

口絵 24　熱水噴出孔周辺の生物群集　図 12-6 も参照

著者まえがき

本書は，ブロッカー著 *How to Build a Habitable Planet* の改訂増補版である．この初版は，1984 年に Eldigo Press から出版され，好評を博した．その後の 28年間に，多くの新しい発見があった．1984 年には，ダークエネルギーとダークマターはまだ発見されていなかった．海洋海嶺はようやく測量され，海底熱水噴出孔が発見されたばかりであった．南極の氷柱コアは，まだ掘削されていなかった．スノーボールアース仮説は，完成していなかった．地球温暖化は，緊急の問題ではなかった．そして，太陽系外惑星は未発見であった．本書の初版は，生命と地球の歴史および大気中酸素濃度の上昇について，まったく議論していなかった．また，火山活動および生存可能性に対する固体地球の役割について，ほとんど議論していなかった．この改訂版は，新発見，および初版では十分に議論されなかった内容を含んでいる．しかし，初版と同じく会話体を用いて，何がわかっていて，何がわかっていないのかを明確にするように心がけた．また，私たちの惑星を理解し，その歴史をあきらかにする上で，システム思考の重要性を強調した．すなわち，すべての地球システムの部分間のつながりを強調し，それらと太陽系および宇宙との関係をあきらかにした．私たちが本書であきらかにしたかったひとつの主題は，人類は宇宙の必然的結果であり，必須要素であるということだ．

学問の進歩と新しい話題は，本の長さを 2 倍以上にしてしまった．私たちは，科学者ではない読者が理解できるように，それぞれの話題を基礎から説きあかした．第 4 章は基礎化学を扱っており，その知識を持っている読者は読み飛ばせるだろう．短寿命放射性核種，アイソクロンによる年代測定，相図，および酸化還元反応などの話題は，もう少し難しいが，生命とその惑星への影響を考えるときわめて重要である．

執筆は，友人たちと同僚たちとの数えきれない議論によって恩恵を受けた．そのすべての人にここで十分な謝意を述べることはできないが，9 年間におよんだ本版の作成において，ある人々は特に忘れられない．James Kasting は，本書全体を正式に査読した．ハーバード大学の同僚である Rick O'Connell, Ann

Pearson, Andy Knoll, Francis Macdonald, David Johnston, Peter Huybers は，それぞれの専門分野の章を丁寧に批評してくれた．Dan Schrag は，「環境を快適にする」の章を初期地球に関する章と氷期サイクルを扱うもうひとつの章に分けるという有益な示唆を与えてくれた．Felicia Wolfe-Simon, Candace Major, Dave Walker, Dennis Kent, John Hayes, Chris Nye, Bob Vander Hilst, David Sandwell, Thorston Becker, Raymond Pierrehumbert, Wasserburg student, Steve Richardson, Stephane Escrig, Jeff Standish, Sarah Stewart によるコメントと議論も有益だった．専門記者である Kirsten Kusek と Molly Langmuir は，前半を注意深く編集し，書き方を改善し，地質学者ではない人々にとってわかりにくい節を指摘してくれた．

　本書と同じ題名の科目が，ハーバード大学で 6 年間教えられてきた．この科目の受講生は，明快でない内容や過度に難しい内容について，有益なフィードバックを与えてくれた．また，科目を担当した教職兼務の大学院生，特に Sarah Pruss, Michael Ranen, Susan Woods, Allison Gale, Carolina Rodriguez, Francis Macdonald は，内容の洗練に大きく貢献した．Jean Lynch-Stieglitz は，出版社に提出された本書の草稿を用いて，ジョージア工科大学で講義を行った．彼女の学生たちはそれぞれの章にフィードバックを与え，必要な改訂を指摘してくれた．また，Jean は，本書の利用を通して，何がうまくできており，何がそうでないかについて，貴重な洞察を与えてくれた．

　Christine Benoit, Rady Rogers, Olga Kolas は，かけがえのない秘書として助けてくれた．Raquel Alonso は，編集，図の収集，図の作成，およびすべての内容が組織化されていることを確かめることを手伝ってくれた．彼女の助力は不可欠だった．

　以上すべての議論とコメント，およびここに述べきれなかった多くの人々の協力が，本書を大きく改善してくれた．残っているまちがいや欠点は，すべて著者の責任である．

　教育と自習のための補助資料が，www.habitableplanet.org から利用できる．資料には，多くの図のカラー版，および講義用のパワーポイントファイルが含まれている．

訳者まえがき

　コロンビア大学のウォリー・ブロッカーは，海洋の断面観測に基づいてベルトコンベアモデルを提唱し，気候変動に対する海洋の重要性を指摘した地球化学者である．彼はコロンビア大学での学部学生向け講義を基に，*How to Build a Habitable Planet* の初版を著した．日本では，斎藤馨児博士により翻訳され，『なぜ地球は人が住める星になったか？ ―現代宇宙科学への招待』という邦題で講談社ブルーバックスから 1988 年に出版された．これは，たいへんやさしい語り口で，どのようにして地球が誕生し，生命の星となったかを説きあかした名著で，翻訳もすばらしかった．当時 20 代だった私にとってまさに画期的な一冊であり，その後の研究・教育にも大きな指針を与えてくれた．残念ながらこの本は現在では絶版となっている．

　改訂版のもう一人の著者であるチャールズ・ラングミューアーは，ハーバード大学の地球化学者で，海底熱水活動の発見と固体地球化学サイクルの研究に貢献した．改訂版の内容は，ハーバード大学での講義に基づいている．2 年前，改訂版が出版されたとき，私は本書をぜひ翻訳してみたいと思った．翻訳作業は私自身にとってよい勉強になり，翻訳書は特に若い人たちにとってきっと有益なものになるに違いないと考えたからである．

　初版が出版されたころとは異なり，現在では本書に類する本は数多く出版されている．類書に比べて，本書は記述が圧倒的に懇切丁寧である．人によっては，その分量に圧倒されてしまうかもしれない．第 1 章に書かれているように，地球の生命を支えているシステムはたいへん複雑である．それはいくつかの階層が入れ子になり，互いに相互作用しているシステムである．さまざまなフィードバックと循環が共存している．そして時間とともに関係を増し，進化している．本書はただ単に最新の科学知識を羅列するのではない．物理，化学，地学，生物学の基礎知識から始めて，科学者がいかに考えて自然を理解し，理論を組み立てたか，その科学理論は客観的にどのくらい真実に近いかまでを説明する．これらの理由のために，分量が大きくなってしまっている．しかし，本書は科学者ではない読者が十分理解できるように書かれている．じっくりと論理を

iv

追っていけば，きっと科学探偵の醍醐味がわかるだろう．そして，惑星の文脈で考えることの重要性を理解できるだろう．

　原書は会話体で書かれており，専門書によくある脚注やかっこ付きの補足説明はできるだけ省いてある．翻訳でもそのスタイルを尊重した．原著の誤りなどは，気づいた限り訂正して翻訳した．その多くはラングミューアーに質問して確認した．誤訳や私の気づかないまちがいもまだ残っているかもしれないが，それらはすべて私の責任である．もしお気づきの点があればご連絡いただければ幸いである．

　私の研究室では，2012 年から原書を学生と輪読している．これは，翻訳を正確にする上でたいへん役だった．学生は，一部の章の翻訳および日本語訳の朗読などを通しても助けてくれた．お世話になった学生は，高野祥太朗，山本純，市脇翔平，藤坂浩章，河原心平，小長谷亘，鄭臨潔，佐々木大暢，村田レナである．翻訳の企画を実現する上では，京都大学学術出版会の鈴木哲也氏にご尽力いただいた．また担当編集者の永野祥子さんは，すべての原稿を添削してくださった．翻訳は 2012 年 9 月から始めて，2 年におよぶ大仕事になった．彼らのご協力のおかげでなんとかなし遂げることができた．この紙面を借りて厚く御礼申し上げたい．

　なお，著者まえがきに書かれている講義用のパワーポイントファイルをもとに，日本語の講義用のパワーポイントファイルを準備した。これは京都大学学術出版会のホームページ（http://www.kyoto-up.or.jp/）から自由にダウンロードでき，非営利目的に利用できる．

2014 年 8 月

宗林由樹

選書版刊行にあたって

　本書の初版は 2014 年末に京都大学学術出版会から刊行された．幸い好評を得て，このたび学術選書版が刊行されることとなった．私はこれを機に全文を再推敲し，原著の不備や翻訳の不正確な箇所などを修正し，完璧を期した．

　本書の英語原著が刊行されたのは 2012 年である．その後の 9 年にも，地球と人類にはあきらかな変化があった．2015 年，気候変動枠組条約パリ協定が採択され，また国連総会において持続可能な開発目標（SDGs）が掲げられた．2018 年，太陽系外惑星探査機ケプラーはミッションを終えた．2014 年から 2020 年までの世界平均温度は観測記録の上位 7 位までを独占した．2021 年現在，世界人口は 78 億に達した．大気中二酸化炭素の世界平均濃度は 410ppm を越えた．

　これらの変化を正しく認識し，それに対処するためには，宇宙，地球，生命，および人類の歴史と発展についての基礎的な理解が欠かせない．本書はそれを学ぶために最適の一冊であるだろう．しかし，本書は語り口はやさしいが，決して安易に読める本ではない．真剣に読んでいただきたい．多くの個々の現象の科学研究は還元主義的アプローチをとる．これと異なり，本書は物理学，化学，生物学，地質学，天文学などの広範なデータに基づき，システム思考のアプローチを通して，地球と生命の共進化を体系的に解きあかす．読者は総合科学の面白さを堪能できるだろう．本書が読者ひとりひとりの視野を広め思考を深める糧となり，持続可能な世界へ前進するための足がかりとなることを祈っている．

　最後に本書の刊行にご尽力くださった鈴木哲也氏，永野祥子氏など京都大学学術出版会の皆さんに心から感謝する．

2021 年 2 月

宗林由樹

目　次

第 1 章

序論

自然システムとしての地球と生命

図 1-0：宇宙からみた地球． (Courtesy of NASA; image created by Reto Stöckli, Nazmi El Saleous, and Marit Jentoft-Nilsen, NASA GSFC).

ほとんどの人は，日々の心配事を忘れて物思いにふけるとき，私たち人類の存在について根本的な疑問を抱いたことがあるだろう．私たちはどこから来たのか？　人類が現れるまでに地球で何が起こったのか？　星はどこから来たのか？　地球の進化において，私たちはどのような位置にあるのか？　私たちのような生命は，どこか他にも存在するのか？

これらの疑問は，国籍や政治的信条にかかわりなく，私たちみなに共通のものである．それらは，人類の歴史を通して，神話，創造説，哲学，そして信仰の源であった．今日，これらの疑問の多くは，厳密な科学的探求の対象である．私たちは本書で，科学的視点での創世記，すなわち地球が知的文明に支配されるまでの宇宙の歴史をたどって，これらの疑問を探求する．

物語は，ビッグバンによる宇宙の創世に始まり，恒星での元素の生成を経て，私たちの太陽系の形成，生命の家となる世界の進化，そして自身を生みだした宇宙の過程に疑問を持ち，それを理解しはじめた人類へと連なる．大きなスケールで見ると，この物語は私たちの存在の本質に関わっている．それは，私たちを宇宙の誕生，すべての自然史，そして観測できるすべてのものに結びつける．本書の第一の目的は，これらのトピックスについての最新の科学知識をあきらかにすることである．第二の目的は，私たちがいかにして誕生し，大きな世界とどのように結びついているのかという，ふだんは意識に埋もれている思考を呼び覚ますことである．

私たちが住み，密接に結びついている世界を理解するには，原子から宇宙に至るまで，私たちには捉えにくい，実にさまざまなスケールで対象を見なければならない．物語は，小さな部分に分ける（還元する）だけでは語りつくせない．科学的理解には，部分の関係と時間を通しての進化を含む**システム**としての視点が欠かせない．システムの視点に立つと，恒星，惑星，そして生命は，一組の共通の性質を持っており，それは宇宙を成り立たせている多くの**自然システム**の特徴であるということが見えてくる．

● はじめに

私たちの住む世界の起源と進化は，膨大な多様性のうちのひとつの実験であ

表 1-1：指数の表現と略語

十進法	10^n	接頭辞	記号	名称
1,000,000,000	1×10^9	ギガ (giga)	G	十億 (billion)
1,000,000	1×10^6	メガ (mega)	M	百万 (million)
1,000	1×10^3	キロ (kilo)	k	千 (thousand)
1	1×10^0			1 (one)
0.001	1×10^{-3}	ミリ (mili)	m	千分の 1 (thousandth)
0.000001	1×10^{-6}	マイクロ (micro)	μ	百万分の 1 (millionth)
0.000000001	1×10^{-9}	ナノ (nano)	n	十億分の 1 (billionth)

り，ひとつの話題である．この物語は，その術語が数百年前に使われたところの，自然を理解するという意味での**自然科学**（natural science）であるが，広範な科学分野とデータをともなっている．その分野は，基礎科学の物理学，化学，および生物学を含み，さらに統合的な歴史科学である天文学と地球科学を含む．本書で取りあげる多くの話題は，それぞれがひとりの研究人生のすべてを占めるほどのものであり，それを語りつくすことは私たちの誰をも怯ませる．

　私たちの目的は，生命の惑星のひとつの例として，地球の歴史を詳しく探究することであり，そしてその歴史から，どこか他の惑星で起こっている同じような歴史の可能性を探ることである．この物語には，興奮に満ちた科学的進歩と未解決の謎がたくさん散りばめられている．この物語は，語られうる最も壮大なものである．それは，宇宙の科学的創世記である．宇宙の進化は，自身の存在の起源，および自身とつながり，自身を取りまく宇宙の法則について疑問を持ち，探求する人類を生みだした．

　私たちが直面する問題のひとつは，必要なスケールの幅がとてつもなく大きいことである．私たちや惑星を構成する微小な原子を測るスケールが必要であり，一方では，私たちがほんの小さな存在となる太陽系と宇宙を測るスケールも必要である．最小のスケールは，原子がどのように成り立ち，分子がどのように結びついているかに関係する．本書で扱う最小のスケールは，すべての原子の出発点である水素の原子核の大きさである．それは 0.000000000000001 m の大きさである．このように非常に小さな（あるいは非常に大きな）数は扱いにくいので，指数の表記法と略語を用いることにしよう（表 1-1）．水素の原子核

4

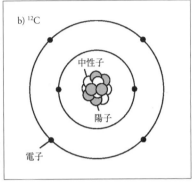

図 1-1：本書で考察される対象である銀河と原子．この図では，これらは紙面上で同じようなスペースを占めるが，実際の大きさには 25 桁もの差がある．(a) 渦巻銀河 NGC1309 (http://hubblesite.org; NASA, ESA, the Hubble Heritage Team [STScI/AURA], and A. Riess [STScI]). (b) 炭素原子の図解．炭素は元素記号 C，原子番号 6 である．^{12}C は質量数 12 の炭素同位体である．原子核の大きさは，見やすくするため極端に拡大してある．

は，直径 10^{-15} m である．非常に大きなスケールでは，星の距離は光年，つまり光が 1 年に進む距離で測られる．1 年は約 3×10^7 秒 (s)，光速は 3×10^8 m/s であるので，光年は 9×10^{15} m である．最も近い恒星までの距離は 3 光年，私たちの銀河系（天の川銀河）の直径は 10 万光年，そして宇宙の直径は数十億光年，すなわち約 10^{26} m と見積もられている．したがって，私たちの課題は，距離にして 10^{26} m/10^{-15} m，すなわち 41 桁もの範囲を含んでいるのだ！

　時間においても，同じように大きな桁数が存在する．第 2 章で見るように，宇宙の年齢はおよそ 140 億年 (14 Ga)，すなわち 4.2×10^{17} s である．物質をつくる原子反応は，ナノ秒 (10^{-9} s) で起こりうる．私たちの扱う時間の範囲は，26 桁にもおよぶ．

　このように広大な範囲の時間と空間を扱う上での問題は，人間としての私たちの経験が限られていることである．同じページの同じサイズの図（図 1-1）は，まったく異なるスケールを描写することができる．宇宙すべての物語と私たちの小さな命の物語とにおけるスケールの違いを意識しなければ，まるでひと夏の物語を語るかのように，数十億年以上にわたる宇宙の進化の物語を語ること

もできる．宇宙の物語をたどる旅は，私たちが調べる現象のスケールを常に心に留めていれば，より深く理解されるだろう．

科学的還元主義の力と限界

本書における私たちのアプローチは，最も小さな部分を最も大きなシステムに関係づけようとするものである．これは，**還元主義**（reductionism）と呼ばれる伝統的な科学アプローチと対照をなすように見えるかもしれない．科学の多くの理解は，さまざまな現象を支配する数式や法則を発見することによりもたらされた．このアプローチでは，全体をすべての現象がそれにしたがう基本的な物理法則に「還元する」ことにより，理解が達成された．そして，最も基本的なレベルにおいて計算された現象は，少なくとも原理的には，全体を説明し，予測することができる．

17 世紀の偉大な科学革命は，還元主義的なアプローチの力を示すよい例である．ニュートンによる重力の数学的表現は，太陽をまわる惑星の運動を記述するケプラーの法則と，ガリレオによって行われた落下物体に関する注意深い測定を説明できた．ニュートンの成功から生まれた重要な思想は，数式によって表現される基本的な物理法則が私たちの見るすべてを説明できるというものである．転がるビー玉から天体の運動まで，私たちの観測するすべてが人間の心に認識される数学法則に支配されるという思想が初めて現れたときの驚きを，現代の私たちはおそらく十分には理解できないだろう．アレキサンダー・ポープは，ニュートンの発見を次のように語った：

> 自然とニュートンの法則は，夜に隠れていた．
> 神は言った，ニュートンよ，現れよ！
> そしてすべてが光に満ちた．

これらの驚くべき成功から，すべてが神の介在ではなく，物理法則によって説明されるという，「時計仕掛けの宇宙」の概念が生まれた．法則を理解すれば，計算によってすべてが正確に記述され，予測される．これは，しばしば基本的な科学アプローチであると理解される．

このアプローチの基となるのは，複雑な現象は簡単な部分に分解することによって理解できるという信念である．結晶や気体を正確に記述しようとするならば，個々の原子の動きが究極的な答えを与える．個々の原子の動きを理解しようとするならば，原子を構成する粒子と量子力学，さらに究極的には弦理論の弦を理解しなければならない．理解は，変数を単離し，観測の分解能と精度を改良し，基本法則の発見によって第一原理からの理論計算を可能にすることによりもたらされる．

このようにして，一見奇跡のような現象も説明することができる．科学革命以前の人なら誰でも，もし増幅サウンドシステムを聴き，テレビの映像を見たならば，奇跡を（あるいは，悪魔を）目にしていると信じるだろう．しかし，機械が分解され，すべての部品が理解されれば，物理法則の働きがあきらかになる．電子部品の動作を理解するためには，顕微鏡レベル，究極的には原子を構成する素粒子までへの還元と観察が必要となる．同じアプローチが，生命過程に応用される．薬物治療の「奇跡」は，人間のからだの代謝と分子レベルでの薬の働きについての理解からもたらされる．まるで奇跡のような生物の進化は，DNA 分子の個々の突然変異に還元される．本書の多くのトピックスは，このアプローチの効能を示す．小さなスケールで働く法則が大きなスケールでどのように現れるかを理解することは，科学的方法の偉大な成功のひとつである．

しかし，その明白な成功にもかかわらず，私たちが多くの自然現象を計算し，理解しようとするとき，還元主義には限界がある．実際，第一原理から計算できる自然現象は，ほんのわずかである．地球上のある地点，例えば本書を読んでいるあなたの頭上の大気圧を計算するという簡単な例を考えよう．これは，簡単な一次元の問題で，大気柱の重さをあなたの頭上まで単純に足し合わせるというものである．私たちは圧力をきわめて精密に測定できるが，その測定と同じような精度で計算できるだろうか？

その計算のためには，大気柱の各点における大気の密度を知らねばならない．熱力学は，一般的な圧力−温度−体積の関係を計算できる．しかし，定量的な熱力学計算は閉鎖系に最も適しているが，あなたの頭上の空気は動いている．空気の密度は水蒸気の量にも依存しており，それは水平方向にも鉛直方向にも変化しうる．風は圧力差に対する応答であり，あなたの大気柱の外側の大気の

動きと力によって，圧力は連続的に変化する．この季節の平均温度鉛直分布を使って，一定の相対湿度と無風条件を仮定すれば，近似的な圧力が得られるが，その精度は測定値にはほど遠い．大気中に探査機を打ち上げて，温度と水蒸気を測定することもできるが，それは単に圧力を測定するようなものである．さらに，私たちがデータを得てそれを処理しているころには，1 日の時間と天気によって大気の状態は変化しており，すでに誤差を生じているだろう．

　この簡単な例は，いかなる瞬間においても**自然システム**（natural systems）を完全に記述することは決してできないことを示している．自然システムは，明確な境界を持たない開放系である．エネルギーと物質は絶えず出入りし，物理的および化学的特性は一定ではなく，一様ではない．大気の空気，海洋の水，地球マントルの岩石，外部コアの液体金属，あるいは太陽内部のプラズマでは，圧力と温度は空間的・時間的に変動し，物質とエネルギーは絶えず系に出入りする．そして，私たちには，大まかなスケールもしくは長期的あるいは広い空間的な平均でなければ，どのようなスケールでも，系の状態を正確に決めるような測定は不可能である．

　この問題は，私たちが計算し，予測する能力を制限する．すべての計算には，初期条件の特定が必要である．明日の天気の計算は，まず今日の天気を知ることから始まる．現実系の初期条件をすべての場所で同時に測定することは，不可能である．予測は，ごく近い未来でも難しく，より遠い未来ではますます不確かとなる．一方向の変化が相反する変化を引きおこす**フィードバック**（feedback）を含む系では特にそうである．この現実系に一般的な特徴は，**カオス**（chaos）を生ずることもある．

カオス

　予測が最も不確かとなるのは，カオスの系である．カオスは，結果が初期条件または式の定数のごく小さな変化に対してきわめて敏感で，長期の予測ができないような一般的な式に現れる．この簡単な例は，変数 x の初期値が 0 と 1 の間で変わる「フィードバック」の式によってつくられる数列である．連続する x の値は，次式で計算される．

$$F(x_n) = Ax_n(1 - x_n) \tag{1-1}$$

A は定数である．数列をつくるには，ひとつのステップからの結果を $x_{n+1} = F(x_n)$ として次のステップに用いて，上式を繰り返し計算する．x が大きければ，項 Ax は大きくなるが，$(1-x)$ の項は小さくなる，逆もまたしかりである．これは負のフィードバックであり，そこではひとつの項の増加は，別の項の減少を引きおこす．負のフィードバックは，多くの自然システムにおいてきわめて重要である．もし $A=3$，$x=0.5$ で始めるとすれば，$F(x) = 0.75$ である．次のステップでは，$x=0.75$，$F(x) = 0.5625$ であり，以下同様である．スプレッドシートあるいは簡単なコンピュータプログラムで計算すれば，多くのステップを繰り返した後に何が起こるかを見ることができる．これは，読者にとってよい練習問題になるだろう．

式 1-1 は，逆放物線である（図 1-2）．私たちは，数列の進展を逆放物線上の 1 点から次の点への経路として追跡することができる．図 1-3a は，A が中くらいの値のとき，数列に何が起こるかを示している．$A=2$ のとき，系は速やかに定常値の 0.5 となり，$A=2.8$ のとき，定常値はほぼ 0.64 となる．特定の A の値に対する定常値は，x の初期値には依存しない．A が 3.0 を越えると，数列はさらに面白い挙動を見せる．例えば $A=3.2$ のとき（図 1-3b），x の初期値には依存せず，数列は 2 つの状態の間で振動しはじめる．$A=3.9$ のときには，どれだけ多くのステップを重ねても，そのような規則性は現れない．

この簡単な関数をより包括的に理解するため，図 1-4 に多数のステップの後に得られる x の値を縦軸に，A の値を横軸にプロットした．A の値が 3 より小さいとき，x の初期値によらず，数列は定常値に達する．A の値が約 3.45 より小さいとき，数列は 2 つの値の間で振動する．A がこの値をわずかに上まわると，4 つの安定な振動状態が現れ，A が約 3.57 に達するまで安定状態の数が増加し，それ以上ではカオスが始まる．そのとき $F(x)$ の値は，上限と下限の間でほとんどランダムに変動する．$A=3.83$ のとき定常状態がふたたび現れ，さらに A が 4 に達するまでにカオスがふたたび現れる．カオスの状態では，A のごく小さな変化が，まったく異なる結果を生ずる．そのような系の未来は，予測不可能である．

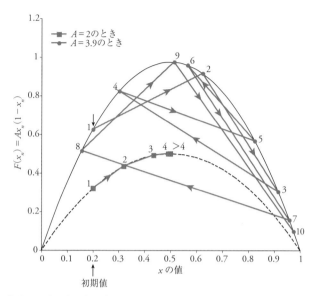

図 1-2：簡単な関数 $Ax(1-x)$ で表される数列の図．A の値が異なる 2 つの系列を示す．どちらの系列も，同じ初期値 $x_0 = 0.2$ で始まる．$A = 2$ のとき，数列（■）は，曲線上を一定値に向かって進む．$A = 3.9$ のとき，数列（●）は，カオスを示し，決まった値に収束しない．

　カオスの領域では，初期条件，すなわち x の初期値のごく小さな変化によって，たとえステップ数が同じでもその結果が変化する．この変化は，直観できない．表 1-2 は，$A = 3.9$ のときの 100 ステップ後の結果を示している．どれだけ厳密に初期値を設定しようと，最初のステップの結果が同じであろうと，十分に多くのステップを踏んだ後の値は，大きな範囲にわたって変化しうるのである．「初期値に対する極端な感受性」は，カオスの系の特徴であり，「中国のチョウの羽ばたきが，大西洋でハリケーンを引きおこす」というバタフライ効果として記述されてきた．

　気象は，カオスの系のよく知られた例である．季節を特徴づける温度の上限と下限があり，数時間の範囲であれば，予測はかなりうまくいく．昨晩の天気予報によると，ボストンの今日の天気は雨で，夜から朝にかけて 1 インチの積

10

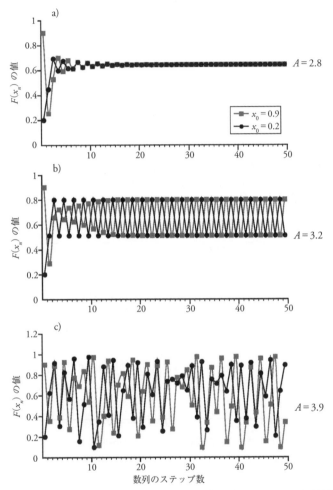

図 1-3：式 1-1 に異なる A の値，および 2 つの異なる初期値 ($x_0 = 0.2$ と $x_0 = 0.9$) を適用した
ときの数列の変化．(a) $A = 2.8$ のとき，初期値によらず，数列は一定値 $F(x) = 0.64$ に達する．
(b) $A = 3.2$ のとき，数列は 2 つの値の間で振動する定常状態に達する．(c) $A = 3.9$ のとき，定
常状態は現れず，一定のステップを重ねた後の値は，初期値のごく小さな変化に対してきわ
めて敏感である．

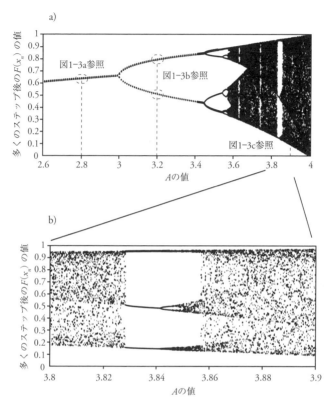

図 1-4：$Ax(1-x)$ によって生成される数列が，異なる A の値にどのように依存するかを表す図．A が 3 より小さいとき，初期値によらず，一定の定常状態が得られる．A が 3 より大きくなると，2 つの状態の領域と 4 つの状態の領域が現れる．A が 3.6 より大きいとき，カオスのふるまいが現れる．カオスの領域の中には，ふたたび定常状態が生じる限られた領域がある（見やすくするため，下のパネルに拡大図を示す）．図は，100 ステップ以上の後に現れる状態の範囲を示す．

表 1-2：カオスの実例（$A = 3.9$）

$x_0 =$	0.29	0.299	0.29999	0.299999	0.2999999	0.3
$n = 1$	0.803	0.817	0.819	0.819	0.819	0.819
...						
...						
98	0.918	0.845	0.411	0.203	0.954	0.974
99	0.292	0.511	0.944	0.632	0.170	0.098
100	0.807	0.974	0.205	0.907	0.551	0.346

$A = 3.9$. 初期値 x_0 が 0.3 に近いとき，n 回繰り返した後の式 1-1 の値．1 回目の後では，値は小数点以下 3 桁まで近い（有効数字をさらに増せば，それらは異なる）．しかし，98〜100 回の繰り返しの後では，結果はカオスとなり，初期値 x_0 が 0.29 から 0.3 にどれだけ近づいても，初期値 0.3 の結果には収束しない．A の値の微小な変化も，同じようなカオスを生ずる．

雪があるということだった．今日は曇っているが，今のところ何も降っていない．今から 2 週間後の天気はどうだろうか？　まだ季節は同じだろうが，正確な天気の予測は不可能である．自然システムがカオスである限り，それを支配する式が正確であったとしても，その挙動を厳密に計算することはできない．

　自然システムのもうひとつの特徴は，**自己相似性**（self-similarity），すなわちフラクタルを示す傾向である．フラクタルの物体は，非常に大きな範囲を調べてもまったく同じように見える．フラクタルの系では，ものさしがなければ，物体の大きさを区別できない．グレートキャニオンは数千キロメートルにわたって広がっているが，ひとつの河床や泥の平瀬に現れる細流の形態は，きわめてよく似た幅と奥行きの比，および同じ蛇行度を持つ（図 1-5）．ブノワ・マンデルブロは，「英国の海岸線はどれだけ長いのか？」というタイトルの論文において，この概念を見事に描写した．海岸線は，小さなスケールでも大きなスケールでも同じように不規則に見える．そして，海岸線の長さは，測定に用いられるものさしの大きさに完全に依存して，小さなものさしを使うほど長くなる．例えば，もしあなたがすべての小石の周囲の長さまで測れるとしたら，海岸線は実に長くなる！　ものさしの大きさが指定されなければ，海岸線の長さに対する唯一の正しい答えはない．ドナルド・ターコットは，フラクタルの挙動を示す多数の自然過程を例証した．

　もちろん，これらの多くの問題は，科学的理解が不可能であることを意味するものではない．偉大な発見は，基本法則と式の決定にこそ見いだされる．ま

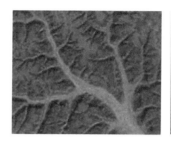 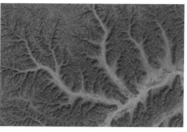

図 1-5：樹枝状の排水路パターンの例．小さな部分を拡大すると，全体の図と同じパターンの規則性が現れる．そのパターンは広い範囲のスケールに存在するので，単に図を見るだけでは，スケールを判断することはできない．どちらが拡大図であるかわかるだろうか？(Copyright © 1995–2008 Calvin J. Hamilton and courtesy of NASA; http://www.solarviews.com/huge/earth/yemen.jpg).

た，計算が役に立たないというわけではない．式 1-1 においても，初期条件の精度を上げれば，より長期にわたる予測が可能であり，数列の初めの数ステップはますます正確に決定される．また，長い数列においてさえ，越えられることのない上限と下限が存在する．

　それにもかかわらず，還元主義には実際上も哲学上もジレンマがある．原理的には，すべてのものは，すべてがそこから由来する最小の現象に還元されうる．しかし実際には，庭のホースから流れる水のような簡単な現象でさえ，第一原理から定量的に予測することはできない．私たちの現実の経験と現象を支配する純粋な法則との間には，ギャップがある．法則は真実であって，自然はそれを無視できない．しかし，そのギャップは，理論上でも決して埋められない．

●「システム」

　私たちが理解していると考える人間のレベルにおいても，還元主義は限界を露呈する．細胞は，化学物質の反応の単なる寄せ集めではない．それは，原子のスケールから推定し，理解することのできない機能を持つ．細胞は，太古に生命が誕生したときの祖先から脈々と続く歴史を持っている．また，細胞は環

境と結びついており，細胞を理解するためには環境の観察が必要である．細胞は，その基となる分子のスケールと，細胞自身が部分となるその次に大きなスケール（例えば器官）との両方と関係を持っている．大きなスケールに現れる特徴は，しばしば小さなスケールの個々の部分からは推定できない．どんな自然現象を理解するにも，その構成部分，部分と部分の間の関係，およびその現象が部分となるより大きな世界との関係を知らねばならない．

現象の理解に関係を含めることは，**システム思考** (systems thinking) と呼ばれる．このアプローチは，還元された部分とその部分の間の関係の両方を精確に記述することの必要性を認識している．簡単に言えば，還元主義は，全体が部分の和に還元できることを前提とする．システム思考は，全体は部分の和以上であり，還元主義的アプローチからは理解できず，予測できないような，全体から生じる**創発特性** (emergent properties) があることを強く主張する．最も明白な例は，あらゆる生物である．個々の細胞では，その DNA は精密に定義されるかもしれないが，生命現象には，開放系における複雑なフィードバックと，さまざまなスケールの相互作用が必要である．例えば，DNA や RNA のような個々の生物成分は，それらとより大きなスケールの細胞小器官，細胞，臓器などとの関係を通してのみ完全に理解されるという認識から，**システム生物学** (systems biology) が生じた．この概念は，さらに大きなスケールに拡張される．ある動物は，その個々の細胞の特性をきわめて精密に理解したとしても，完全には理解できない．それを構成する細胞の間の関係，および動物とそれが生きている生態系との関係をも含めた理解が必要である．生態系は，個々の植物および動物を単離して考えるだけでは決して理解できない．それは，土壌，標高，気候などのさまざまな惑星条件のうちに存在するからである．また，宇宙は，たとえ個々の銀河を詳細に理解したとしても，完全に理解することはできないだろう．

これらすべての例のもうひとつ重要な点は，システムが動いていることである．「関係」は，物質とエネルギーの輸送を含む．ひとつの細胞，生物，生態系，あるいは惑星を理解するには，スナップショットだけでは不十分である．動きの観測が欠かせない．

以上の原理を例証するために，機械式腕時計のような簡単な物体を考えよう．

机の上に部品を広げれば，ギヤやバネなどを調べて，たくさんのことを学ぶことができる．部品の化学的な構成はもちろん，原子構造を調べることさえ可能である．しかし，たとえ原子レベルまで理解したとしても，これらの部品を別々に見るだけでは，それらが全体としてどのように働くのかを予測することはできない．いったん時計を組み立てれば，新しい理解が得られる．私たちは，バネの駆動機構，ギヤの連動，文字盤の役割など，すべての部品が互いにどのように関係しているかを見ることができるだろう．しかし，そのメカニズムは，時計を動かして初めてあきらかになる．部品の詳細と複雑さについての新しい理解，および正確な時間測定についての理解が得られる．しかし，それでもなお時計は，単なる機械であり，大きな世界から切り離されている．それが誰かの腕に着けられ，その人の1日の動きを監視し，先導するのに用いられるとき，その機能はより明白になり，私たちは時間という大きな概念と向きあうことになる．私たちは，時計の作成と時間の歴史，そして時計に代表される時間の測定がいかに人類文明の進歩と結びついてきたかを考えるかもしれない．

　この簡単な例は，システムが持ついくつかの基本原理をあきらかにする．

- 予備知識がなければ，部品の記述，特に原子レベルの記述から，時計の本当の重要性を予測することは決してできない．
- 部品の間の関係の理解が，部品そのものとはまったく異なった現象を生みだす．
- 時計が動くのを見なければ，より完全な理解は不可能であり，動きを含まない理解は役に立たない．
- 時計の機能は，人間を代表とする大きなシステムとの関係において理解されるとき，初めてあきらかになる．
- この大きな関係は，時間とともに進化しており，さらに大きなシステムの発展と結びついている．

　時計の精密な機能は，最も大きなスケールから見下ろすとき，理解され，正しい文脈に位置づけられる．すなわち，スケールを見下ろす視点は，最も小さなスケールがどのように最も大きなスケールと関係しているかをあきらかにする．小さなスケールから上方への視界は，限定される．例えば，時計のバネは，

それが何と結びついているかということや，前後に動く性質を持つということ
を知っているが，上に述べられたような時計の完全な特徴を知りようがない．

　ここまで読んだ読者は，システムを描く図がないことに気づいているだろう．
なぜ図がないのか？　それは，システムが関係，循環，フィードバック，およ
び動きを含んでいるからである．それらは，ページの上の静的な図では十分に
表現できない．

●「自然システム」の特徴

　システム思考はきわめて広範な適用性を持つが，私たちの関心は私たちをと
りまく世界の自然システムにある．これらのシステムを観察すると，いくつか
の共通の特徴があることがわかる．

自然システムは平衡状態ではない

　エネルギーが最小で，さらなる変化の傾向がない**平衡状態**（equilibrium）への
運動は，化学と物理の基本原理のひとつである．落下する物体は，最小エネル
ギー状態で静止する．化学反応は，さらなる反応が起こらないようになるまで
進行する．この駆動力は自然界のどこにでも存在するが，自然システムは，た
とえ定常状態であっても，たいてい平衡状態ではない．平衡状態では，温度や
圧力のような特性はシステム全体で一定となり，システムは外部の影響から隔
離される．これは，自然の世界ではない！　室内実験で平衡状態の特性を測定
しようとすれば，そのような完全性が実現されるように条件を制御するのは実
に難しいことがよくわかる．自然システムは，孤立系ではない．物質は出入り
し，温度や圧力のような特性は常に変化する．自然現象は，静的な平衡状態に
あるのではなく，すべてのスケールにおいてすべてが動いているのである．

　むしろ，ほとんどの自然システムの特徴は，**非平衡**（disequilibrium）である．
しばしばこの状態は，力とフラックスのつり合いを反映して，非平衡にある自
然システムが狭い境界内に留まる**非平衡定常状態**（steady-state disequilibrium）に
至る．例えば，すべての生物は，この状態を示す．私たちの体温は，周囲の温

度にかかわらず，狭い範囲に保たれている．その状態は，私たちが摂取する食物や空気，およびさまざまなフィードバックによって維持されている．生命を形づくるほとんどの分子は，酸素との平衡状態から外れており，代謝によって維持されなければ，速やかに分解する．地球の大気は非平衡状態にあり，その温度は太陽エネルギーの絶え間ない流入と，地球内部から現れ生命によって調節された温室効果ガスによって維持されている．太陽は，平衡状態ではなく，収縮を起こす重力と内部の核融合の熱による膨張力がつり合った状態を示す．太陽のエネルギーは，連続的に外部へ流れている．平衡へと向かう力はあらゆるところで働いているが，ほとんどの状態は非平衡である．

　システムのもうひとつの特徴は，時間とともにますます複雑になり，組織化されることである．この特徴も，平衡の視点と矛盾する．平衡へと向かう駆動力の一部は，エントロピー，すなわち乱雑さ，秩序の崩壊が増大する必然性である．二種類の気体は一様に混合し，温度差はなくなり，ポテンシャルエネルギーが放出され，最小エネルギー状態になる．それでは，秩序が保たれるか，増加するかしながら，平衡からずっと離れた比較的安定な状態が維持されるのはどうしてだろうか？　システムは，なぜ単純に最小エネルギーの平衡状態に動いて，そこに落ちつかないのだろうか？

自然システムは外部のエネルギー源によって維持される

　平衡状態は，最小エネルギー状態に向かい，それを保つような孤立系において成立する．平衡からかけ離れた状態を保つには，外部のエネルギー源が必要である．太陽は，核融合によって生じるエネルギーによって維持されている．地球は，太陽から，また放射性元素の崩壊からエネルギーを得ている．地球の生命は，太陽に支えられている．外部エネルギーがなければ，これらすべての世界は崩壊し，静的な平衡状態に至るだろう．また，外部エネルギーは，システムの中の階層を増加させる進化を可能にする．大きな目でみれば，乱雑さが増大する．

「非平衡定常状態」はフィードバックと循環によって維持される

　自然システムは，平衡状態から外れているにもかかわらず，しばしば狭い範囲の状態をとる．その状態は，外部条件が大きく変化しても，保たれる．そのような状態は，どのように維持されるのだろうか？

　エネルギー供給の変動にかかわらず，安定性を可能にするメカニズムには，さまざまなものがある．例えば，水を沸騰させるとき，外部からの熱の供給によって，水はまわりと異なる一定温度に保たれる．何が室温との温度差を可能にするのか？　それは，外部のエネルギー源である．では，何が水の温度を一定に保つのか？　水を加熱する炎の温度と等しくなるまで水の温度が上昇しないのはなぜか？

　水が沸騰するとき，液体が気体に変換される．これには大量のエネルギーすなわち気化熱が必要である．水 1 グラムを 1 度昇温するには 1 カロリーを要するが，水 1 グラムを気体に変換するには 539 カロリーが必要である．いったん水が沸騰すると，さらに加えられるエネルギーは，温度上昇ではなく，液体の水を気体の蒸気に変換することに費やされる．水にエネルギーを加えた時間に対して温度をプロットすると，図 1-6 が得られる．温度が一定となる長い時間範囲があることに注意しよう．熱の供給を減らすと，水が沸騰するまでの時間は長くなる．熱の供給を増やすと，水は追加のエネルギーをすべて吸収するため，沸騰までの時間は短くなる．その後，沸騰する水は，ポット内の温度を一定に保つように，熱供給の変化に対応する．すなわち，熱源あるいは外部環境の変化に関わらない定常状態が保たれる．多くのより複雑な化学現象も，同じ特徴を持つ．

　フィードバック（feedback）は，システムの応答が戻ってきて，供給を制御することによって，システムが定常状態に保たれるときに生じる．キッチンからのもうひとつの例は，オーブンのサーモスタットである．サーモスタットがある温度に設定されると，熱源は，温度が設定温度より低いときオンになり，設定温度より高いときオフになる．外部のエネルギー源は，オーブンがキッチンとの平衡状態から遠く離れた状態を維持することを可能にする．サーモスタットの機構は，温度を狭い範囲に保つフィードバックを提供する．

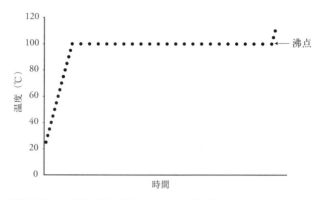

図 1-6：外部熱源による加熱時間に対する水の温度の依存性．水の温度は，初め急速に上昇するが，その後すべての水が蒸気に変わるまで一定に保たれる．

　サーモスタットは，負のフィードバックの例である．負のフィードバックは，システムを定常状態に保つ．供給の増大は，それを打ち消し，供給を切るような応答を引きおこす．負のフィードバックの原理は，自然システムに必須の構成要素である．

　正のフィードバックもある．その場合，応答は弱められるのではなく，増幅される．電気回路の小さな火花が多量のガス供給をもたらすスイッチを入れてしまうとき，オーブンは正のフィードバックを生ずる．自然の正のフィードバックの重要な例は，気候システムに見られる．二酸化炭素（CO_2）は温室効果ガスであるが，人類による放出がなければ，大気中でおよそ 300 ppm という低濃度である．CO_2 の増加は，大気の温度を少し上昇させ，より多くの水蒸気を生ずる．水蒸気も，温室効果ガスであり，大気中に大量に存在する．そのため，CO_2 のみによるよりもはるかに大きな温室効果が生じる．したがって，水蒸気は温度上昇を増幅する．正のフィードバックは，反対向きにも働きうる．CO_2 の減少は，温度を少し低下させ，水蒸気を減少させる．その結果，温度がさらに低下する．このように，正のフィードバックは，小さな変化を増幅する．

　自然システムでは，正と負の両方のフィードバックが重要である（図 1-7）．

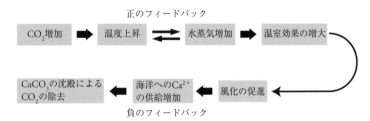

図1-7：地球気候の安定性に影響するフィードバックの図式．二酸化炭素（CO_2）の増加（例えば火山の噴火による）は，小さな温度上昇を起こし，大気の水蒸気を増加させる．水蒸気も温室効果ガスであり，さらに温度を上昇させる．これは，より高い温度がさらに高い温度をもたらす正のフィードバックである．その後，温度上昇は，風化を促進する．風化は，海洋にカルシウムを供給し，石灰岩（$CaCO_3$）の沈殿による CO_2 の除去を引きおこす．これは負のフィードバックであり，より高い温度が CO_2 を減少させ，温度を低下させる．このシステムの負のフィードバックは，長いタイムスケールで現れる．

正のフィードバックは，素早い応答と，小さな変化に対する感受性をもたらす．負のフィードバックは，バランスと安定性をもたらす．これらは，どちらも非平衡定常状態を維持する上で重要な要素である．自然システムはしばしば正と負のフィードバックの間の複雑な相互作用を含んでおり，そのことが自然システムの精確なモデル化をたいへん難しくする．例えば，増加した水蒸気は，温室効果を増大する一方で，より多くの雲をつくる．雲は，太陽光線を宇宙に反射するので，負のフィードバックを生ずる．したがって，気候モデルは，水蒸気の正と負のフィードバックの相対的な重要性をどう仮定するかにきわめて敏感である．

　化学物質の循環（chemical cycles）も，平衡から遠く離れた安定性が長続きするための必要条件である．循環そのものが，平衡の欠如を意味する．なぜなら，平衡では，システム内部の連続的な動きはあるとしても，実質的な移動はなく，静的な状態があるのみだからである．システムが長寿であるためには，化学物質の循環も長時間にわたって持続しなければならない．時間を越えて持続し，非平衡定常状態を保つためには，物質が消費しつくされてはならない．したがって，自然システムには**リサイクル**（recycle）が必要である．

　地球システムの多くの部分が，このようなリサイクルを示す．岩石は，生成

され，侵食され，堆積物として沈殿し，加熱され，融解され，噴出されてふた
たび生成される (図 1-8)．地質学的なタイムスケールでは，岩石は常に動いて
いる．水は，岩石の循環に関わるとともに，もっと短いタイムスケールでも循
環する (図 1-9)．もし，海洋が蒸発する一方であれば，それはまたたく間に小
さくなり，塩分が増加し，「廃棄物」である水蒸気はどこか別のところに蓄え
られるだろう．その場合，定常状態も長寿もありえない．しかし，実際はそう
ではなく，水蒸気は雨となり，流れて海洋に戻る．その過程で水は大陸を侵食
する．海洋の体積と塩分は一定に保たれ，水の侵食力は大陸地殻のリサイクル
に寄与し，大陸の体積と高度を定常状態に保つ．岩石，水，大気などの地球シ
ステムのさまざまな部分は，すべて相互に関連した循環に含まれている．物質
は，絶え間なく動き，さまざまな惑星過程において何度も再利用される．連結
された循環とリサイクルがなければ，地球はシステムとして機能できない．

　以上の議論から，自然システムに共通する特徴一式があきらかになる．

- 自然システムは，常に動いている．
- 自然システムは，外部のエネルギー源，およびシステムをめぐるエネ
  ルギーの流れによって維持される．
- システムをめぐる物質の循環は，リサイクルによって持続可能性を与
  えられる．
- システムは狭い範囲の状態に保たれるが，これはふつう「非平衡定常
  状態」である．
- フィードバックが働き，定常状態を維持している．
- システムは，大きなスケールの入れ子になっており，小さなスケール
  のシステムと関連し，あるいはそれを内部に含んでいる．
- 誕生，長期にわたる進化，終局の死という時間変化がある．

　これらの特徴は，細胞，動物，生態系，惑星，恒星など，さまざまなスケー
ルに当てはまる．地球の場合を考えてみよう．

- 最近 50 年くらいに，私たちは，大気，海洋に加えて，表面のプレート，
  マントル，コアなど地球のすべての階層の動きを認識するようになっ

22

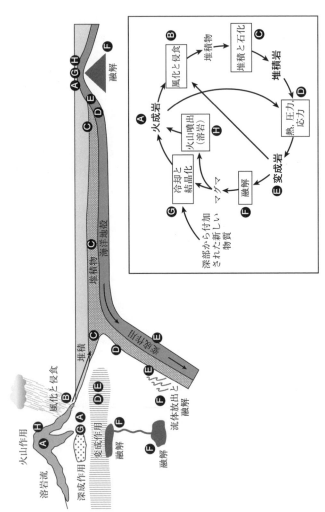

図1-8：プレートテクトニクスが作用する間の岩石サイクルの概念図。新しい火成岩は、海洋海嶺のマントルの融解、およびび収束境界の火山活動によって生成される。侵食と土砂輸送は、堆積物と火成岩を生成する。どちらも地球の内部で高温高圧にさらされると変成される。変成作用が十分に高温になると、融解が起こり、新しい火成岩が生成される。また、変成作用は流体を放出し、それが融解を引きおこすことがある。右下の循環図は、より模式的かつ一般的に岩石サイクルを表現している。岩石サイクルは、数百万年のタイムスケールで進行する。

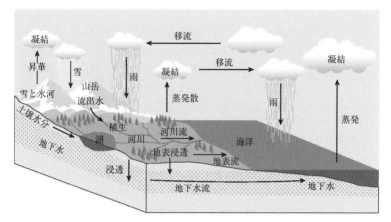

凝結

昇華

雪と氷河

土壌水分

地下水

移流

雪

山岳
流出水

凝結

蒸発散

植生

湖

河川

雨

移流

河川流

地表浸透

雨

海洋

凝結

蒸発

地表流

浸透

地下水流

地下水

図 1-9：水サイクルの概念図．蒸発散と降雨は，ごく短いタイムスケールで起こる（天候）．
サイクルの地下水の部分は，より長い 1,000 年以上のタイムスケールを持つ．

た．

- 地球は，2 つの重要な外部エネルギー源を持っている．太陽，および
  地球の誕生のときに蓄えられた放射能の「電池」である．これらのエ
  ネルギーは，地球システムのさまざまな構成要素の間を絶え間なく流
  れている．

- 地球のすべてのリザーバー（reservoirs, 貯蔵所）では，化学物質が循環
  している．物質は，さまざまなリザーバーに加えられ，その内部で循
  環し，そこから除去される．地球は，リサイクルする．すなわち元素
  は，システムの部分をめぐって循環し，再利用される．

- 地球は，歴史のほとんどを通して，狭い範囲の状態に保たれてきた．
  大気・海洋システムの温度は，数十億年にわたって，氷点より高く，
  かつ水の沸点よりずっと低い範囲にあり，生命に適した条件を保って
  きた．同じ時間にわたって，プレートは地球表面を動き続けてきた．
  地球史のほぼ全体を通して，海洋と大陸が存在し，平均海面の変動は
  あまり大きくなかった．

- 地球のそれぞれのリザーバーは，フィードバックによって維持されて

いる.

- 地球は,大きなスケールの太陽系に依存しており,海洋,生態系のような小さなスケールの自然システムを包含している.

- 地球は,太陽系の始まりに誕生し,進化し,多くの変化を経験した.エネルギー源が変化したのにつれて,固体地球の動きが展開し,生命と海洋,大気,地殻の間の関係の複雑さに著しい進化があった.最後には,太陽と放射能のエネルギー源が衰え,地球は死を迎える.

ジェームズ・ラブロックは,非平衡定常状態にある地球のエクステリアを「生命」であると仮定し,それをガイアと呼んだ.この仮説は,多くの論争をまき起こした.なぜなら,ダーウィンが提唱した進化と生殖が最もあきらかな例であるように,生物学上の生命とガイアには明白な違いがあるからである.一方,地球と生命がともに有しているのは,自然システムの特徴である.これらの共通の特徴は,ラブロックがガイアと呼んだ地球の有機的なエクステリアに限られるものではない.地球システムは,固体地球でも表面のプレートから内部のコアに至るまで,さまざまな動きを含んでいる.したがって,自然システムについて一般的に,「そのシステムが働く上での原理は何か?」と問うならば,地球と生命は同じように働くと言える.地球と生命は,自然システムの共通の特徴を備えている.宇宙も全体として同じ特徴を持って働いているのだろうか? 宇宙は非平衡であり,ビッグバンによって動力を供給され,長い進化の過程にある物質とエネルギーの循環を持つ.したがって,この見地に立てば,共通性は微視的世界から巨視的世界にまでおよんでいる.システムは,宇宙が働く唯一の方法であると考えられる.

● まとめ

多様なスケールとアプローチは,生存可能な惑星の発展を理解するのに欠かせない.最も大きなスケールは宇宙であり,大きさは数十億光年,時間は百億年以上におよぶ.私たちが扱う最も小さなスケールは,中性子や陽子による原子の構築であり,そのサイズは 41 桁も小さく,反応はナノ秒で起こる.

　科学の還元主義的アプローチは，最も小さなスケールに還元することによっ
て，理解が得られ，因果律が決定できると考える．私たちは，恒星，地球，生
命の多くの物質と過程を理解するためにこのアプローチを用いる．還元主義は
強い説明力を持つが，完全ではない．その計算には，初期条件が特定され，境
界が定められねばならない．しかし，惑星のような自然システムでは，初期条
件は決して特定されないし，境界は開いている．さらに，自然過程を記述する
多くの式は，カオスのふるまいを示し，長時間におよぶ精確な計算は不可能で
ある．

　恒星，地球，生命のような自然システムは，還元主義的アプローチのみでは
あきらかにできない．それらは，平衡から外れており，力のバランスと，シス
テムをめぐる物質とエネルギーの連続的な動きによって，定常状態に保たれて
いる．システム思考は，部分の特性から全体の特性を推定することはできない
と明言する．部分の間の関係と時間にともなう関係の進化が，不可欠である．
多くの自然システムは，入れ子になっていて，その中に小さなシステムを包含
しているとともに，より大きなスケールのシステムの部分である．システムア
プローチによれば，地球と生命は多くの共通の特徴，自然システムの特徴を備
えている．このようなシステムを理解するためには，構成部分，システムを駆
動するエネルギー，部分を関連づける循環とフィードバック，システムの入れ
子状態，および長い時間にわたる必然的進化を調べなければならない．この進
化は，私たちが住む世界の物語である．これらが，以下の章での私たちの課題
である．

参考図書

Fritjof Capra. 1997. The Web of Life. New York: Anchor Books.

James Gleick. 1998. Chaos. New York: Penguin Books. 大貫昌子訳. 1991. カオ
　　ス —— 新しい科学をつくる. 新潮文庫.

James Lovelock. 1995. The Ages of Gaia. New York: W. W. Norton & Co. 星川淳訳.
　　1989. ガイアの時代 —— 地球生命圏の進化. 工作舎.

Benoit Mandelbrot. 1982. The Fractal Geometry of Nature. New York: W. H. Freeman
　　& Co. 広中平祐訳. 2011. フラクタル幾何学. ちくま学芸文庫.

第2章

背景

ビッグバンと銀河の形成

図 2-0：アベル 2218 銀河団．地球から約 21 億光年離れており，数千個の銀河からなる．天文学者は，銀河団の大きな質量を重力レンズとして用いて，より遠い銀河を拡大し，観察する．より遠い銀河は，写真で見やすいように長細い弧に歪ませてある．(NASA, ESA, Richard Ellis (Caltech), and Jean-Paul Kneib (Observatoire Midi-Pyrénées, France). Acknowledgment: NASA, A. Fruchter, and the ERO Team (STScI and ST-ECF)).

　地球は，私たちが太陽と呼ぶ恒星をめぐる惑星系の小さな一員である．太陽は，天の川銀河を構成する約 4,000 億個の恒星のひとつである．これらの星の光により，近くの銀河にいる観測者は，私たちの銀河系を渦巻型と定義するだろう．**銀河**は，宇宙の物質を分割する基本的な単位である．

　他の十億の銀河と同じく，私たちの銀河系は，宇宙を誕生させた大爆発が起こった地点から急速に遠ざかりつつある．宇宙の主な部分である銀河が互いに飛び去っていることは，遠くの銀河から私たちに達する光に含まれる原子スペクトルの「バーコード」の赤方偏移からあきらかである．この偏移の大きさと地球から銀河までの距離との直線関係は，約 137 億年前にすべての銀河がひとつの場所にあったに違いないことを示す．大爆発による宇宙の創世は，鈍い背景光によって今でも知ることができる．この光は，ビッグバンの破片が冷却され，水素とヘリウムの原子核のまわりの軌道に電子が捕捉されたときに生じた巨大なフラッシュの名残である．**ビッグバン**の衝撃によって，宇宙のすべてのものが生みだされた．望遠鏡で見える銀河には，4,000 億の 10 億倍の星が含まれる．これらの恒星の多くは惑星系を持つと考えられている．

　銀河を注意深く観測すると，私たちが見ることのできるものによっては説明できない，ばく大な量の物質が存在することがわかる．この**ダークマター**は私たちには見ることができず，ほとんど未知であるが，その質量は，恒星，惑星，および生命を構成する原子物質の総量のおよそ 6 倍にも達する．注意深い測定によれば，後退する銀河は時間とともに加速しているので，宇宙が最終的に収縮し「ビッグクランチ」に至ることはないだろう．この現象を説明するには，重力に対抗する反発力である**ダークエネルギー**が必要である．物理学者は，宇宙の約 76% がダークエネルギーからできており，私たちが知って理解している物質は，ビッグバンで生成されたもののわずか 4% に過ぎないと信じている．宇宙の始まりはよく確立されているが，その内容物と働きについては，まだ多くの謎が残されている．

● **はじめに**

宇宙はどのように生まれたのか？　そしてどのようにして今に至ったのか？

これらは，私たちが地球の歴史の出発点を求めて，**天の川銀河**（Milky Way）の形成よりもさらに昔へさかのぼるとき最初に直面する重要な疑問である．始まりはあったのか？　それはいつどこで起こったのか？　この章では，宇宙の壮観な創世，すなわち私たちが観測できるすべてのものの起源が，ほんとうにあったことを見ていこう．私たちは，それがいつ起こったのかさえ知ることができる．すべては，そこから展開する．

● ビッグバン

　私たちの知る宇宙は，約 137 億年前に，天文学者が**ビッグバン**（Big Bang）と呼ぶ爆発によって始まった．宇宙のすべての物質は，いまだにこの爆風の翼に乗っている．この宇宙的出来事の性質を調べることは，**宇宙論**（cosmology）と呼ばれる分野の最先端でありつづけている．（私たちの知っている）宇宙で観測可能なすべてはビッグバンから始まったので，この爆発の前に起こったことは，現代の科学研究の対象ではない．それ以前の出来事については，物理学上の記録はまったくない．

　私たちが宇宙の年齢とその始まりのようすについて知っていると述べることは，かなり大胆である．これは空想的な考えだろうか，それとも証拠があるのだろうか？　私たちが宇宙の始まりについて詳細な知識を持っていることには驚かされるが，天文学者が行った観測は，宇宙の起源のビッグバン理論に説得力のある支持を与える．根拠のない憶測を 0 点，証明された事実を 10 点として信頼度を評価するならば，この理論は 9.9 点を得る！

　その証拠を示す前に，膨張宇宙論が提案される以前に，天文学者に立ちはだかっていたパラドックスを考えてみよう．このパラドックスは，1826 年にハインリヒ・オルバースによって明瞭に表現された．簡単に言うと，「夜空が暗いことを誰も説明できない」というものであった．星々の間の黒い背景は，宇宙が有限の大きさであること，あるいは最も遠い星々からの光が空虚な空間にあるダークマターによってさえぎられていることを要求するように思われた．これを理解するためには，無限の大きさの宇宙の中に，光る天体が空っぽの空間によって隔てられて存在するようすを想像してみればよい．そのような宇宙

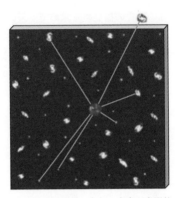

図 2-1：オルバースのパラドックスの図解. もし, 宇宙が空間的, 時間的に無限であれば, 地球から宇宙を見るとき, すべての視線がついには恒星か銀河に突きあたる. 視線が図の箱の中でさえぎられなければ, 障害物があるまで箱を拡大すればよい. したがって, 夜空は光で満たされるであろうが, 現実はそうではない.

では, どこを見ても, 遠くの星からの光が見えるだろう (図 2-1). 空は, 目もくらむばかりに明るいはずである！ 代案としてすぐに浮かぶのは, 有限の宇宙である. 有限の宇宙なら, 星々の間に, はるか向こうの黒い深淵が見えるだろう. もちろん, 他の可能性として, 光を発しない物質の雲が星々の間の空間をただよっており, 遠くの星からの光を私たちの視界から妨げていることも考えられる.

最初の代案は, 受け入れられない. なぜなら, 有限の宇宙では, 星々を離れてばなれに保つことはできないからである. 星と星との重力の相互引力は, 宇宙の「中心」へ向かう非平衡な引力を生ずるだろう. それは, 多数の球を大きな三次元の格子に固定し, 次に個々の球を他のすべての球と引きのばされたゴムひもで結びつけるようなものである. 中心近くの球は, あらゆる方向から多かれ少なかれ同じように引っぱられるが, 端近くの球は, 内部に向かって引っぱられる. マジックによって, 球と引きのばされたゴムひものみを残して, 突然格子を取りのぞいたら, すべての球が格子の中心に向かって疾走するような爆縮が起こるだろう. 何も起こらないのは, 格子が無限に大きいときのみである. この場合, すべての球に働く引力は, 正確につり合わされる. 宇宙には,

星を離ればなれに保つ格子はないが，まさにそのように星は存在している．したがって，暗い空に対する有限の宇宙の説明は，不十分であるとして棄却されねばならない．

　第二の説明は，遠い星からの光は地球に至るまでの経路に存在する塵とガスの暗い雲によってさえぎられるというものであったが，これも受け入れられない．この場合，中くらいの距離にある星からの光も，影響を受けるはずである．大都市の夜空や，霧の中を近づいてくるヘッドライトのように，散乱光が見られるに違いない．しかし，そのような光は見られない！　したがって，この説明も棄却されねばならない．

　この宇宙論の難問が解決されるまでに，100 年以上がかかった．1927 年，ベルギーの天文学者ジョルジュ・ルメートルは，宇宙が宇宙の「卵」の爆発で始まったと提唱した．この巧妙な発想は，長年のパラドックスをうまく説明した．爆発力が，物質を宇宙の中心へと引きつける重力を妨げている．それは，ちょうど爆弾がゴムひもの引力にうち勝って，格子上の球を吹き飛ばすようなものである．観測事実がなければ，ルメートルの仮説はあまり注目されなかったかもしれない．その発表から 2 年のうちに，エドウィン・ハッブルが，科学界を膨張宇宙の概念に注目させる観測結果を報告した．ハッブルの報告は，非常に遠くの**銀河**（galaxies）の星から届く光のスペクトルに**赤方偏移**（red shift）を認めたというものであった．この偏移に対する簡単な説明として，遠くの銀河は私たちの銀河系から途方もない速さで遠ざかっているという説が唱えられた．

赤方偏移：速度を測る

　太陽からやって来る光は，さまざまな振動数（frequencies）の光から成る．光線は，雨滴を通過するとき，曲げられる．振動数の異なる光はわずかに異なる角度で曲げられ，光の束は虹の色の成分に分解される．それぞれの振動数の光は，網膜に異なる印象を残し，私たちはそれを色として見る．

　17 世紀，アイザック・ニュートンは，光に関する多くの実験を行い，太陽光をプリズムに通すことで虹のスペクトル（spectrum）をつくった．プリズムを通過する光線は，振動数にしたがって曲げられる．図 2-2 に示すように，赤

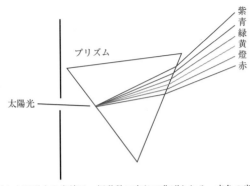

図 2-2：プリズムを通過する光線は，振動数に応じて曲げられる．赤色の光（私たちの目に感知できる最も低振動数の光）は，最も小さく曲げられ，紫色の光（私たちの目に感知できる最も高振動数の光）は，最も大きく曲げられる．

色の光（私たちの目で検出できる最も低振動数の光）は，最も小さく曲げられ，紫色の光（私たちの目で検出できる最も高振動数の光）は，最も大きく曲げられる．私たちが白色光として見るものは，実際は可視光線のスペクトルに現れるすべての色の混合である．

　天文学者は，長い間プリズム（最近は回折格子）を望遠鏡に使って，遠くの銀河からの光の成分を調べてきた．星からの光は，連続的なスペクトルではなく，赤から，橙，黄，緑，青，紫に至るなめらかな変化が暗線（dark bands）で分断されている．暗線は，光を放つ恒星（stars）を包んでいる，元素を含むガスの量によって，特定の振動数の光が吸収されるために生じる．光が原子に吸収されるのは，原子軌道の電子をひとつのエネルギー準位から他の準位へ持ちあげる励起に必要なエネルギーと光のエネルギーがちょうど等しいときのみである．ガス中の原子の励起は，他の振動数の光に対しては透明であっても，ある特定の振動数の光を吸収し，その通過を妨げる．初期の研究では，最もめだった暗線のみが同定された（図 2-3）．詳細に調べると，何千本もの暗線があきらかとなった．そのほとんどは，まっ黒ではない．それらは，特定の振動数において，光の強度を弱くする．これは，恒星の「大気」中での元素の存在度に依存して，星から放たれる光が部分的に吸収された結果である．

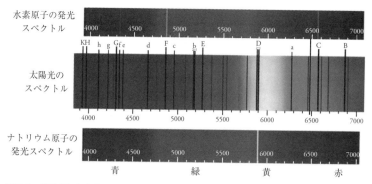

水素原子の発光
スペクトル

太陽光の
スペクトル

ナトリウム原子の
発光スペクトル

青　　　　　　　緑　　　　　　黄　　　　赤

図 2-3：発見者にちなんでフラウンホーファー・スペクトル（Fraunhofer spectrum）と呼ばれる太陽のスペクトルの一部分．水素とナトリウムの発光スペクトルの一部分と比較してある．数字は波長（10^{-10} m）．フラウンホーファー・スペクトルの暗線 C と F は，太陽大気中の水素の吸収により生じる．黄色部分の暗線 D は，ナトリウムの発光スペクトルの最も明るい線と波長が一致している．その他の暗線は，他の元素の吸収により生じる．口絵 1 参照．

　もともと天文学者がこの暗線に興味を持ったのは，それが恒星のガスの暈を化学分析する手段となったからである．地球の大気の組成は地殻や内部の組成とはまったく関係がないが，恒星の大気の組成は，その全体の組成に近い．スペクトルに現れるひとつひとつの暗線は，特定の元素の存在を示す．天文学者は，研究室のアーク放電を検量に用いて，近くの恒星の大気を構成する元素の相対存在度を推定した．すべての恒星は種々の元素を含んでいるので，その特徴的な暗線は，固有の「バーコード」となる（図 2-3）．このバーコードは，原子の基本的な特徴に支配された暗線の間隔と相対強度を示す．

　より大きく優れた望遠鏡が利用できるようになると，天文学者はより遠くの天体を化学分析できるようになった．ここで，偉大な発見が訪れた．天文学者は，非常に遠くの天体を見たとき，特徴的な「バーコード」が虹の背景に対してシフトしていることを見いだした．例えば，太陽のスペクトルの青色部分に見られる暗線のパターンは，遠くの銀河からの光のスペクトルでは緑色部分に見られる．太陽のスペクトルの黄色部分に見られる暗線は，遠くの銀河のスペクトルでは橙色部分に見られる，といった具合である．「バーコード」の間隔

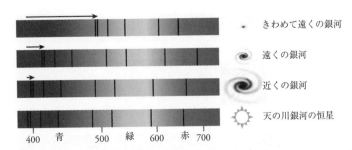

	青	緑	赤
400	500	600	700

図 2-4：遠くの恒星のスペクトルの暗線がどのように赤色（スペクトルの右端）にシフトするかを表す図解．数字は波長（nm, 10^{-9} m）．最下段のスペクトルは，私たちの銀河系にある近くの恒星のもの．その暗線の波長は，地球上の元素に観察される波長と一致している．望遠鏡で大きく見える近くの銀河では，暗線は少しだけ赤色にシフトしている．望遠鏡で非常に小さく見える遠くの銀河では，赤方偏移はさらに大きい．矢印は，赤方偏移の大きさを示す．

と線の相対強度は，同じままである．しかし，それはまるで誰かが背景の虹から暗線を持ち上げて，赤色の端の方へ動かして，置いたように見える．さらに驚くべきことには，天体が遠ければ遠いほど，赤方偏移は大きかった（図 2-4）．

　これがなぜ起こるかを理解するためには，物理学者が**ドップラー効果**（Doppler shift）と呼ぶ「汽笛概念」を把握すればよい．列車をじっと眺めた人は，急行列車の機関士が，地方駅を通過するとき，汽笛を鳴らすことを覚えているだろう．プラットホームに立つ人は，列車が目の前を通過するとき，奇妙な感覚を経験する．汽笛の音が急に低くなるのだ！　音が低くなるのは，遠くの銀河のスペクトルの暗線が偏移するのとまったく同じ理由による．汽笛の状況のほうがいくらかわかりやすいので，最初にこれを考えよう．

　音は，空気中を 1,236 km/h で進む．列車が駅を 123 km/h で通過するとすれば，観測者の耳に届く音の振動数は，列車が近づくときには 10％高く，列車が遠ざかるときには 10％低くなる．この現象は，汽笛の代わりに，毎秒 1 回音を出すブザーを考えれば，簡単に理解できる．観測者が軌道に止まっている列車からのブザー音を数えれば，毎分 60 回になるだろう．観測者に向かって123 km/h で走ってくる列車からのブザー音を数えれば，毎分 66 回になるだろう．観測者から 123 km/h で走り去る列車からのブザー音を数えれば，毎分 54

回になるだろう．耳は，鼓膜を刺激する音の振動数を数える．音源が遠ざかるときには，それぞれのブザー音の出発点は次第に遠ざかり，鼓膜に達するまでにより長い距離を進まなければならない．したがって，耳はより低い振動数を検出し，より低いピッチを脳に伝える．

　光源が遠ざかるならば，光の「ピッチ」もまた低くなる．しかし，光は毎時10億8,000万キロメートルという驚くべき速さで進むので，走っている列車から私たちに届く光はほとんど変化しない．影響をおよぼすには，後退速度は伝播速度の有意な割合でなければならない．もし，遠くの銀河から届く光のスペクトルに，振動数が10％低下する赤方偏移が観測されるならば，その銀河は私たちから毎時1億800万キロメートルというすさまじい速さで遠ざかっていなければならない！

距離を測る

　上で述べたように，銀河が遠ざかる速度が速いほど，赤色への光のシフトは大きくなる．さまざまな銀河に観測されるスペクトルの例を図2-5に示す．赤方偏移の発見に引きつづいてなされた大発見は，最大の赤方偏移を示す銀河は最も遠いということであった．この発見は，信頼できる距離スケールを与える技術の発達によってもたらされた．

　距離の測定は，速度の測定よりもずっと難しい．それがいかになし遂げられたかを正確に理解することは，本書の範囲を超える．以下の節は，その一般的な原理を示すのに十分だろう．

　あらゆる測量の手順と同様に，宇宙の測量は基線から始まる（図2-6）．もし測量者が簡単に到達できない物体，例えば湖の沖の岩までの距離を測りたいならば，岸に基線を設定し，その長さを測定する．次に，測量者は，基線の両端から岩を観測し，その視線と基線のなす角度を記録する．簡単な三角法により，岩の距離を計算することができる．

　図2-7からわかるように，天文学者が直面する距離の範囲は，驚異的である！天文学者は，初めに大胆にも太陽をまわる地球の公転軌道を基線に用いた．公転軌道の両端から空を観測することによって，天文学者は宇宙の「岩」までの

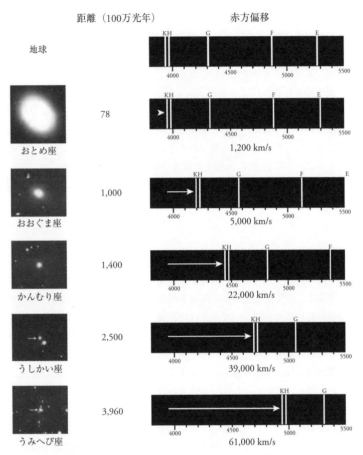

距離（100万光年）　　　　　　　赤方偏移

地球

おとめ座　　　　　　78　　　　　　1,200 km/s

おおぐま座　　　　1,000　　　　　5,000 km/s

かんむり座　　　　1,400　　　　　22,000 km/s

うしかい座　　　　2,500　　　　　39,000 km/s

うみへび座　　　　3,960　　　　　61,000 km/s

図 2-5：銀河とその光のスペクトル．スペクトルの数字は波長（10^{-10} m）．左は，ヘール天文台望遠鏡で撮影された 5 つの銀河の写真．これらの銀河はおそらく同じくらいの大きさであるが，おとめ座銀河は，うみへび座銀河よりずっと地球に近いに違いない．右には，銀河からの光のスペクトルを地上で観察される原子スペクトルと比較してある．水平の白い矢印は，簡単に識別できる暗線の対が太陽のスペクトルの暗線（あるいは研究室のアーク光の発光線）の位置からどれだけシフトしているかを示す．見てわかるように，遠くの銀河ほど後退速度が大きい．(Images courtesy of California Institute of Technology).

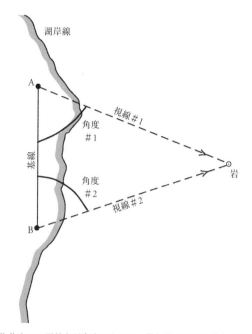

図 2-6：遠くの物体までの距離を測定するために，幾何学がいかに使われるかを表す図解．測量者は，長さのわかっている基線の両端から湖の沖にある岩を観測し，基線と視線のなす角度を記録する．そうすれば，三角法により距離を計算できる．

距離を測定するために，三角法を用いることができる．このうわべは巨大な基線を用いても，宇宙の測量は非常に困難な仕事である．軌道の基線の長さは，3×10^{8} km である．最も近い恒星でも，恒星までの距離は 4×10^{13} km である．したがって，それは 10 cm の基線を用いて，岸から 10 km も離れた岩の距離を測定するようなものだ！

　このきわめて正確な技術は，視差（parallax）と呼ばれる．この方法を用いて，地球の公転軌道を基線として，最も近い数千個の恒星までの距離を決定できる．しかし，この方法を適用できるのは，私たちの銀河系のごく小さな領域に限られる．

38

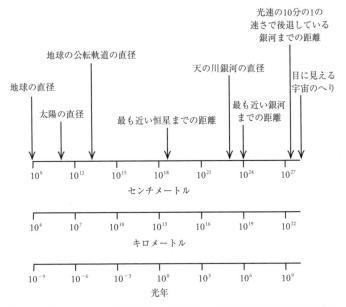

図 2-7：距離のスケール．天文学者は，19桁を超える距離に取り組まねばならない．

　私たちの太陽が 6×10^8 km/y というかなり大きな速度で銀河系の中を突き進んでいることがわかると，基線は大幅に延長された．地球の公転軌道よりはるかに長く，常に成長する基線が確立された．それは，測量者がトラックに乗って湖岸の道をドライブし，定期的に遠くの島を見るようなものである．トラックの速度と経過時間から，測量者は成長しつづける基線の長さを決定できる．同じような，しかしもう少し複雑な方法（統計視差）を用いて，天文学者はおよそ 3×10^{15} km かなたの恒星までの距離を測ることができるようになった．それでもなお，これらすべての恒星は，私たちの銀河系の中にある．

　私たちの銀河系からはるかかなたにある銀河までの距離を三角法で測ることは，まったく手に負えないので，この方法は放棄するしかない．しかし，自然は別の方法を提供した．天文学者は，それを見つけて，利用した．私たちの銀河系のいくつかの恒星（脈動変光星）は，光度の定期的な脈動を示す．脈動変光

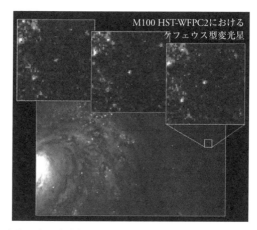

図 2-8：近くの銀河にある脈動変光星の光度の変化を示す写真．上部のパネルは，3 つの異なる時間における，下の写真の小さな正方形によって示された銀河の小領域の拡大写真．その星々のうち，パネルの中央に見えるのが脈動変光星である．(Courtesy of NASA; http://apod.nasa.gov/apod/ap960110.html. Credit: NASA, HST, W. Freedman (CIW), R. Kennicutt (U. Arizona), J. Mould (NU)).

星は，「ヘッドライト」あるいは「灯台」のようである．これらの恒星の明滅速度は，さまざまである．重要な特徴は，同じ速度で明滅する恒星は，同じ光度を持つことである．それは，沿岸警備隊がすべての灯台の「白熱電球」の光度をその回転速度と関係づけて決めているようである．例えば，10 万ワットの電球の灯台はすべて毎分 1 回転し，20 万ワットの電球の灯台はすべて毎分 2 回転するように．変光星の光度の変動は約 10 倍にも達するので，他の銀河の中に変光星を見いだすことも容易である（図 2-8）．

　天文学者は，この関係に飛びついた．近くの銀河に見られる脈動変光星は，おそらく同じ規則にしたがうと考えた．そうであれば，変光星の明滅速度から光度を推定することができる．こうして推定される光源における光度と，地球から見える光度を比較すれば，変光星とそれを含む銀河までの距離を決定できるだろう．この「ヘッドライト」法は，私たちが暗いハイウェイで接近してくる自動車の距離を直感的に判断する方法を定量化したものである．自動車の

ヘッドライトは同じような光度を持つので，私たちはヘッドライトの明るさから接近する自動車までの距離を判断する．近くの銀河までの距離は，その銀河の変光星から届く光の強度と，私たちの銀河系にあり，その距離が三角法で決定されている類似の変光星から届く光の強度との差に基づいて推定できる．近くの銀河の距離がわかれば，天文学者は三角法によりその銀河の直径を決定できる．図 2-9 は，私たちの天の川銀河，その近くの銀河，およびガスと塵の雲を示す「地図」である．

　宇宙に存在して，地球大気の干渉を受けないハッブル宇宙望遠鏡をこの方法に適用することで，ずっと遠くの銀河までの距離が測定できるようになった．しかし，残念ながら，有意な赤方偏移を示す銀河は，私たちの最大の望遠鏡がそれを個々の恒星に分解できないほどはるかかなたにある．最も遠い銀河は，近くの恒星よりほんの少し大きく見える程度である．したがって，個々の変光星は同定されず，灯台法は適用できない．

　宇宙の距離を測る最後のステップは，銀河そのものの大きさを用いる．銀河はたいてい集団として観測される．天文学者は，近くの集団にある銀河の大きさを注意深く研究した．人々や自動車の集団のサイズと同様に，それらは簡単な規則にしたがう．仮定されたことは，非常に遠くの銀河は，「近くの」集団に含まれる銀河と同じような大きさと明るさの分布を持つということである．例えば，自動車の距離は，ヘッドライトの明るさだけでなく，ヘッドライトの集団がどのくらい遠くに見えるかによっても推定できる．人によりいくぶんの違いはあるとしても，私たちはこの方法を使っているだろう．自動車のドライバーと同じように，天文学者は，個々の銀河の大きさをたよりにして，銀河集団の距離を推定する．

　近年，天文学者は，遠くの銀河におけるある種の超新星爆発を観測することにより，この方法を改良した．超新星爆発は，どんな銀河でも，およそ 1 世紀に 1 回起こる．したがって，10 年間では，およそ 10 個の銀河のうちのひとつが，超新星爆発の強烈なフラッシュで照らされるのが観測できる．このフラッシュは，優れたヘッドライトになると考えられる．

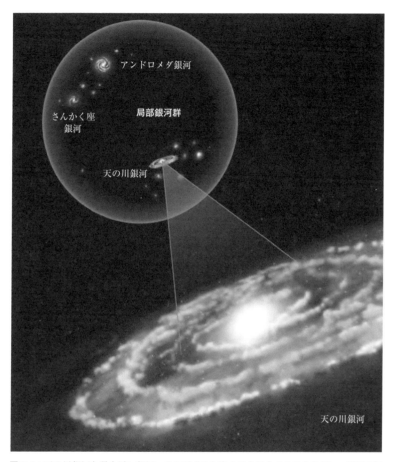

図 2-9：天の川銀河と最も近い銀河，およびガスと塵の雲を示すイラスト地図．1 兆個の恒星を含むアンドロメダ銀河は，天の川銀河から 250 万光年の距離にある．(Courtesy of NASA/CXC/M.Weiss; http://chandra.harvard.edu/resources/illustrations/milkyWay.html).

速度－距離の関係：始まりの年代を定める

　宇宙全体の銀河の速度と距離が決定されると，天文学者は，銀河の距離をひとつの軸に，それらが私たちから遠ざかる速度をもうひとつの軸にとったグラフをつくることができる．図 2-10 に示すように，さまざまな銀河集団の観測結果をプロットすると，直線が得られる．距離が 10 倍になると，後退速度もほぼ正確に 10 倍となる．この顕著な関係は，何を意味するのだろうか？

　距離と赤方偏移の関係が意味するところは，かつてすべての銀河が同じ時，同じ場所に存在したということである．例として，誕生会の参加者がちょうど同じ時刻に散会する場合を考えよう．ある人々は 4 km/h で歩いて自宅に帰り，ある人々は 10 km/h の自転車で，ある人々は 50 km/h の自動車で，そしてある人は 500 km/h のヘリコプターで帰るとしよう．全員が，1 時間，まっすぐに，異なる方角へ進むとする．1 時間後，歩きの人は 4 km 遠ざかり，自転車の人は 10 km 遠ざかる．彼らの後退速度とパーティー会場からの距離をプロットすれば，直線が得られ，その直線の傾きは彼らがパーティー会場を出発してからの時間を与える．また，参加者の誰からの距離をとっても同じ結果が得られ，全員が同じ傾きのグラフをつくる．なぜなら，彼らは皆，同じ会場から同時に出発したからである．2 つのグループは，互いに遠ければ遠いほど，より速く遠ざかっているはずである．同じことが三次元の宇宙でも起こる．時間を逆戻しにして，さまざまな銀河を観測される後退速度で逆向きに進めると，すべての銀河が同じ時間に同じ場所に集まるのだ！　その正確な年代は，私たちの銀河系を基準として，どの銀河の距離と後退速度を用いても求められる．

　したがって，図 2-10 は，すべての銀河がかつてある一点に存在したこと，および宇宙が創世された年代を示す．ひとつの軸の単位は cm で，もうひとつの軸の単位は cm/s であるので，直線の傾きの単位は時間（またはその逆数）である．距離と後退速度の比が，宇宙の年齢を与える．その結果によれば，宇宙の物質は，約 137 億年前に起こった爆発によって，外側へ飛びつづけている．

　図 2-11 には，速度－距離関係の発展が描かれている．もし，私たちがビッグバンから 50 億年後に生きていたならば，速度－距離関係の直線は現在よりおよそ 3 倍だけ急な傾きとなるだろう．これは，どの銀河の後退速度もほとん

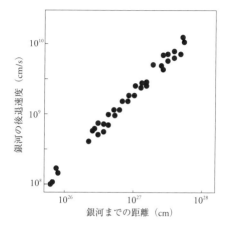

図 2-10：銀河の後退速度と距離の関係．個々の点は，遠くの銀河（あるいは銀河の集団）を表す．距離の範囲が 100 倍におよぶので，線形目盛ではなく対数目盛が用いられている．

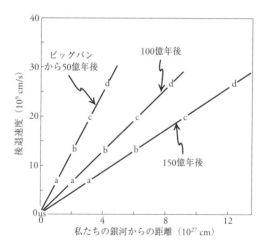

図 2-11：速度－距離関係の発展．4 つの銀河 a，b，c，d は，それぞれ異なる速度で私たちから遠ざかっている．その後退速度は，時間を通してほぼ一定であった．しかし，宇宙が年をとるにつれて，私たちとこれらの銀河との距離は開いていく．ビッグバンから 150 億年後，銀河は 50 億年前に比べて 3 倍離れている．

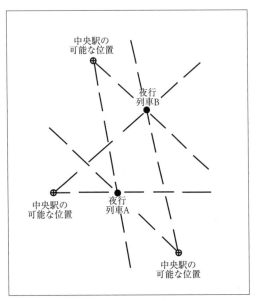

図 2-12：列車のアナロジー. 夜行列車 A の乗客は, 彼らと同時に中央駅を発車した夜行列車 B の標識灯を見る. その明るさから, 彼らは 2 つの列車の距離を決定できる. また, 彼らは汽笛を聞く. その音の高低から, 彼らは 2 つの列車が離れていく速度を決定できる. しかし, 他の情報 (例えば, 彼らの列車が進む方向, およびその軌道に沿った速度) がなければ, 彼らは中央駅がどこにあるかを決定できない. 無限の可能性のうち, 3 つをここに示す.

ど変化していないが, 私たちから銀河までの距離は増大しているからである.

　この説明から生じる自然な疑問は, 「宇宙の中心はどこにあるのか?」ということだろう. 図 2-12 に示される列車のアナロジーは, 速度−距離関係がなぜこの疑問に答えられないのかを教えてくれる. ひとつの線路にそって疾走する夜行列車 A 上の観測者は, 別の線路を疾走する列車 B の屋根のライトを見る. また, 列車 B の汽笛を聞く. 観測者は, 列車 B が彼らの列車と同じ時刻に中央駅を発車したことを知っている. 光の強度から, 列車 B までの距離を決定する. 汽笛のピッチから, 列車 B が彼らから遠ざかっていることを知り, その正確な後退速度を求める. 観測者は, これらの情報を詳しく知ったとしても,

中央駅がどこにあるのかを決定できない．同様に天文学者も，宇宙の中心の位置を決定できないのである．

ビッグバン仮説に対するさらなる証拠

　ビッグバンに対するさらなる証拠は，宇宙には目に見えない背景放射があるという発見によって得られた．この放射を理解するためには，すべての物体は，絶対温度零度 (0 K) 以上のとき，その温度に特徴的な電磁波を放射することを知らねばならない (温度スケールの比較は，図 2-13 を参照)．この放射は，**黒体放射** (blackbody radiation) と呼ばれ，遠くの物体の温度を推定するのに用いられる．放射される電磁波の波長は，温度が上昇するにつれて短くなる．非常に低い温度では，放射は目に見えない．温度が摂氏数百度以上になると，波長は可視光線の領域に入り，物体は赤く発光する．温度が高くなると，物体は橙色から白色へと変化する．放射光は，単一波長の電磁波ではない．放射光の特徴的なパターンは，物体の温度を調べるのに最適である．その例は，電気ストーブの黒い電熱線コイルに見ることができる．コイルが熱くなると，放射される光の波長が変わる．スイッチを入れた直後は，放射は私たちの目が感受しない赤外領域にあるので，コイルは暗いままである．温度が上がり放射が可視領域に入ると，コイルは鈍い赤色を発する．コイルが非常に熱くなると，さまざまな色を含む可視光線のスペクトルが放射され，コイルはほとんど白色となる．離れたところから放射のパターンを詳しく測定すれば，物体の温度がわかる．例えば，地球は，表面温度約 288 K の物体に特徴的な光を放射する．この放射光の中心は，赤外領域にある．太陽は，表面温度 5,700 K の物体に特徴的な光を放射する．この放射光の中心は，可視領域にある．

　以上が基礎知識である．驚くべきデータは，ニュージャージー州ベル研究所の物理学者ロバート・ウィルソンとアーノ・ペンジアスによって得られた．彼らは，別の目的で，長波長の電磁波である波長 0.1〜100 cm のマイクロ波に対してきわめて感度の高い検出器を用いて実験を行っていた．彼らは，装置を空のさまざまな方角に向けた．そして，恒星と銀河の間の暗い空間には，目に見える光は観測されないが，目に見えない放射があることを発見した．彼らは，

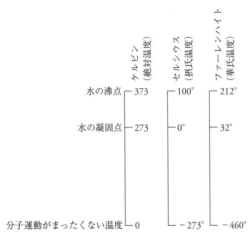

	ケルビン（絶対温度）	セルシウス（摂氏温度）	ファーレンハイト（華氏温度）
水の沸点	373	100°	212°
水の凝固点	273	0°	32°
分子運動がまったくない温度	0	−273°	−460°

図 2-13：3 つの温度スケールの比較．ケルビンの絶対零度は，分子運動がまったくない温度である．アメリカの日常生活では，ファーレンハイト度（華氏温度）が用いられる．セルシウス度（摂氏温度）は，他の多くの国で使われている．

この**宇宙マイクロ波背景放射**（cosmic microwave background）のパターンを詳しく調べて，それが絶対温度 2.73 K の物体から放射される電磁波と同じであることを示した．ウィルソンとペンジアスの発見の後，人工衛星からの精密な測定を含む研究により，宇宙放射のさまざまな波長の相対強度が，低温の黒体放射と正確に一致することが示された（図 2-14）．

宇宙の黒体放射の起源は何なのか？　ビッグバンの直後，膨張する宇宙の雲の中で陽子と電子が冷却され，集まって中性の原子を生じたとき，強烈な光のフラッシュが起こった．そのとき，宇宙の年齢はわずか 10 万年で，そのガスの温度は約 4,000 K であった．なぜ 4,000 K のガスから放射された光が，今日，1,500 倍も低温の物体（2.73 K の物体）から放射されたように見えるのかという疑問に対する答えは，そのとき以来の宇宙の膨張にある．この膨張による「冷却」の程度の計算は，ここで述べるには難しすぎるが，物理学者には期待通りの結果であった．こうして，ビッグバンの残光の発見は，ビッグバン仮説に対する強固な証拠として認められた．

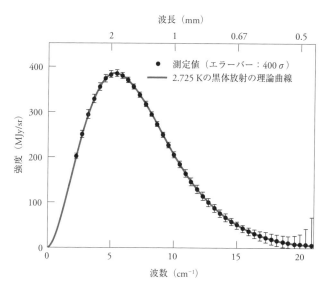

図 2-14：COBE (Cosmic Background Explorer) 衛星の遠赤外絶対分光光度計によって測定された宇宙マイクロ波背景放射. 宇宙は, マイクロ波領域の放射で光っている. 多くの波長で強度を測定すると, そのスペクトルは, 温度 2.725 ± 0.002 K の物体からの黒体放射と正確に一致することがわかる. この温度は, ビッグバン理論ときわめてよく一致する. (Courtesy of NASA; http://lambda.gsfc.nasa.gov/product/cobe/firas_overview.cfm).

　次の章で学ぶように, ビッグバン直後の宇宙の物質は, ほとんどすべてたった 2 つの元素, 水素 (H) とヘリウム (He) から成っていた. ビッグバンの注意深いモデル化により, 物理学者はそのときの原子核反応から生じた水素とヘリウムの組成比を計算することができた. 計算された 10 : 1 という比は, 宇宙で観測される H/He 比と一致した.

　銀河の速度-距離の関係, 宇宙の背景放射, および宇宙の元素組成という異なる独立な証拠が, すべて結びつき, 宇宙の起源のビッグバン仮説を支持している.

● 膨張する宇宙とダークエネルギー

宇宙は，その始まりから膨張しつづけているが，避けられない重力によって反対向きの力を受けている．重力が十分に強ければ，次第に膨張を減速し，速度をゼロにし，ついには巨大な収縮が起こり，ビッグクランチ（big crunch）による宇宙の終末，または振動する宇宙に至るというアイディアが生まれた．これは，観測で実証されるだろうか？　1998 年に運用が開始されたハッブル宇宙望遠鏡は，必要なデータと，まったく予期しなかった驚くべき結果を与えた．膨張は，加速していたのである．理論家は，この結果を説明するために懸命に努力した．そして，**ダークエネルギー**（dark energy）という名前のもとに，さまざまなアイディアが現れた．ダークエネルギーは，小さな現象ではない．観測を説明するためには，それは宇宙の組成のおよそ 70% を占めねばならない！さらに，ダークエネルギーは，私たちが物質とエネルギーとして理解しているものと反対の効果を持ち，重力の引力にうち勝って膨張する力を宇宙におよぼしている．

さらなる問題は，宇宙のすべての目に見える物質は，さまざまな宇宙の観測を説明するには，質量が足りないことである．残りの目に見えない質量は，**ダークマター**（dark matter）と呼ばれる．ダークマターもささいなものではなく，その質量は「普通」の物質の 6 倍にも達する．ダークマターは，恒星や，惑星，ブラックホールには存在しない．物理学者は，それが何でないかを知っているが，それが何であるかはよくわかっていない．

本書の残りにおけるすべての議論は，「普通」の物質とエネルギーに関するものである．私たちが見て，議論できるこの世界は，宇宙のわずか約 4% の成分に過ぎない（図 2-15）．私たちが知っていることについて議論と質問を続けるとき，未知のものは既知のものよりはるかに大きいという事実を心に留めておくとよいだろう．

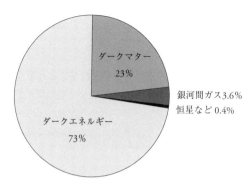

図 2-15：宇宙の組成を示す円グラフ．私たちが直接観測でき，本書で議論されるすべての物質は，宇宙のほんの 4％に過ぎない．

● ビッグバン直後の時期

　ビッグバンからおよそ 10 万年後，膨張する物質が冷却され，正電荷をもつ原子核のまわりの軌道に自由電子が捕らえられる温度になると，水素とヘリウムのガスが生じた．このガスを照らすのは，ビッグバンの残光のみであった．宇宙は，まったく退屈な場所だった．銀河もなく，恒星もなく，惑星もなく，生命もなかった．急速に膨張する雲の中に，ガスの分子のみが存在していた．

　それから，まだ完全には理解されていない理由により，その雲はばらばらになり，無数の集団をつくり始めた．これらの集団は，いったん形成されると，相互の重力により安定なユニットとして残った．そして，これらの集団は，銀河へと進化した．銀河の中では，ガスはさらに分割され，数十億の明るく輝く恒星を生じた．もはや宇宙は暗くなかった！

　これらの初期の恒星は，現在までに消滅したか，あるいはより若い恒星のうちに失われた．私たちは，初期の恒星が地球のような惑星を持たなかったと確信できる．その理由は，水素とヘリウムから地球のような惑星をつくることはできないからである．若い宇宙には存在しなかった元素が必要である．したがって，生存可能性へと向かう旅の次のステップは，残りの 90 の元素が，どこでどのようにして生成したかを見ることである．

● まとめ

人類は，常に天空に関する知識とインスピレーションに興味を持ち続けてきた．「太陽のスペクトルは何か？ それは，他の恒星とどう違うのか？」,「恒星はどのくらい遠いのか？」といった自然な好奇心と疑問は，予想しなかった発見につながった．遠くの銀河は，元素のスペクトル線の「バーコード」を持ち，赤方偏移を示す．この事実は，銀河が私たちから非常に高速で遠ざかっていることを意味する．まったく驚くべきことに，その後退速度は，距離と直線関係にあり，137億年前の同じ時，同じ場所にあった共通の起源を示す．この直接観測からの推論は，好奇心に基づく別の観測から，予想しなかった支持を得た．それは，「宇宙は何らかの背景放射を放っているのか？」という疑問に対する答えである．黒体放射は，ビッグバンのめざましい確証となった．さらに，核物理学の理論は，H/He比の確証的な推定をもたらした．これらすべてが結びついて，ビッグバンは，私たちがどこから来て，それがいつ起こったのかに関する私たちの基礎的な知識のひとつとなった．

最近10年間に，ハッブル宇宙望遠鏡を用いた観測により，私たちが観測できるすべての物質は，宇宙の小さな割合を占めるに過ぎないことがわかった．私たちの宇宙の探究には，まだ発見されていないものがたくさん残っている．

参考図書

Frank Durham and Robert D. Purrington. 1983. Frame of the Universe. New York: Columbia University Press.

William J. Kaufman III. 1979. Galaxies and Quasars. New York: W. H. Freeman & Co.

Joseph Silk. 2001. The Big Bang, 3rd ed. New York: W. H. Freeman & Co.

Steven Weinberg. 1977. The First Three Minutes. New York: Bantam Books. 小尾信彌訳. 2008. 宇宙創成はじめの3分間. ちくま学芸文庫.

Richard Panek. 2011. The 4 Percent Universe: Dark Matter, Dark Energy, and the Race to Discover the Rest of Reality. Boston: Houghton Mifflin Harcourt. 谷口義明訳. 2011. 4%の宇宙 宇宙の96%を支配する“見えない物質”と“見えないエネルギー”の正体に迫る. ソフトバンククリエイティブ.

第 **3** 章

原材料

恒星の元素合成

図 3-0：かに星雲．地球から 6,500 光年のおうし座にある超新星の名残．この星雲は，1054 年に中国人とアラブ人の天文学者が記録した超新星爆発に始まり，膨張しつづけている．膨張速度は 1,500 km/s, 現在の星雲の直径は 11 光年．私たちの太陽系の海王星までの大きさ（約 0.001 光年）は，この写真ではごく小さな点に過ぎない．超新星爆発の歴史記録と関連づけられたのは, この星雲が初めてである．(Courtesy of NASA, ESA, and Allison Loll/Jeff Hester (Arizona State University). Acknowledgment: Davide De Martin (ESA/Hubble)).

宇宙の爆発的誕生の間には，たった2つの**元素**が豊富につくられた．水素（H）とヘリウム（He）である．これが物語の終わりであったなら，宇宙の歴史に惑星や生命は現れなかっただろう．私たちの惑星と太陽はすべての元素を含んでおり，周期表の残りの90元素は宇宙の歴史を通してつくられた．**恒星**は，宇宙の元素製造工場である．恒星の内部は非常に高温であるため，**原子核**は相互作用して，融合し，ばく大なエネルギーを放出し，より重い元素を生成する．しかし，**核融合**によって生じるのは，56個の核子を含む鉄（Fe）の原子核までである．この段階に達した恒星は，やがて爆発し，その過程でより重い元素を生成し，90元素すべての混合物を銀河の近傍領域に放出する．この畏怖の念を起こさせる爆発の頻度は，私たちの天の川銀河のような銀河では，およそ30年に1回である．

このような起源を支持する証拠は，私たちの太陽系をつくる元素の相対存在度に印されている．例えば，鉄の相対存在度が高いことは，鉄が恒星の中心での核融合の最終生成物であるという事実と調和する．また，恒星での元素生成は，きわめて短い放射性半減期を持つ元素のスペクトル線によって示される．56個の核子を含む，半減期78日のコバルト（^{56}Co）の放射性崩壊は，**超新星爆発**の後に放出される光において顕著であり，その大事変における重元素の生成を示す．テクネチウム（Tc）も，恒星のスペクトルに見いだされる．テクネチウムの同位体はすべて短寿命の放射性核種であるので，テクネチウムは核反応炉によって新たにつくられた物質にしか存在しない．

超新星爆発は，わりあい頻繁に起こるので，個々の爆発の歴史を追跡することができる．1054年，中国の天文学者は，超新星爆発を観測した．この爆発の残骸の雲は，膨張しつづけており，今は，かに星雲として知られている（図3-0参照）．私たちの銀河系では，その歴史を通して，およそ1億個の赤色巨星が生成し，消滅し，水素とヘリウムの約2%をより重い元素に変換した．この2%に含まれるものが，惑星を形成し，生命を生むのに必要な材料である．元素生成の過程は，すべての銀河の恒星に共通であり，惑星と生命の原材料は，宇宙にあまねく存在する．

はじめに

　宇宙的基準では，私たちの地球とその仲間である岩石惑星は，化学的な異端児である．これらは，主に4つの元素，鉄 (Fe)，マグネシウム (Mg)，ケイ素 (Si)，および酸素 (O) から成る．対照的に，私たちが目にする恒星は，ほとんど完全に2つの元素，水素とヘリウムからできている．宇宙全体としては，水素とヘリウム以外の元素は，ほんのはした金である．それらは，ダークマターおよびダークエネルギー以外の4%の全物質のわずか2%にしか過ぎない．

　水素とヘリウム以外の元素は，希少であるが，生存可能性の必要条件である．生存可能な惑星は，固体または液体のエクステリアを持たなければならず，炭素 (C) が豊富でなければならない．主に水素とヘリウムのガスからできている物体は，固体の基盤を与えない．したがって，私たちの重要な検討課題は，水素とヘリウムより重い元素がどのように生成されたか，およびこれらの元素がどのようにして大部分のガスから分離され，岩石の惑星を形成したかを理解することである．この章では，私たちは第一の問題に取り組む．

太陽の化学組成

　すべての恒星は，ガスの雲の重力崩壊によって生じる．崩壊する雲の中に含まれる大部分の物質は，恒星そのものの中に取り込まれるので，恒星の化学組成は，母となる雲の組成を表すはずである．もし，どうにかして太陽の化学組成を決定できれば，私たちは太陽を生みだしたもとの銀河物質の組成をしぼり込むことができる．

　第2章で見たように，恒星の組成についての情報は，太陽の大気を光が通過するとき，大気に含まれる元素が光を吸収するために生じるスペクトルの暗線から得られる．スペクトルの虹の中で，それぞれの暗線が光を暗くする程度は，太陽大気における特定の元素の存在度のめやすとなる．幸い，太陽のような恒星では，水素とヘリウムを除いて，大気は恒星内部とほとんど同じ組成を持つと考えられる．

　暗線の強度は，太陽大気中の元素の相対存在度に変換される．**相対存在度**

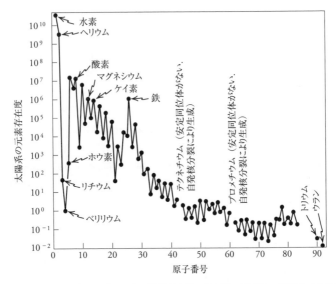

図 3-1：私たちの太陽系における元素の相対存在度．存在度の範囲は 13 桁以上であるので，対数目盛で表されている．各元素の存在度は，100 万（10^6）個のケイ素原子あたりの原子数として表される．テクネチウムとプロメチウムの位置には放射性同位体のみが存在し，そのため太陽のような低温の恒星では空席となる．

（relative abundance）とは，参照元素の原子数に対する，任意の元素の原子数を意味する．天文学者は，慣例によりケイ素（Si）を参照元素に用いる．ある元素の相対存在度は，100 万個のケイ素原子に対する原子数で表される．図 3-1 は，この存在度を原子番号に対してプロットしたものである．このグラフの縦軸は，10 を底とする対数表示である．例えば，このスケールで相対存在度が 10^9 と 10^{10} の間にあるヘリウム原子は，10^{-1} と 10^0 の間にあるビスマス（Bi）原子に比べて，100 億倍豊富に存在する．

　水素とヘリウムの存在度が，他の 90 元素を圧倒している．また，顕著な特徴は，原子番号の増加につれて元素の存在度が減少することである．この一般的な減少傾向に加えて，いくつかのあきらかな特徴がある．第一に，鉄の存在度は，なめらかな減少傾向から予想されるよりも 1,000 倍も高い．第二に，リ

チウム (Li)，ベリリウム (Be)，ホウ素 (B) のような元素は，なめらかな減少傾向から予想されるよりも何桁も低い存在度を持つ．第三に，奇数個の陽子を持つ元素は，両隣の偶数個の陽子を持つ元素よりも存在度が低いため，存在度曲線はのこぎりの歯のような形状を示す．これらの特徴は，水素とヘリウムより重い元素の起源について重要な手掛かりを与える．

● 水素，ヘリウム，銀河，恒星

　物理学者は，ビッグバンの瞬間に，すべての物質はきわめて高密度の小塊に含まれていたと推測している．この原始の小塊は非常に高圧かつ高温であったため，中性子と陽子の安定な結合は存在しなかった．しかし，爆発から数秒後，その結合が可能となり，形成された．かつて，私たちが太陽に見る元素の組成が，宇宙の歴史の初めの1時間で完全につくられたとする仮説が唱えられた．しかし，その後の研究は，宇宙の進化のごく初期段階で豊富につくられた元素は，水素とヘリウムだけであったことを示した．その他の元素は，それから数十億年も後に，巨大恒星の内部でつくられた．

　水素とヘリウムのガスは，ビッグバンの間につくられ，やがて集まって，巨大な雲となった．これらの巨大な雲は，今日私たちが遠くの銀河に見る，渦巻や楕円をつくった．新しく形成された銀河のガスの一部は，次に，ずっと小さな部分雲に分裂し，その相互重力によって崩壊し，恒星をつくった．現在，天文学者は望遠鏡を通して，それぞれが数十億個の恒星から成る，多数の銀河を見る．天文学者は，注意深い観測によって，恒星の生成が今も続いていることをあきらかにした．彼らは，新しい恒星が誕生し，古い恒星が死滅するのを見る．あらゆる大きさ，および進化過程のすべての段階における恒星を観測することにより，天文学者は恒星の歴史を描きだすことができた．この恒星の進化と同時に起こったのが，水素とヘリウムからより重い元素への変換である．私たちは，ビッグバンではなく，ここに，鉄，マグネシウム，ケイ素，および酸素という地球の主成分の生成を求めるべきである．

　ふたたび，人は問うだろう．科学者はどのようにしてヘリウムより重い元素が恒星の中心で生まれたことを知ったのか？　これから見るように，強い印象

を与える十分な論拠が提出された．どんな陪審員も，それを否定できないだろう．ビッグバン理論と同じように，**恒星内元素合成**（stellar synthesis of elements）理論は，10点満点のうち，9.9点である．

記述的原子物理学

恒星内元素合成の仮説を支持する論拠を理解するためには，原子核の構造について，いくつかの簡単な事実を頭に入れておかねばならない．

それぞれの**原子**（atom）は，電荷のない**中性子**（neutrons）と正電荷を持つ**陽子**（protons）から成る密な核を持つ（図1-1参照）．**原子核**（nucleus）は，原子の質量のほとんどを占めるが，きわめて小さく，直径はおよそ10^{-15} mである．負の電荷を持つ**電子**（electrons）が，中心の原子核のまわりの複雑な軌道を飛んでおり，ふわふわとしたかたまりをつくる．これが原子の大きさを決めるが，電子は原子の質量にはほとんど寄与しない．電子雲の直径は，およそ10^{-10} mである（すなわち，原子は原子核より10万倍も大きい）．電子は，正に荷電した核の静電引力を受けて，軌道に保持される．

陽子と電子を原子の中に保つ**電磁気力**（electromagnetic force）の大きさは，**重力**（gravity）の大きさと比べるとよく理解できる．紙をとめる鉄のクリップは，地球の重力により，机の天板の上に静止する．小さな磁石をクリップの上に近づけると，クリップは飛び上がって，磁石にくっつく．これは，小さな磁石の電磁気力が，地球の重力よりも強いからである．物理学者は力を正確に測定して，電磁気力が重力より10^{36}倍も強いことを見いだした！　地球のように大きな物体が強力な電磁気力をおよぼさないのは，原子の正と負の電荷が完全に打ち消しあっているからである．その結果，巨大な物体では，重力が優勢な力となる．原子のようにごく小さな物体では，重力はほとんど力を持たず，電磁気力が本質的となる．

反対の電荷は引き合い，同じ電荷は反発する．2つの磁石の同じ極は，近づけると互いに反発する．この反発力は，距離が半分になると4倍になる．この力は，通常の化学反応において，2つの正に荷電した原子核が互いに接近するのを妨げる．電子は，大きな体積を占め，相互に避けられるため，原子や分子

表 3-1　4 つの基本的な力

力の名称	相対的強さ	作用する距離	重要となる場所
強い力	1	10^{-15} m	原子核の中
電磁気力	1/137	無限	どこでも
弱い力	10^{-5}	10^{-17} m	核子
重力	6×10^{-39}	無限	原子よりずっと大きいスケール，大きな質量が必要

の中に多数存在することができる．通常の化学は，電子と原子核の引力と反発力に基づいている．

　ここまではよいが，ちょっと考えるとパラドックスが生じる．電磁気力の強さと，それが距離の減少とともに著しく増大することが正しいとすれば，原子核の多数の陽子は，なぜそのような小さな体積に存在できるのか？　反発力は，とてつもなく大きいはずだ！　核の中に巨大な反発力があるとすれば，陽子をくっつけておくために，何かもっと強い力が存在しなければならない．この**強い力**（strong force）は，電磁気力より 137 倍も強力である．しかし，それはごく短い距離でしか働かない．その力は，糊のように，2 つの物体が互いに「接触」したときにのみ働く．この強い力の特性により，物理学者は，その力を運ぶ粒子を接着剤（glue）にちなんでグルーオン（gluon）と名付けた．例えば，2 つの互いに反発する強力な磁石があり，その表面に強力接着剤が塗られているとしよう．磁石どうしを近づけるほど，反発力は増大するが，表面が接触すると，強力接着剤が反発力に優って，2 つの磁石をくっついたままにする．宇宙の力の相対的な強さを表 3-1 にまとめた．重力は，私たちにはとても重要だが，他の力に比べるとまったく取るに足らない強さである！

　低温では，原子核の反発力が原子をばらばらに保つ．原子の間で電子の共有による相互作用が起こると，化学化合物が生成される．化学反応では，電子軌道の性質のみが変化し，原子核はそのままである．これらの反応は，摂氏数十度から数千度で起こる．原子核の反応を起こすには，核どうしを近づけて，「接触」させ，強い力が働くようにしなければならない．これは，原子核が超高速で運動するときにのみ起こる．速度は温度とともに増加するので，非常な高温が必要となる．原子の火を点火させるには，5,000 万度以上が必要である．こ

のような温度を実現することは，惑星の生物にとっては容易ではない．物理学者は，巨大なサイクロトロンでの荷電粒子の加速，あるいは核爆発によって，このような高温を達成する．安い元素から金をつくることに一生を捧げた錬金術師が失敗した理由はここにある．彼らには，核の火を点火する術がなかったのだ！

　宇宙において，核の火に必要な温度を持つ自然の溶鉱炉がある場所は，恒星の中心である．すべての恒星は，そのコアに核の火を持つに違いない．そうでなければ，恒星は輝かない．恒星は，宇宙の錬金術師である．そこではある元素が別の元素に変換される．

　恒星でどの**核種**（nuclides）がつくられるかを理解するためには，中性子と陽子の特定の組み合わせだけが安定なユニットをつくることを知らねばならない．反発力の強さを思い出せば，中性子の重要な役割を容易に理解できるだろう．中性子は，陽子を互いに離ればなれに保ち，陽子の間の反発力を低下させる．また，中性子と陽子は，特別な関係にあり，相互に変換する．単独で存在する中性子は不安定で，陽子と電子（すなわち水素原子）に**崩壊**（decay）する．ほぼ 10 分で，中性子の半数が崩壊する．一方，ある条件では，陽子は電子を捕獲して，中性子に変わる．よって，原子核の陽子－中性子の構成は，その比率を変えることができる．中性子は，陽子を分離する上で役立つが，崩壊する．陽子は，グルーオンによって結びつけられているが，分裂しようとする傾向がある．もし，核が中性子を過剰に含んでいれば，それらは陽子へと崩壊する．もし，核が陽子を過剰に含んでいれば，それらは中性子に変換される．このバランスにより，安定な原子核は，ほぼ同数の陽子と中性子を持つ．

　この原子核における均衡作用が，ある核種から他の核種への変換の傾向が見られない**安定の帯**（band of stability）をつくる．図 3-2 は，可能なすべての陽子－中性子の組み合わせのうち，比較的少数の限られたものが**安定**（stable）の範疇に入ることを示している．その他は，**放射性**（radioactive）であって，十分な時間が与えられると，安定な組み合わせに自発的に変化する．その変化の経路が，図 3-2 に示されている．

　原子核の安定性には，もうひとつの性質がある．原子核は大きくなりすぎると，多くの陽子による静電反発が著しく大きくなり，陽子と中性子を放出する．

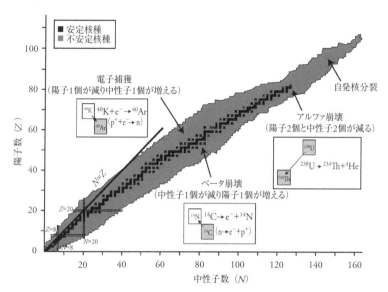

図 3-2：核図表．安定核種（安定の帯）は，黒色の四角で示されている．さまざまな半減期で崩壊して安定の帯に戻る放射性核種は，灰色の領域で表されている．非常に重い核種は分裂により崩壊し，小さな核種に自発的に分かれる．重い核種はアルファ崩壊を起こし，2 つの陽子と 2 つの中性子を含むヘリウム原子核を放出する．中性子に富む核種は，ベータ崩壊を起こし，中性子が陽子に変換されるが，原子核の核子数は変わらない．陽子に富む核種は，電子捕獲により崩壊し，陽子と電子を中性子に変換する．$N=Z$ の直線は，低質量数領域では，安定核種の中性子と陽子の数が等しいことを示す．高質量数領域では，中性子が多くなる．

^{209}Bi は最も多くの中性子と陽子を含む安定核種であると考えられていたが，知られているうちで最長の半減期 1.9×10^{19} y でアルファ崩壊する放射性核種であることが 2003 年に見いだされた．209 個より多い核子を含む核種は，すべて放射性である．まず，2 つの陽子と 2 つの中性子を含むヘリウム原子核が放出される．さらに重い核種では，**核分裂**（nuclear fission）と呼ばれる過程によって，核全体がばらばらになる．

永久に不変のまま残る核種は，ついには惑星と生命をつくる．それらの核種

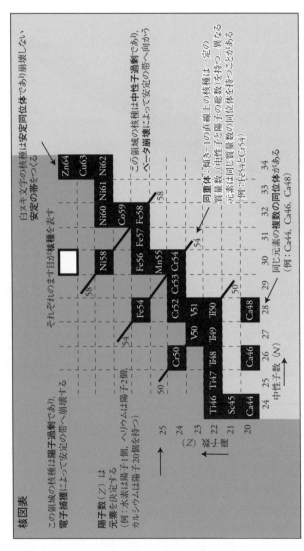

図 3-3：図 3-2 で述べた原理を示す核図表の拡大図．電子捕獲とベータ崩壊は，同重体の線にそって起こる．元素の種類を決定する．通常，奇数の陽子を持つ元素は，ただひとつの安定核種を有する．偶数の陽子を持つ元素は，より多くの安定核種を有する．「奇数−奇数」の安定核種はごく少ないことに注意．

は，**核図表**（chart of the nuclides）において，一端の ^{1}H からもう一端の ^{209}Bi へと続く安定の帯をつくる．この帯の経路は，中性子と陽子の最も安定な比を示す．この比は，陽子数の小さい元素ではほとんど1である．より大きな核種では，中性子の比率が高くなる．ビスマスでは，陽子に対する中性子の比は1.5に近い．

　安定の帯の外にあるすべての核種は，放射性であり，帯に向かって崩壊する．過剰の中性子を持つ核種は，中性子を陽子と電子に変換する**ベータ崩壊**（beta decay）を起こす．陽子が過剰の核種は，電子を捕獲し，陽子を中性子に変換する**電子捕獲**（electron capture）を起こす．そして，大きすぎる核種は，**アルファ粒子**（alpha particle）と呼ばれる（なぜならこれが最初に発見されたので）ヘリウム原子核を放出する．最初の2つの過程では核子数は変わらないが，**アルファ崩壊**（alpha decay）では核子数が4個（中性子2個と陽子2個）だけ減少することに注意しよう（図3-2，3-3）．

　すべての安定核種が地球，隕石，および他の惑星に見いだされるが，それらは恒星の中心で水素とヘリウムから合成されたに違いない．後で見るように，小さな核種から大きな核種への変換は，多くのステップを含む．炭素原子をつくるには，たった2つのステップでよいが，鉄原子をつくるには，さらに2，3のステップが必要である．ビスマス原子をつくるには，もっと多くのステップが必要である．この段階的な構築のため，「軽い」元素は「重い」元素より大きな存在度を持つようになる．

⚫ ビッグバンの間の元素合成

　元素合成の過程を詳しく調べよう．ビッグバンの火の玉では，物質はほとんど中性子のかたちであった．その密集した極限から解放されると，中性子は自発的な放射性崩壊により，陽子と電子を生じた．中性子の半数が崩壊するのにかかる時間は，10.2分である．この時間は，崩壊の**半減期**（half-life）と呼ばれる（例えば，3半減期が経過すると，最初の原子の8分の1が残る）．多くの中性子は，その安定な数分のうちに，陽子と衝突し，^{2}H をつくった．これは，陽子1個と中性子1個を持つ水素の同位体で，**重水素**（deuterium）と呼ばれる．他

62

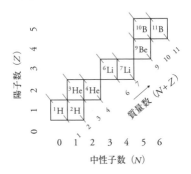

図 3-4:核図表の左下部分.核子数 1 から 11 の範囲の安定核種.中性子と陽子の数の和が 5 および 8 には,安定核種はまったく存在しないことに注意.これらの 2 つの間隙が,ビッグバンの間に元素合成がヘリウムを越えて有意に進行することを妨げた.

の衝突は,質量数(mass number)3 の核種と質量数 4 のヘリウム原子を生成した.ここで,核種の安定性のめだった特徴が現れる.すなわち,質量数 5 および 8 の安定核種は存在しないということである(図 3-4).ヘリウム原子核と豊富な陽子または中性子との衝突は,何の反応も起こさない.また,2 つのヘリウム原子が衝突しても何も生じない.その代わりに,ごくまれな反応が,質量数 5 を飛び越して,質量数 6, 7,あるいは 9 の核種をつくることができる.例えば,陽子と中性子が ^{4}He 原子核と同時に衝突すると,^{6}Li がつくられる.ビリヤード台と同じように,膨張するガス中での「3 球」衝突は「2 球」衝突よりずっとまれであり,実際ほとんど起こらないので,^{4}He より重い核種が合成される数は,取るに足らない.したがって,第 1 日の終わりには,宇宙の物質はほとんどすべて水素とヘリウムであり,ごくわずかに次の 3 元素,リチウム(Li),ベリリウム(Be),ホウ素(B)が存在した.さらなる元素の合成は,銀河の形成と,銀河の中での恒星の誕生を待たねばならなかった.

物理学者は,宇宙の歴史の第 1 日に起こった衝突のモデルをつくり上げた.モデルによれば,水素原子 10 個あたり,ヘリウム原子 1 個が生じた[1].この比は,全宇宙の若い恒星に見られるヘリウムの組成比とほぼ等しい.これは,第

---

1) 1,000 個の ^{1}H あたり 100 個の ^{4}He が存在する.ヘリウム原子は,水素原子の 4 倍の質量を持つので,4×100/(1,000 + 400),すなわち宇宙の質量の 29% を占める.

2章で議論したように，ビッグバン仮説に対する第3の証拠である．

● 恒星内元素合成

　恒星の内部が熱いのは，止まりかけている自動車のブレーキシューが熱いのと同じ理由である．動いている自動車が止まるとき，その運動のエネルギーは，ブレーキライニングの熱に変わる．これと同様に，ガス雲の崩壊の際，重力エネルギーは熱に変換される．生じる熱はばく大であり，ガスの覆いによる断熱はきわめて効果的であるので，原始星のコアは核の火を点火するのに十分な高温となる．

　恒星中の原子核が反応するには，互いに接触しなければならない．それには，陽子と陽子の電気的反発にうち勝つように，原子核はともに高速で飛行しなければならない．それは，卓球のボールを扇風機に向かって投げるようなものである．ボールがあなたの顔に戻ってこないようにするためには，超高速が必要である．

　原子は，熱いほど速く運動する．温度は，分子運動のめやすである．熱いストーブに触れると，指の皮膚の分子が非常に速く動き，それらをその場所に保っていた化学結合がひき裂かれる．この分子の損傷が，「火傷」である．2つの陽子が衝突するには，温度約 60,000,000℃ に相当する速度が必要である．少々複雑な衝突の連続によって，4つの陽子（および2つの電子）が結合し，ヘリウム原子核を生成する．ヘリウムの原子核は，2つのもともとの陽子と，2つの中性子を含む．これらの中性子は，陽子と電子の合併によって生じる（恒星中には，陽子と同数の電子が存在する）．

　アインシュタインが発見したように，**核融合** (nuclear fusion) が起こると，エネルギーが放出される．このエネルギーの放出は，質量が減少する結果である．質量の減少は，熱として現れる．実際，ヘリウム原子1個の質量は，水素原子4個の質量の和よりほんの少しだけ小さい（表3-2参照）．恒星中で元素が合成されるとき，この質量の差が熱に変換される．核融合エネルギーの支持者がまっ先に指摘するように，この過程で得られる熱量は，驚異的に大きい．実際，まったく驚異的であるため，ひとたび原始星の核の火が点火されると，熱の放

表3-2　質量とエネルギーの変換

元素	原子量 (g/mol)	モル数	全質量 (g)	質量差 (g)	相当するエネルギー (J)
水素	1.008	4	4.032		
				0.029	2.6×10^{-12}
ヘリウム	4.0026	1	4.002		
ケイ素	28.0860	2	56.172		
				0.33	3.0×10^{-13}
鉄	55.8450	1	55.845		

出によって生じる圧力のため，原始星の重力収縮がくい止められる．恒星は，安定した大きさになり，きわめて長い間，燃えつづける．例えば，私たちの太陽は，46億年前から燃えつづけており，あと数十億年の間，水素の燃料が枯渇することはない．

　私たちが見る星の多くは，水素燃焼 (hydrogen-burning) の核融合炉からの熱によって光を放っている．したがって，恒星は宇宙の歴史の第1日目に始められた仕事を続けていると言えるだろう．恒星は，宇宙に残っている水素をゆっくりとヘリウムに変換しつづけているのである．

　私たちの太陽は小さいので，水素燃焼が数十億年にもわたって起こる．ヘリウム原子核は2つの陽子を持つので，それらの間の電気的反発は，水素原子核の間の反発より4倍だけ強い．水素核融合の温度では，原子核の速度はヘリウム原子核の静電反発にうち勝つには不十分である．このため，ヘリウム原子の融合は，小さな恒星では起こらない．大きな恒星の中心では，重力がより大きく，水素燃料はより速くヘリウムに変換される．いわゆる**赤色巨星** (red giants) は，その水素原料をおよそ100万年で消費する．赤色巨星のコアで水素が枯渇すると，核の火が暗くなり，星は重力による内部への引力に対抗できなくなる．星は，ふたたび収縮を始める．再開された収縮によって解放されるエネルギーは，コアの温度を上昇させ，圧力を増大させる．温度がヘリウム融合に必要な点火温度に達すると，ヘリウム原子核が融合し，炭素原子核を生成する（3つの ^{4}He 原子核が融合し，^{12}C 原子核を生ずる）．炭素原子1個の質量は，それを生成したヘリウム原子3個の質量の和より小さい．この質量差が熱となる．再点火された核の火の熱は収縮をくい止め，恒星の大きさはふたたび安定する．

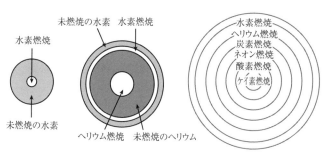

名称	燃料元素	生成元素	絶対温度 (K)
水素燃焼	H	He	60×10^6
ヘリウム燃焼	He	C, O	200×10^6
炭素燃焼	C	O, Ne, Na, Mg	800×10^6
ネオン燃焼	Ne	O, Mg	$1,500 \times 10^6$
酸素燃焼	O	Mg〜S	$2,000 \times 10^6$
ケイ素燃焼	Mg〜S	Fe まで	$3,000 \times 10^6$

図 3-5：段階的に熱くなる核の火を有する 3 つの恒星．左の恒星は，太陽のようにコアで水素を燃焼し，ヘリウムを生ずる．コアは，未燃焼の燃料に包まれている．中央の恒星は，コアでヘリウムを燃焼し，炭素と酸素を生ずる．このコアは，未燃焼のヘリウム層に包まれている．その外側の層では，水素が燃焼され，ヘリウムが生じる．最外層には，未燃焼の水素の層がある．右の恒星は，多層の火を持っており，中心ではケイ素燃焼により ^{56}Fe がつくられる．段階的に燃料に点火するために必要なおよその温度も示してある．

　大きな恒星では，このような燃料枯渇，再収縮，コアの温度上昇，より燃えにくい核燃料の点火というサイクルが何度も繰り返される（図 3-5）．炭素原子核はヘリウム原子核と融合して酸素を生ずる，あるいは 2 つの炭素が融合してマグネシウム原子核を生ずるなどといった具合である．それぞれの融合は，質量の小さな減少を起こし，それに相当する熱を放出する．この全過程は，より重い原子核の生成によって質量減少と熱生産が起こる限り続きうる．過剰の熱は，恒星が崩壊するのを防ぎ，熱生産による膨張と重力による収縮がつり合った定常状態を保つために必要である．

　このプロセスによってつくられる最大の質量数は，鉄の同位体の 56 である（^{56}Fe）．この質量数を超えると，核融合は質量減少を起こさない．むしろ，そ

れらが融合するためには，熱エネルギーを加えることが必要になる．質量（M）とエネルギー（E）は $E=MC^2$ によって結びついているので（C は光速），鉄よりも重い原子核の質量は，融合によってもとの原子核よりわずかに重くなる．この反応は，熱の発生源ではなく吸収源となるので，恒星の重力崩壊をくい止めることはできない．このため，恒星の核融合によって生産されるのは，ヘリウムから鉄までの元素のみである．その中には，炭素，窒素，酸素，マグネシウム，およびケイ素が含まれることに注意しよう．

残る問題は 2 つである．第一は，^{56}Fe より重い多くの元素が実際に存在することである．それらは，どのように合成されたのか？　第二は，恒星の内部での元素合成は，元素が内部に捕らえられたままであったら，惑星をつくるのには役立たないことである．元素を宇宙全体にまき散らす何らかのメカニズムがあるに違いない．この仮説が正しいことは，惑星の組成だけでなく，太陽そのものの組成からも裏付けられる．太陽を形成した原料物質は，すべての元素を含んでいたはずである．なぜなら，太陽のスペクトルは，太陽にすべての元素が存在することを示すからである．太陽は，水素とヘリウムのみでできているわけではない．

これら 2 つの問題を論ずる前に，私たちの太陽のような小さい恒星の運命を手短に考えよう．今から数十億年後，太陽のコアで水素が枯渇すると，太陽はふたたび収縮を始めるだろう．しかし，太陽はかろうじて十分な温度を生じるだけの重さがあるため，ヘリウムの燃焼が始まる．次に，コアのヘリウムが燃えつきると，太陽は収縮し，ゆっくりと冷えていく非常に高密度な天体となり，鈍く光るようになる．この状態に至った恒星は，白色矮星（white dwarf）と呼ばれる．

● 中性子捕獲による元素合成

重元素の合成と散布の 2 つの問題に対する解答は，多くのきわめて巨大な恒星によって与えられる．巨大な恒星は，太陽の 10〜25 倍の重さがある．非常に大きな重力を持つため，その収縮を妨げるには非常に高い温度が必要である．巨大な恒星は，図 3-5 に示された多層構造を速やかに発達させる．しかし，コ

アで鉄が生じると，核融合によるさらなる熱の生産は不可能であり，崩壊をくい止めるものは何もなくなる．引きつづく崩壊は，破局的である．鉄の原子核どうしが密集し，原子核の殻が互いに貫入しはじめる．さらなる圧縮への抵抗が，衝撃波を発生させ，恒星の外側を外部に押す．その結果は，火にガソリンを投げ込むようなものである．途方もない爆発が生じ，恒星をばらばらにひき裂く．内部の物質の多くは，恒星の重力から解放され，周囲の宇宙空間に吹き飛ばされる（図 3-0 参照）．天文学者は，この爆発を **II 型超新星**（type II supernovae）と呼ぶ．第二の種類の超新星（I 型と呼ばれる）は，白色矮星がその伴星から物質を集積させるときに起こる．白色矮星の質量がある限界を超えると，^{12}C と ^{16}O は融合して ^{56}Fe を生じ，巨大な核爆発に至る．

　これらの爆発の間に起こる核反応が，鉄よりも重い元素をつくり出す．この反応を理解するためには，「室温」で起こる核反応を考えなければならない．それは，**中性子捕獲**（neutron capture）と呼ばれる反応である．中性子は，電荷を持たないので，どの原子核と出合っても反発されない．中性子は，どんなに遅く運動していても，あらゆる原子核に自由に侵入する．中性子が「室温」で核種と反応する特性は，原子力発電の原理の核心である．

　巨大恒星の死を特徴づける爆発の間に，多くの核反応が起こり，自由中性子が放出される．爆発する恒星内部の著しく充填された条件で，中性子は，自発的に陽子と電子に崩壊するよりずっと早く，原子核と衝突する．衝突の多くは，鉄の核種との間で起こる．鉄の原子核は，中性子を吸収し，より重くなる．超新星爆発では，中性子は機関銃の弾丸のように降りそそぐ．鉄の原子は，ひとつの中性子の衝突を受けるやいなや，立て続けに次の中性子の衝突を受ける．鉄の原子核はどんどん重くなり，最終的にそれ以上中性子を吸収できない状態に至る．この短い休止が終わるのは，打ち込まれた過剰な中性子のひとつがベータ崩壊し，電子を放出するときである．中性子が崩壊して陽子になると，原子核の全核子数は不変であるが，原子番号はひとつ増加する．ひとつの中性子の崩壊は，鉄の原子核をコバルト（Co）の原子核に変換する．これが，重元素の生産連鎖の最初のステップである．次には，コバルトの原子核が中性子を次々と吸収し，ふたたび飽和する．そして，ひとつの電子を放出し，ニッケル（Ni）の原子核となる．これらは，鉄からウラン（U）に至る過程の最初のステップ

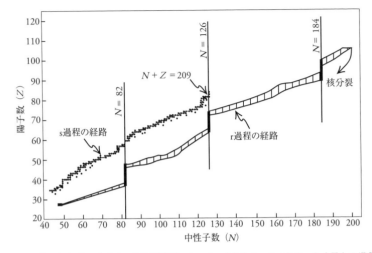

図 3-6：鉄よりも重い元素は，中性子捕獲によってつくられる．2つのまったく異なる過程がこの合成に寄与する．ひとつはs過程で，制御されたかたちで進行する．中性子の衝突は，間隔をおいて起こり，核種がベータ崩壊により安定核種に変化する時間がある．したがって，元素の構築経路は，図 3-2 の安定の帯に沿う．同じ理由のため，この経路は最も重い安定核種 ^{209}Bi で停止する．r過程（速い過程）は，超新星爆発の間に起こる．核種は，ひとつの中性子を吸収するやいなや，次の中性子に衝突される．衝突の間には，放射性崩壊は起こらない．その代わりに，核種が中性子過剰になりそれ以上中性子を吸収できなくなったとき，放射性崩壊が起こる．その経路は，鉛直線の付いた帯で示されている．

となる．

　この連鎖は，何度も繰り返され，中性子飽和ルートにそって物質を変換していく．迅速な衝突のため，放射能は元素構築の妨げにはならない．構築は急速に進行し，ビスマス，トリウム（Th），ウランさえも通り越す．原子核が大きくなり過ぎると，中性子の衝突が核分裂を引きおこす．核分裂で生じた断片は，中性子の爆撃に捉えられ，ふたたび飽和ルートにそって動き出す．この過程は，崩壊の時間がないほど迅速に中性子付加が起こることから，**r過程**（r-process；r は rapid に由来する）と呼ばれる．この方式の重元素合成は，超新星爆発の間に起こる（図 3-6）．

　私たちが扱っているのは爆発であるので，中性子爆撃は一瞬の出来事である．

自由中性子のフラックスは急に止まり，原子核に付加される中性子はなくなる．しかし，それまでに合成されたすべての原子核は，中性子が過剰で，安定の帯から大きく離れている．これらの中性子過剰同位体は，安定な中性子／陽子比になるまで，中性子を次々と陽子と電子に変換する（図3-7）．ビスマスより重い核種は，電子に加えて，アルファ粒子（He原子核）を放出し，鉛（Pb）の同位体のような安定性に向かって動く．ほとんどの核種では，この調節過程は速やかに完了するが，長い放射性半減期を持ついくつかの核種では，調節過程は今なお続いている．後で見るように，残存する長寿命放射性同位体の放射能は，惑星内部の進化にきわめて重要な役割を果たし，また私たちに惑星過程のタイムスケールについての情報を提供する．

　超新星爆発の間の速い過程は，自由中性子がつくられる唯一の時ではないことがわかっている．ほとんどの恒星の歴史を特徴づける定常的な核燃焼において，副反応が起こって中性子を生成する．これらの中性子も軽い元素をより重い元素に変換するが，それは星の進化の比較的長い過程の間に，きわめてゆっくりと起こる．これは，中性子の付加が遅いので，**s過程**（s-process; sはslowに由来する）と名付けられた．r過程では，中性子の衝突頻度が著しく高い．そのため，半減期のごく短い核種でも，崩壊する前に次の中性子の衝突を受ける．一方，恒星コアの定常的な核の火に由来する中性子爆撃は，はるかにゆっくりとしたものである．きわめて長い半減期を持つ放射性同位体を除くすべての同位体に，衝突の間に崩壊する十分な時間がある（図3-8）．s過程は，r過程でつくられない安定な核種のほとんどを合成する．

　s過程とr過程は，協働して，安定の帯の複雑さを形成する．図3-3および図3-7に見られるように，偶数質量数の同重体には，一般に2つの安定核種がある（一方，奇数質量数の同重体では，ただひとつの安定核種がある）．2つの安定核種のうち，r過程は中性子が最も多い安定核種を合成する（図3-7）．一部の同位体は，r過程とs過程の両方でつくられる．中性子に富み，他の同位体から隔離されている核種は，r過程によってつくられる．同重体で陽子に富む核種は，s過程によってつくられる．

　核図表を詳しく調べると，r過程でもs過程でも合成されない少数の核種がある．例えば，図3-8において，28個の陽子と30個の中性子を持つ^{58}Niは，

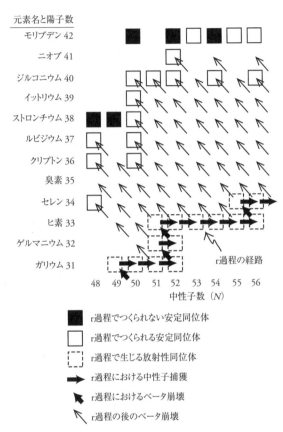

元素名と陽子数

モリブデン 42
ニオブ 41
ジルコニウム 40
イットリウム 39
ストロンチウム 38
ルビジウム 37
クリプトン 36
臭素 35
セレン 34
ヒ素 33
ゲルマニウム 32
ガリウム 31

r過程の経路

48 49 50 51 52 53 54 55 56
中性子数（N）

■ r過程でつくられない安定同位体

□ r過程でつくられる安定同位体

⊡ r過程で生じる放射性同位体

➡ r過程における中性子捕獲

⬈ r過程におけるベータ崩壊

⬈ r過程の後のベータ崩壊

図 3-7：r 過程の経路の一部．中性子の速射爆撃は，核種がそれ以上保持できなくなるまで中性子を加える．その後，核種はベータ崩壊を起こし，ひとつ重い元素になる．中性子捕獲の飽和と引きつづくベータ崩壊は，何度も繰り返され，次々と重い元素が合成される．r 過程の構築は，赤色巨星を破壊する爆発の間に起こる．そのため，それは急に終わる．中性子のフラックスが止むと，不安定な放射性核種は安定になるまでベータ粒子を次々と放出する．同重体に 2 つの安定核種が存在する場合には，中性子に富む方の核種が r 過程によりつくられることに注意．

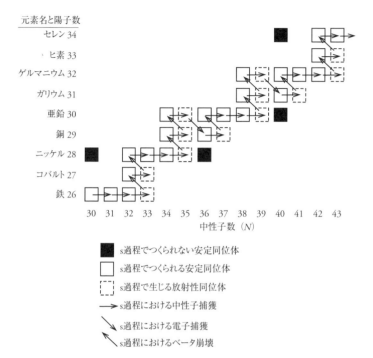

元素名と陽子数

| セレン 34 |
| ヒ素 33 |
| ゲルマニウム 32 |
| ガリウム 31 |
| 亜鉛 30 |
| 銅 29 |
| ニッケル 28 |
| コバルト 27 |
| 鉄 26 |

30　31　32　33　34　35　36　37　38　39　40　41　42　43
中性子数（N）

■　s過程でつくられない安定同位体

□　s過程でつくられる安定同位体

▢（破線）　s過程で生じる放射性同位体

⟶　s過程における中性子捕獲

↘　s過程における電子捕獲

↖　s過程におけるベータ崩壊

図 3-8：s 過程の経路の詳細．中性子捕獲が不安定な放射性核種をつくるたびに崩壊が起こり，中性子を陽子に変えるか，陽子を中性子に変える．太陽系の物質のすべての安定同位体が，このようにしてつくられるわけではない．この経路の下に位置する安定核種は，r 過程によりつくられる．経路の上に位置する安定同位体は，陽子照射によってつくられる．

r 過程と s 過程のどちらの経路にも属さない．このような同位体は，r 過程と s 過程でつくられる近傍の核種に比べて存在度が著しく低い．それらは，陽子付加の p 過程（p-process）によってつくられるか，または r 過程と s 過程によってつくられた重い原子核の分裂によってつくられる．

　要約すれば，さまざまな過程が合わさって，すべての元素が合成される．それを支配しているのは，核図表である．安定の帯は，どの核種が崩壊せずに生き残るかを示す．ビッグバンは，水素とヘリウム，および少量のリチウム，ベ

リリウム，ホウ素という原材料をつくる．恒星内部の核融合は，ヘリウムより重い炭素から鉄までの元素をつくる．より大きな恒星は，寿命がより短く，鉄までの元素を合成する．これらの恒星内部では，s過程が鉄より重い元素を合成する．最も巨大な恒星は，重力崩壊と爆発を起こす．r過程が起こり，鉄からウランまでのすべての重い元素が合成される．爆発は，これらの元素を宇宙にまき散らす．そうして元素は，次の世代の恒星とそのまわりの惑星で利用できるようになる．

● 恒星の元素合成仮説を支持する証拠

　天文学者は，ヘリウムより重い90元素の合成を説明するために，段階的に強められる核の火と破局的な爆発を提唱した．この仮説は受け入れられるだろうか？　このシナリオには確かな証拠があるだろうか，それともサイエンス・フィクションに過ぎないのだろうか？　当然のことながら，これまでに恒星の中心に探査機を送った人はいないので，私たちはこの現象の直接的な証拠を持っていない．しかし，間接的だが説得力のある証拠が6つある．第一に，恒星を高温で燃やしつづけることができると考えられる唯一のエネルギーは，核エネルギーである．きわめて大きな恒星のコアは，水素だけでなく，ヘリウム，あるいはさらに重い元素の燃焼を起こすのに十分な圧力と温度を持っている．第二に，巨大な恒星の爆発は実際に観測されている（図3-9）．

　第三の証拠は，テクネチウム（Tc）という元素である．この元素は，安定核種を持たないので，地球には存在しない．また，私たちの太陽や遠くの恒星からの光のスペクトルにも，テクネチウムの暗線は存在しない．これらの天体は十分に古いため，かつて恒星の中心で合成されたテクネチウムはすべて崩壊してしまったからである．しかし，この元素の暗線は，超新星爆発のスペクトルには実際に観察される．テクネチウムには，やや長い半減期を持つ2つの同位体がある．^{97}Tc（半減期 2.6×10^6 年）と ^{98}Tc（半減期 4.2×10^6 年）である．これらの同位体は，生成後，数百万年は残存する．しかし，私たちの太陽系では誕生から 4.5×10^9 年が過ぎる間に，それらは完全に消滅してしまった．テクネチウムの暗線は，AGB恒星（AGB stars）と呼ばれるタイプの恒星の大気に存在す

June 1959

May 1972

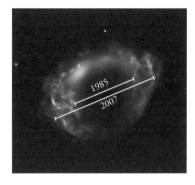

図 3-9：超新星爆発の証拠．超新星爆発の前（左上）と後（左下）に撮られた写真．右は，1985 年と 2007 年の超新星のクローズアップ写真．雲の急速な膨張を示している．(Photos on left courtesy of Hale Observatories. Right panel courtesy of NASA; http://science.nasa.gov/science-news/science-at-nasa/2008/14may_galactichunt).

る．これは，この元素が恒星でつくられるという仮説に対する強力な証拠となる．

　第四の証拠は，超新星における r 過程の猛爆撃の間に ^{56}Fe から生じるコバルトの放射性核種 ^{56}Co が放射するガンマ線である．このガンマ線は，爆発によって生じた星雲を照らしだす．私たちがこれを知っているのは，星雲の光の強度が，^{56}Co の半減期 78 日にしたがって指数関数的に減少するからである！

　第五の証拠は，元素の相対存在度である．天文物理学者は，粒子加速器を用いる実験によって，原子核の安定性と核子を結合している力について，多くのデータを蓄えてきた．巨大恒星において元素が合成されるとしたら，元素と同位体の割合がどのようになるかが精巧に計算された．これらの計算結果は，実際の元素の存在度曲線の特徴をきわめてよく再現する．

　最後に，核物理学者は，粒子加速器を使って，恒星内部で仮定されるのと同じ反応の多くを実際に起こすことができる．また，水素爆弾では，小さなスケールであっても，水素からヘリウムへの変換がきわめて強力な爆発を起こす．恒星の原子核合成の間に起こると考えられる反応の詳細は，実験によりおおむね実証することができる．

　これらすべての証拠が，恒星内原子核合成が確立された自然の事実であることを示す．それは，私たちの理論評価でほぼ10点満点である．

　存在度曲線の特徴は，その後に形成される惑星の生存可能性にとっても重要である．なぜなら，惑星で起こる過程は，そこに豊富に存在する元素に基づいているからである．このため，存在度曲線をもう少し詳しく見ておくことは有用だろう．

　図3-10において，核種の存在度は，質量数の関数としてプロットされている．元素存在度の詳細には豊富さと複雑さがあるが，ここではきわめて重要で，簡単に理解できることをいくつか指摘しよう．ひとつは，鉄に存在度のピークがあることである（図3-10の質量数56）．もし爆発する恒星が鉄のコアを持つならば，宇宙の物質において，鉄の主な核種（^{56}Fe）がその近傍の元素に比べてより豊富に存在することは不思議ではない．^{56}Fe は核融合による元素製造ラインの終わりにあるので，その存在度は多くの恒星物質がつくられるほど積み上げられる．むしろ，なぜ鉄のピークはもっと大きくないのかと疑問に思うかも知れない．もし，恒星内部の物質がすべて鉄に変換されたなら，超新星爆発の残骸に炭素，酸素，マグネシウム，ケイ素のような元素は存在しないだろう．巨大な恒星のコアでは実際にそうなっているが，コアを取りまくガスの層ではそうではない．コアが崩壊し，超新星を形成するとき，外側の層はまだ核融合の初期段階にあり，より軽い元素が合成されているからである．

　存在度のもうひとつの特徴は，質量数10から40の範囲において，質量数が4で割り切れる核種がめだつことである．これらの原子核は，きわめて安定な ^{4}He 原子核の集合体であり，核の火の最初の生産物である．それゆえ，それらは**アルファ粒子核種**（alpha-particle nuclides）と呼ばれる．

　ここまで述べてきた過程による原子核合成の証拠は，図3-11 上図に見られる．元素−存在度曲線には，2つのこぶがあり，それらは陽子数の増加にとも

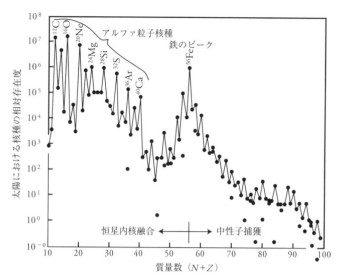

図 3-10：個々の核種の相対存在度. 質量数 10 から 40 の範囲では，4 で割り切れる質量数の核種（すなわち，12，16，20，24，28，32，...）は，近傍の核種より存在度がずっと大きい．質量数 50 から 100 の範囲では，偶数質量数の核種は，となりの奇数質量数の核種よりほぼ 3 倍多い．ある質量数で複数の点が示されている場合には，中性子と陽子の数の和が同数の異なる核種が存在する.

なう存在度のなめらかな減少を中断している．ひとつのこぶの中心は陽子数 55 くらいにあり，もうひとつはおよそ 80 にある．同じこぶは，原子核の核子の総数に対して存在度をプロットしたときにも，質量数 138 と 208 の付近に現れる（図 3-11 下図）．これらのピークは，物理学者が魔法数と呼ぶ中性子数 82 と 126 に起因する．例えば，バリウムの同位体 ^{138}Ba（陽子 56 個，中性子 82 個. これを 56p，82n と表す）と鉛の同位体 ^{208}Pb（82p，126n）は，異常に豊富である．中性子 82 個または 126 個を含む原子核配置は特別に安定であることがわかっている．この安定性のひとつの結果は，通過する中性子を捕らえる傾向が低いことである．したがって，中性子 82 個または 126 個を含む原子核は，s 過程によっていったん生成されると，さらに中性子を捕獲し，合成連鎖を動いていく可能性が低い．このため，それらは近傍の原子核より豊富につくられる．r

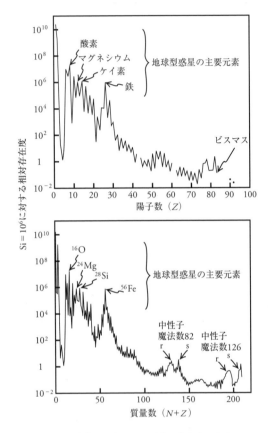

図 3-11：上図．恒星の原子核合成でつくられる元素の存在度．リチウム，ベリリウム，ホウ素は，ビッグバンの間に少量しかつくられず，また恒星内部で特に消費されるため，谷となる．「のこぎりの歯」は，偶数番号の元素に対する自然の選択の結果である．最も高いピークは，アルファ粒子核種に見られ，それらは惑星と生命の原材料となる．高質量数での小さなピークは，中性子数 82 と 126 の核種に対する選択を反映している．下図．同重体の相対存在度（いくつかの同重体は，複数の元素を含む）．208 より小さい質量数では，2 つの同重体，質量数 5 と 8 の核種だけが自然に存在しない．中性子の魔法数における二重ピークは，元素合成に s 過程と r 過程が働いていることの証拠である．

過程でも，中性子 82 個または 126 個を含む放射性核種は合成連鎖の障害となり，その結果，より多くつくられる．r 過程の核種は，安定の帯から遠く離れているので，いったん中性子の強烈な照射が止むと，過剰な中性子はベータ崩壊によって次々と陽子に変換される．このひとつの例は，モリブデンの放射性核種 ^{124}Mo（42p，82n）である．それが崩壊して安定の帯に戻るとき，8 個の中性子が陽子に変換され，スズの安定核種 ^{124}Sn（50p，74n）になる．このため，r 過程の核種の存在度のピークは，s 過程の核種と同じ位置には現れない．むしろ，それは質量数が 8 から 12 だけ小さい方にシフトしている．これらの 2 つのピークがあることは，r 過程と s 過程の 2 つの中性子蓄積過程が存在することの強力な証拠である．

　最後に，存在度曲線のもうひとつの特徴について述べよう．図 3-11 の元素存在度および質量数存在度のどちらも，のこぎりの歯のようなパターンを示す．奇数の原子番号の元素，および奇数の質量数の核種は，その両隣の偶数の元素と核種に比べて存在度が低い．このパターンは，原子核の構築における偶数の優先を反映している．偶数の中性子と偶数の陽子を含む原子核は，特に有利である．^{2}H（1p，1n），^{6}Li（3p，3n），^{10}B（5p，5n），および ^{14}N（7p，7n）を除いて，奇数の中性子と奇数の陽子を含む安定核種は，自然には存在しない．その他の奇数－奇数核種は，恒星中で形成されると，放射性崩壊を起こし，より好ましい偶数－偶数核種に変わる（中性子を陽子に変換することによって）．

● まとめ

　ビッグバンが水素とヘリウムを合成した後，恒星の原子核合成によって残りの元素が合成された．原子核の安定性の特徴は，宇宙に深遠な影響をおよぼした．質量数 5 と 8 の安定性の欠如のため，重い核種はビッグバンの間に合成されず，その後の恒星の発達と星の進化の可能性が生じた．核融合の間のアルファ粒子核種のきわだった安定性のため，特定の元素が著しく豊富に合成された．これらの元素は，後の宇宙の歴史において，惑星と生命の原材料となった．^{56}Fe が最も安定な核種であり，その核種を越えて核融合は進行しないという事実のため，巨大な恒星は不安定となり，より重い元素を合成し，すべての元素

を銀河全体にまき散らした．これらすべての結果が宇宙の働きにとって重要であり，究極的な生存可能性は原子核の相対的安定性に関する法則に支配されている．

　恒星の大きさは，銀河の全体的進化を決める上で重要な役割を果たす．大きな恒星は，巨大な重力のため，強力な核の火を持ち，きわめて明るく，寿命が短い．大きな恒星は，すべての元素を合成し，超新星爆発によって元素をまき散らす．大きな恒星は，惑星と生命に必要な元素を供給したが，それ自身は，短い寿命と爆発的な死のため，生存可能な惑星系をつくることはできない．太陽のように小さな恒星は，重力収縮が弱く，水素からヘリウムを生ずる低い温度の核の火を持つ安定状態となり，数十億年の寿命を保つ．このため，複雑な惑星進化に十分なほど長く安定な環境を持つ惑星系が生じた．生存可能な宇宙には，両方の種類の恒星が必要である．

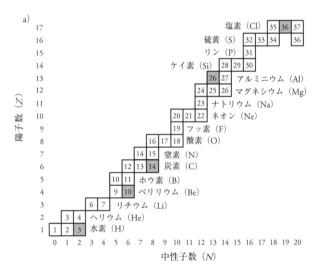

図 3-12：核図表．自然に存在するすべての核種が示されている．灰色の四角は，放射性同位体を示す．これらの一部は，恒星で合成された長寿命放射性核種の残りものである．その他は，大気中で宇宙線照射により，ごく少量つくられている．混乱を避けるために，トリウムとウランの長寿命放射性同位体の崩壊系列は別に示してある（図 d を参照）．

b)

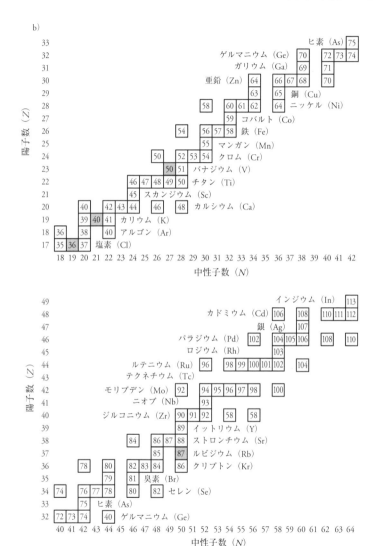

c)

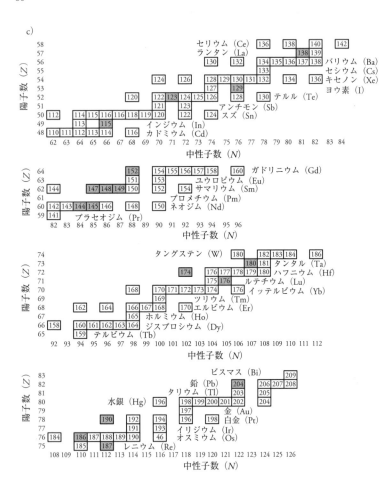

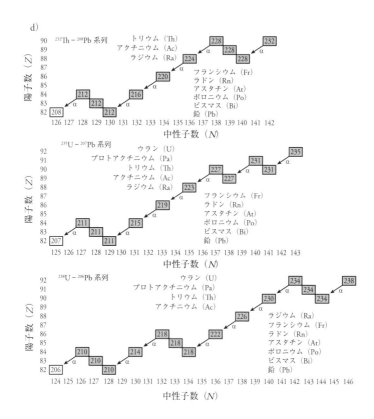

太陽は，すべての元素を含むので，宇宙で最初に形成された恒星ではない．初期の恒星は，ビッグバンによって合成された水素とヘリウムだけを含んでいた．そうではないので，太陽は新参者に違いない．その元素のわら布団は，太陽の出現よりずっと以前に私たちの銀河系で誕生し死滅した多くの赤色巨星によって高められた．銀河系の歴史を通して，さまざまな過程により，地球に存在する安定元素と長寿命放射性核種がつくられた（図 3-12）．

私たちがここで学んだことから考えれば，重い元素の合成は，宇宙を構成するすべての銀河で起こったに違いない．宇宙の遠い領域からのスペクトルは，

私たちの太陽を構成するのと同じ元素の存在を示す．岩石惑星と生命の材料は，確かに宇宙のどこでも利用できる．したがって，地球型惑星の誕生は，原材料の不足によって妨げられることはなかった！

参考図書

C. A. Barnes, D. D. Clayton, and D. N. Schramm, eds. 1982. Essays in Nuclear Astrophysics. Cambridge: Cambridge University Press.

R. J. Tayler. 1972. The Origin of the Chemical Elements: Wykeham Publications, Ltd.

D. D. Clayton. 1983. Principles of Stellar Evolution and Nucleosynthesis. Chicago: University of Chicago Press.

第 4 章

予備加工
有機分子と無機分子の合成

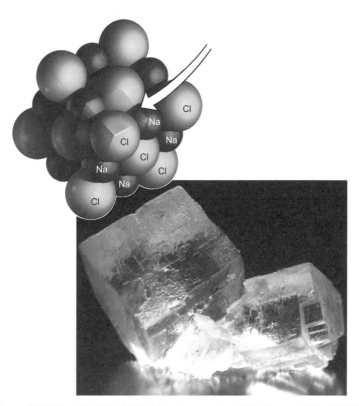

図 4-0：岩塩鉱物の原子配置と物理的形状．球モデルの中の透明な箱は，立方体の**単位格子**（unit cell）を表す．それは，写真に示されるように，目で見える鉱物の立方体形状に現れる．鉱物の対称性は，原子スケールの構造を反映している．鉱物は，固体惑星の材料である．

　恒星内部では，すべての重要な反応には原子核そのものが関わり，元素が他の元素に変換されることがふつうであった．しかし，恒星の外では，エネルギーは何桁も減少し，異なる法則が支配する．**原子**は，物質の基本的かつ不変の構築ブロックとなる．原子の小さな原子核に含まれる陽子の数が，電気的中性のために必要な電子の数を決定する．電子雲の大きさは，原子核の 10 万倍に達する．原子の間の相互作用は，電子雲の間の相互作用を含む．電子雲の相互作用の法則は，星間空間における**分子**の合成，惑星の形成，そしてその後に惑星上で起こるすべての過程を支配する．恒星起源の痕跡を残す放射性核種の崩壊を除き，地球上で起こるすべての反応は，電子雲の相互作用に関わっている．恒星と原子の化学では，基本単位はある質量を持つ同位体をつくる原子核であり，それについての私たちの知識をまとめた図が核図表であった．一方，惑星では，基本的な支配は電子雲の配置にあり，基本的な化学物質は同位体ではなく**元素**である．電子殻構造に基づいて編集され，同じ元素のすべての同位体がひとつにまとめられた周期表は，電子雲の基本的な体系を簡潔に表現する．電子雲の相互作用は，原子を結びつけ，分子を生成する．そして，私たちが扱うほとんどすべての**化学反応**は，分子の間の相互作用を含む．

　最初の分子の構築ブロックは，星間空間の広大な雲の中で合成され，**鉱物**として知られる無機分子，および最も簡単な**有機分子**を生成した．鉱物はやがて固体惑星の構築ブロックとなり，有機分子はより大きなガス惑星を形成し，また生命の最初の構築ブロックとなった．

● はじめに

　第 3 章の私たちの議論は，数百万度の温度における恒星の過程を扱った．この温度では，正に荷電した原子核は，きわめて高速で運動するので，互いに衝突し，核物理学の法則にしたがって反応する．恒星のレベルでは，私たち人間の経験とは相容れない現象がふつうとなる．原子は生成され，分解される．分子は存在しない．岩石や鉱物のような物質は，存在しない．私たちのような生命は，考えられない．

　恒星の王国の外側では，温度は数百万度から数千度以下にまで低下する．こ

の温度では，正に荷電した原子核のエネルギーはずっと低くなり，負に荷電した電子に周囲を包まれる．恒星内部の核化学はもはや当てはまらず，私たちが地球上で見る「ふつうの化学」の王国に至る．

惑星の化学の基本的な理解は，化学者が物質を発見し，物質をその基本成分に分解しようとした 18～19 世紀に成熟した．数世紀にわたり，錬金術者は，鉛や銅のような一般材料から，貴金属（金や銀）をつくろうといたずらに努力した．彼らは，そのもくろみには失敗したが，水や空気のような物質が質量と性質のまったく異なる複数の成分に分けられることを見つけた．固有の質量と化学親和力を持ち，部分に分けられない物質の基本的な構築ブロックがあることが，次第にわかってきた．構築ブロックの相対質量は，例えば，一定体積の酸素（O_2）と反応する鉄や水素の質量を求めることにより決定された．このようにして，個々の物質の物理的および化学的特性が，一意に決定された．分解されない物質は，**元素**（elements）として知られるようになった．元素は，**原子**（atoms）と呼ばれる固有の分割できない粒子から成る．「原子は，物質の基本的な構築ブロックであり，生成されることも，分解されることもない」ということが，新しい化学の基本原理となった．原子は確かに存在するのだから，どこかでつくられたに違いないという常識的な考えは，観察と科学法則の領域を超えた哲学の問題として退けられた．

新しく発見された元素のいくつかは，互いに類似した化学的性質を持っており，化学親和力に基づいて，グループに分けられた．例えば，リチウム（Li），ナトリウム（Na），およびカリウム（K）は，すべてフッ素（F），塩素（Cl），あるいは臭素（Br）と結合して，同じような塩をつくる．また，同じ化学親和力を持つ元素の集合は，きわめて規則的な質量の増加を示す．例えば，リチウム，ナトリウム，カリウムの 3 つ組みでは，ナトリウムの質量数（23）はリチウム（7）とカリウム（39）の質量数の平均である．同様に，ストロンチウム（Sr, 88）の質量数は，カルシウム（Ca, 40）とバリウム（Ba, 137）の質量数の平均である．

1869 年，ロシアの化学者ドミトリ・メンデレーエフ（1843-1907）は，元素が全体として組織的なシステムを表すことを示唆した．「元素の形態や他の元素との結合のしかたのような元素の特性は，原子量の周期的な関数である．」彼は，今では**周期表**（Periodic Table）として知られる表をつくった．その表には，

当時知られていた 63 元素が並べられた. 同じ親和力を持つ元素は, 同じ列に, 下に進むにつれて質量が増加するように並べられた. また, 同じ行では, 右に進むにつれて質量が増加するように並べられた. 表の周期性は, いくつかの空白でさえぎられていた. メンデレーエフは, 空白を埋めるような新しい元素が発見されるだろうと予言した. 果たしてその後の短期間に, 多くの元素が発見され, メンデレーエフが発見した周期性に確固たる証拠を与えた. 元素の周期表 (図 4-1) は, 化学の最も基本的特徴をエレガントかつ簡潔に表現する. 恒星からのスペクトルは, まったく同じ元素が宇宙のあらゆる場所に存在することを確かに示す. 地球上で研究される元素の法則と現象は, 時間と空間を超えて広大な宇宙で成り立つのである.

　原子のもともとの概念は, 内部構造に分解できない粒子であった. この概念は, 1890 年代, アンリ・ベクレルおよびマリー・キュリーとピエール・キュリーによる放射能の発見により崩れさった. いくつかの最も重い元素は, エネルギーを放出する. それらは**放射性** (radio-active) と名付けられた. 放射性元素のエネルギーは電荷を持っており, 集束されビームになった. アーネスト・ラザフォードは, このビームを薄い金箔に当て, 何が起こるかを観察した. すると, ビームのほとんどは金箔をまっすぐに通過したが, 一部は後方に跳ね返されたのである！ この現象に対する最も簡単な説明は, 正電荷の粒子 (**アルファ粒子** (alpha particles)) の集まりであるビームが, それを反発する正電荷を持つ何かと衝突したというものである. この実験は, 原子が分割できない物質ではなく, 区別できる部分を持つことを示した. ほとんどすべてのアルファ粒子は金箔を通過したので, 金箔中の正に荷電した領域はきわめて小さいことになる. こうして, 原子はほとんど空の空間からできており, 正電荷を持つ非常に小さな原子核が負電荷を持つ電子によって取り囲まれ, 電気的に中性となっていることが発見された. 本質的に, 原子のほとんどの体積は, 周囲の電子雲によって占められている. 原子核と電子雲の相対的な大きさは, およそ 1：100,000 である. 仮に, 原子核が太陽と地球の間の距離に相当する大きさであるとすると, 電子雲は最も近い恒星であるケンタウルス座アルファ星にまで達することになる. あるいは, 仮に原子核がマンションの大きさであるとすれば, 電子雲は地球の大きさになるだろう！

族 IA	IIA	IIIA	IVA	VA	VIA	VIIA	VIIIA			IB	IIB	IIIB	IVB	VB	VIB	VIIB	VIII
1 1.01 H 水素																	2 4.00 He ヘリウム
3 6.94 Li リチウム	4 9.01 Be ベリリウム											5 10.81 B ホウ素	6 12.01 C 炭素	7 14.01 N 窒素	8 16.00 O 酸素	9 19.00 F フッ素	10 20.18 Ne ネオン
11 22.99 Na ナトリウム	12 24.30 Mg マグネシウム											13 26.98 Al アルミニウム	14 28.09 Si ケイ素	15 30.97 P リン	16 32.07 S 硫黄	17 35.45 Cl 塩素	18 39.95 Ar アルゴン
19 39.10 K カリウム	20 40.08 Ca カルシウム	21 44.96 Sc スカンジウム	22 47.87 Ti チタン	23 50.94 V バナジウム	24 52.00 Cr クロム	25 54.94 Mn マンガン	26 55.85 Fe 鉄	27 58.93 Co コバルト	28 58.69 Ni ニッケル	29 63.55 Cu 銅	30 65.41 Zn 亜鉛	31 69.72 Ga ガリウム	32 72.64 Ge ゲルマニウム	33 74.92 As ヒ素	34 78.96 Se セレン	35 79.90 Br 臭素	36 83.80 Kr クリプトン
37 85.47 Rb ルビジウム	38 87.62 Sr ストロンチウム	39 88.91 Y イットリウム	40 91.22 Zr ジルコニウム	41 92.91 Nb ニオブ	42 95.94 Mo モリブデン	43 98 Tc テクネチウム	44 101.07 Ru ルテニウム	45 102.91 Rh ロジウム	46 106.42 Pd パラジウム	47 107.87 Ag 銀	48 112.41 Cd カドミウム	49 114.82 In インジウム	50 118.71 Sn スズ	51 121.76 Sb アンチモン	52 127.60 Te テルル	53 126.90 I ヨウ素	54 131.29 Xe キセノン
55 132.90 Cs セシウム	56 137.33 Ba バリウム	71 174.97 *Lu ルテチウム	72 178.49 Hf ハフニウム	73 180.95 Ta タンタル	74 183.84 W タングステン	75 186.21 Re レニウム	76 190.23 Os オスミウム	77 192.22 Ir イリジウム	78 195.08 Pt 白金	79 196.97 Au 金	80 200.59 Hg 水銀	81 204.38 Tl タリウム	82 207.20 Pb 鉛	83 208.98 Bi ビスマス	84 209 Po ポロニウム	85 210 At アスタチン	86 222 Rn ラドン
87 223 Fr フランシウム	88 226 Ra ラジウム	103 262 **Lr ローレンシウム	104 261 Rf ラザホージウム	105 262 Db ドブニウム	106 266 Sg シーボーギウム	107 264 Bh ボーリウム	108 269 Hs ハッシウム	109 268 Mt マイトネリウム	110 271 Ds ダームスタチウム								

凡例

30 65.41
Zn 亜鉛

原子番号　原子量　元素記号　元素名

*ランタノイド	57 138.91 La ランタン	58 140.12 Ce セリウム	59 140.91 Pr プラセオジム	60 144.24 Nd ネオジム	61 145 Pm プロメチウム	62 150.36 Sm サマリウム	63 151.96 Eu ユウロピウム	64 157.25 Gd ガドリニウム	65 158.93 Tb テルビウム	66 162.50 Dy ジスプロシウム	67 164.93 Ho ホルミウム	68 167.26 Er エルビウム	69 168.93 Tm ツリウム	70 173.04 Yb イッテルビウム
**アクチノイド	89 227 Ac アクチニウム	90 232.04 Th トリウム	91 231.04 Pa プロトアクチニウム	92 238.03 U ウラン	93 237 Np ネプツニウム	94 244 Pu プルトニウム	95 243 Am アメリシウム	96 247 Cm キュリウム	97 247 Bk バークリウム	98 251 Cf カリホルニウム	99 252 Es アインスタイニウム	100 257 Fm フェルミウム	101 258 Md メンデレビウム	102 259 No ノーベリウム

図 4-1　メンデレーエフの元素周期表の現代的表現．表の横の列は，特定の電子殻と軌道に対応している．周期表は，原子の電子殻構造の象徴でもある．

20 世紀初頭の研究は，原子のさらに複雑で現代的な概念をあきらかにした．そのひとつが，原子核の成分である中性子，および，2，8，18，32，50 と徐々に電子数が増加する同心球状の**電子殻** (electron shells) の発見である．それぞれの外殻は，複数の種類の軌道から成り，複雑な殻構造を有している．その詳細の解明には，さらに時間を要した．

電子の数と電子雲の構造は，すべての原子の間の相互作用を支配する．電気的に中性な原子では，電子の数は，原子核の陽子数によって決まる．したがって，陽子の数が，元素の種類と化学的性質を決定する．第 3 章で学んだように，ある元素の原子核に含まれる陽子数は一定であるが，中性子数は変化し，同じ元素の異なる**同位体** (isotopes) をつくる．同数の陽子を持つ異なる同位体は，電子雲が同じであるので，化学的にほとんど同じである（しかし，後の章で見るように，質量の小さな差が，同じ元素の同位体にごくわずかな化学的挙動の差を生ずる．それは，地球の過程を理解するためにたいへん有用である）．周期表では，ひとつの元素のすべての同位体はひとつにまとめられ，平均化される．このため，多くの元素，特に偶数の原子番号を持つ元素の**原子量** (atomic weights) は，整数値から外れた値をとる．

現代的な周期表は，多くの元素の電子殻構造を反映している．横の列は，原子の電子殻の数を反映している．第 1 列には 2 つの元素があり，2 つの電子が入ると最初の電子殻は一杯となる．第 2 列には，第二殻に 8 個の電子が入ることに対応して，8 つの元素がある．第 3 列では，第三殻の内部の軌道が，さらに 8 個の電子を加えると一杯になる．第 4 列では，初めの 2 つの電子は，第四殻に加えられる．次に，スカンジウム (Sc) から亜鉛 (Zn) までには，10 個の電子が第三殻の残りの軌道に次々と加えられる．外側の殻ほど多くの電子を収容できるので，外側の殻は内側の殻より複雑なふるまいを示す．

周期表の縦の列は，最も外側の電子の配置にしたがって並べられている．最外殻の電子は，他の原子との反応に関与する．左端の第 1 列 (IA 族) の元素は，最外殻にひとつの電子を持つ．第 2 列 (IIA 族) の元素は，2 つの電子を持つ．第 3 列 (IIIA 族) から第 12 列 (IIB 族) の元素では，原子に追加される電子は，最外殻ではなく内側の殻のひとつに入り，内殻を満たしていく．最も右端の列 (VIII 族) は希ガスで，その最外殻は電子で満たされている．このように，周期

表は有用なデータを提供するのみならず，自然に見られるすべての元素についての知識をまとめた象徴である．周期表は，宇宙の知識に対する私たちの理論評価で 10 点満点である．

● 分子

　電子殻が電子で満たされるとエネルギー的により安定になるので，原子は条件に応じて電子を共有，供与，または受容して他の原子と結合し，安定性を増大させる．このため，希ガスを除いて，地球上のほとんどの元素は，その電子殻を電子で満たした分子の形で現れる．リチウムは，最外殻にひとつの電子を持ち，最外殻に電子がひとつ不足しているフッ素とたいへんうまく結合する．なぜなら，電子の供与と受容は，両方の原子が最も安定な電子殻構造をつくるウィンウィン（win-win）の状態を導くからである（図 4–2）．水（H_2O）の分子は，2 つの水素原子がそれぞれひとつの電子を酸素原子に供与し，酸素原子の電子殻を満たしている．このような原子間の結合が，**分子**（molecules）を生成する．分子には，塩化ナトリウム（NaCl）や H_2O のように簡単なものから，数千個の原子を含む巨大な有機分子まで，さまざまなものがある．

　単独で満たされた電子殻を持つ原子は，希ガス（noble gases）だけである．希ガスは，周期表の右端にある．その電子殻の安定性のため，希ガスは他の元素と反応する傾向がなく，個々の原子が完全に孤立して存在する．アルゴン（Ar）は，空気中にかなり豊富に存在するが，まったく反応しない．空気中の酸素（O_2）は，多くの元素と激しく反応するので，容易に認識される．私たちは，鉄がさび，木が燃えるのを見るとき，あるいは私たちが呼吸するたびに，酸素の存在を知る．すべての希ガス元素の反応性の欠如は，最初の発見を困難にした．その意味で，反応性の欠如は不可視性である．

　原子は，電子殻を充填するために，電荷のバランスを失うことさえする．これが，**イオン**（ions）を生成する．ナトリウムは容易にひとつの電子を失い，ひとつの正電荷を持つ**陽イオン**（カチオン，cation）となる．酸素原子は，容易に2 つの電子を受容し，2 つの負電荷を持つ**陰イオン**（アニオン，anion）になる．電荷を持つイオンは，化学反応においてきわめて重要な役割を果たす．

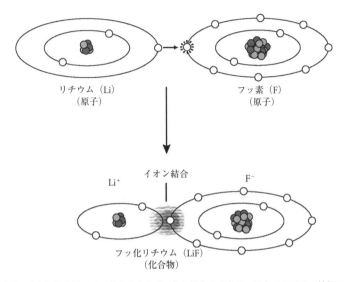

図 4-2：イオン結合は，フッ化リチウム (LiF) の場合のように，ひとつの原子の外殻の過剰な電子が，もうひとつの原子の殻の空席を満たすように供与されるときに形成される．白い丸は電子，濃い灰色の丸は中性子，薄い灰色の丸は陽子を表す．見やすくするために，核は極端に拡大してある．

　数十万の異なる分子が知られているが，分子の数は本質的に無限である．日々新しい分子が実験室で発見され，合成されている．しかし，最も一般的な分子は，反応性が高く（すなわち，希ガスではない），宇宙で豊富に生成された元素の比較的簡単な組み合わせである．これらの元素（第3章参照）は, (1) ビッグバンからの始原的元素である水素 (H), (2) 希ガスではないアルファ粒子核種である炭素 (C)，酸素 (O)，マグネシウム (Mg)，ケイ素 (Si)，硫黄 (S)，およびカルシウム (Ca), (3) 核融合の最終産物である最も安定な核種，すなわち鉄 (Fe) である．窒素 (N) も比較的重要であり，特に生物には必須である．水素を除けば，残りの7元素は，宇宙の反応性物質（希ガスを除く）の98％以上を占める．したがって，これらの元素を含む分子が優勢となる．自然に産する分子，私たちになじみ深い岩石，水，空気，そして生命は，基本的にこれらの

元素でつくられている.

物質の状態

　固体, 液体, および気体は, 私たちがよく知っている 3 つの**物質の状態** (states of matter) である. 元素と分子は, この状態のいずれかをとる. 十分に高い温度では, 分子は存在せず, 第四の状態である**プラズマ** (plasma) が現れる. プラズマは, イオン化したガスである. それは, 電子をはぎ取られイオン化した原子と負電荷を持つ電子が無秩序な混合物となった状態である. プラズマは, 宇宙においては最も一般的な物質の状態である. 地球上ではオーロラ, 極光, ネオンライト, 炎などのかたちで観察される.

　物質の状態に関する私たちの直観は, 地球上での経験から来ている. そこでは, 圧力は一様に低く, 温度の変化が物質の固体, 液体, 気体の状態変化の原因となる. したがって, 私たちは, 融解や蒸発, あるいはプラズマの生成を考えるとき, 直感的にそれが温度の上昇を反映していると考える. この先入観は, 私たちがほぼ一定の圧力環境に生きているという事実に由来する. 私たちが水中や高山で経験する圧力の小さな変化でさえ, 私たちの代謝に大きな影響をおよぼす. しかし, 私たちが経験する圧力変化は, 惑星全体の環境の圧力変化に比べれば, ささいなものである. 圧力は, 上に横たわる物質の重量によって決まるので, 深さとともに急速に増大する. 1 マイル (1.6 km) の厚さの岩石の重量によって生み出される圧力を想像してみよう！　この理由により, 惑星の圧力範囲は, きわめて大きい. 宇宙空間のほとんどゼロ気圧から, 惑星内部の数百万気圧 (メガバール) まで変化する.

　この現実が, 図 4-3 に表されている. 図は, 2 つの一般的な物質, 水と二酸化炭素 (CO_2) の状態を示している. 25℃, 1 気圧では, もちろん H_2O は液体であり, CO_2 は気体である. この気圧では, CO_2 は決して液体にはならない. CO_2 は低温では固体であり, 熱すると固体から気体に昇華する. しかし, 高圧では, 液体の CO_2 が安定である. 例えば, 多くの消火器では, CO_2 は著しく圧縮された液体である. 一方, H_2O は, 1 気圧で固体から液体, 気体に変化するが, 図からわかるようにごく低い圧力では昇華する. また, H_2O の融点

92

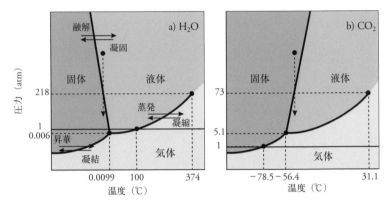

図 4-3：物質の状態に対する圧力と温度の重要性を示す相図．(a) H_2O，(b) CO_2．異なる灰色の陰が，固体，液体，気体の領域を表す．一定温度では，圧力変化が物質を固体から液体，気体に，またはその逆に変化させる．非常に低い圧力では，固体から気体への直接的変化である昇華が起こる．矢印付きの縦の破線は，一定温度で圧力変化によって起こる相変化を示す．

と沸点は，一定の値であると思われがちだが，圧力の変化によって大きく変化する．

　圧力の潜在的な重要性は，図の一定温度において，圧力が変化すると CO_2 と H_2O の状態が変わることからもわかる．このような温度と圧力の効果は，融解と蒸発は原子をその近傍の原子から段階的に自由にすることであると認識すれば，定性的に理解できる．固体の結晶では，原子および分子は，互いに強く結合しており，容易に動かない．液体では，原子・分子は，より活動的であり，よりゆるやかに結合している．そのため，液体は容易に変形する．気体では，原子・分子の間の結合はもっと弱く，粒子はランダムに無秩序に運動し，互いに跳ね返る．温度の上昇は原子・分子のエネルギーを増加させ，ついには気体状態に至る．圧力の上昇は原子・分子を互いに押しつけ，高密度の状態をより有利にする．ほとんどすべての物質では（水は有名な例外である），結晶は液体より高密度であり，圧力の増加は固体をより安定にする．したがって，圧力の低下と温度の上昇は，物質の状態にしばしば同じような効果をおよぼす．

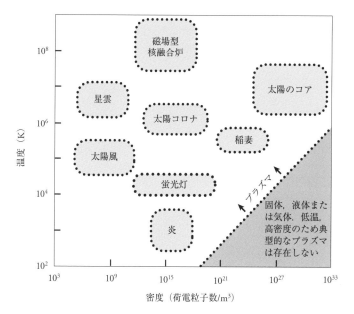

図 4-4：物質の 4 つの状態の圧力温度領域を示す図解．非常に低い圧力（低い密度）あるいは高温では，物質の第四の状態であるプラズマが重要となる．プラズマは，地球上ではやや特殊であるが，宇宙ではきわめてありふれた物質の状態である．軸目盛が対数であることと，多くのプラズマがきわめて高温であることに注意．

　図 4-4 に示すように，プラズマも，温度と圧力の両方に敏感である．低温度のプラズマは，圧力がきわめて低い宇宙で一般的に見られる．このように，すべての元素が，圧力と温度の変化に依存して，物質の四態の間を移行する．

揮発性

　揮発性（volatility）は，ある温度，圧力において，分子が固体であるか，液体であるか，気体であるかを決定する．すべての希ガスや窒素（N_2）などの揮発性の高い原子および分子は，非常に低い融点と沸点を持つ．これらの物質は，

表4-1 一般的な分子の1気圧における物理定数. 揮発性の高いものから不揮発性の高いものの順にならべてある

化合物	固体の融点 (℃)	液体の沸点 (℃)
CH_4	− 182.47	− 161.48
NH_3	− 77.73	− 33.33
CO_2	− 78.46*	液体状態はない
Hg	− 38.83	356.62
H_2O	0	100
Fe	1,538	2,861
SiO_2	1,713	2,950
Mg_2SiO_4	1,897	—
Al_2O_3	2,054	2,977

*昇華点

きわめて低い温度においても気体である. 不揮発性の原子・分子は, 非常に高い融点と沸点を持つ. アルミナ (Al_2O_3) やマグネシア (MgO) のような不揮発性物質は, 2,000℃以上の温度でないと融解しないので, 溶鉱炉の壁に使われる. これらの物質は, 耐火性の低い他の物質 (金属鉄など) が融解しても, 固体状態を保つ. 耐火性物質は, 固体の容器内に融解した鉄が存在することを可能にする.

揮発性は, これらの両極端の間で大きな幅があり, 相対的なスケールに並べることができる (表4-1). 水は, 二酸化炭素より揮発性が低い. 油脂は水よりも揮発性が低いため, 液体の油は水の沸点より高温でも安定であり, ゆでジャガイモとフライドポテトの違いを生む. 鉄とアルミニウムはさらに揮発性が低く, 水が沸騰し, 脂肪が融けるときでも, これらの金属は固体状態で存在する.

密度

分子のもうひとつの重要な特性は, **密度** (density) である. 異なる元素の密度は, 大きく異なる. その理由は, 個々の原子の直径はたかだか4倍くらいしか変化しないが, 原子の質量数は核の中性子と陽子の総数に応じて, 水素の1

表 4-2　地球上の一般的な元素・化合物の密度と原子あたりの平均核子数

物質	化学式	原子あたりの平均核子数	密度 (g/cm³)	密度 / 核子数
水	H_2O	6.0	1.0	0.167
石膏	$CaSO_4 \, 2(H_2O)$	14.3	2.32	0.161
方解石	$CaCO_3$	20.0	2.71	0.135
かんらん石	Mg_2SiO_4	20.0	3.27	0.165
磁鉄鉱	Fe_3O_4	33.1	5.17	0.156
鉄	Fe	55.9	7.9	0.141
金	Au	197.0	19.3	0.098
ウラン	U	238.0	19.1	0.080

からウラン（U）の 238 まで変化するからである．よい第一近似として，より重い元素は，より高密度の物質を生成すると言える．例えば，固体リチウムの密度は 1 立方センチメートルあたり約 0.5 g (g/cm³)，鉄は約 8 g/cm³，金（Au）は 19 g/cm³，ウランは 19 g/cm³ である．

　同じ規則が，元素の結合によってつくられる分子にも当てはまる．水は，質量数 1 の水素 2 つと質量数 16 の酸素原子から成り，1 分子に 18 個の核子，すなわち 1 原子あたり平均 6 個の核子を含む．その密度は 1.0 g/cm³ である．苦土かんらん石（Mg_2SiO_4）は，1 原子あたり平均 20 個の核子を含み，密度は 3.3 g/cm³ である．鉄は，1 原子あたり 56 個の核子を持ち，固体の密度は 7.9 g/cm³ である．密度と核子数の比は，重い元素ではやや小さくなる．これは，重い原子のサイズが最外殻の電子数の増加につれてわずかに大きくなるからである．他の例を表 4-2 に示す．この規則性は，私たちが試料を持たないが，密度を計算できる遠くの惑星の化学組成を推定しようとするときに重要となる．

分子の二大グループ：無機分子と有機分子

　一般に，分子は，かなり異なる特性を持つ 2 つの大きなグループに分けられる．有機分子と無機分子である．**有機分子**（organic molecules）は，水素，またしばしば酸素，窒素，リン（P），および微量の他の元素と結合した炭素を含む（C-N 結合を持ち，C-H 結合をまったく含まない少数の例外もある）．これらの分

96

子は，もともと生きている生物によってのみ合成されると考えられたので，有機分子と名付けられた．有機分子は，すべて揮発性である．プラスチックと呼ばれる高温炭素化合物でさえ，数百度以上の温度では安定ではない．ほとんどの有機化学反応は，室温に近い温度で起こる．**無機分子** (inorganic molecules) は，炭素を含まないすべての物質，および C–H 結合を含まない炭素化合物（例えば，CO_2，$CaCO_3$）である．自然に固体で産する無機分子は，**鉱物** (minerals) と呼ばれる．事実上すべての固体無機物質（例えば，岩石）は，鉱物を基本成分とする．惑星本体とその有機化合物の構築を考察する前に，有機分子および鉱物の構造と命名について若干の知識を身につける必要がある．

鉱物

　鉱物は，自然に産し，秩序のある原子構造，一定の物理的特徴，および分子式で書き表される化学組成を持つ無機固体として定義される．鉱物のよく知られた例は，石英 (SiO_2)，黄鉄鉱 (FeS_2)，磁鉄鉱 (Fe_3O_4)，ダイヤモンド (C)，および白雲母 ($KAl_3Si_3O_{10}(OH)_2$) である．これらをはじめとするすべての鉱物は，化学式によって明確に識別される．また，それぞれの鉱物は，特有の物理的特徴を持つ．例えば，雲母は，顕著なへき開 (cleavage)，すなわちある平行面にそって簡単に分解する性質を示すが，石英はへき開を示さない．石英の結晶が裂かれるときには，貝殻状破面 (conchoidal fracture) と呼ばれる性質を示す．すべての鉱物は，固有の硬度 (hardness)，すなわち「引っかき硬さ」を有する．ダイヤモンドは，すべての鉱物のうちで最も硬く，何にでも引っかき傷をつける．そのため，それは，理想的な宝石であるが，コピー機のガラスカバーに簡単に傷をつけてしまう！　ダイヤモンドと同じ化学式だが，異なる分子構造を持つ鉱物であるグラファイトは，最もやわらかい鉱物のひとつであり，私たちの指の爪でも引っかき傷をつけられる．他の物理的特徴としては，密度，色，光沢，条こん（鉱物が硬い表面を引っかくときに残す色），および磁性の有無が挙げられる．それぞれの鉱物に見られる固有の特徴の組み合わせに基づいて，化学分析を行わずに，鉱物標本を同定することができる．

　結晶分子の**単位格子** (unit cell) は，巨視的な標本に見られるすべての本質的

な構造特徴を含んでおり，鉱物が美しく対称的な結晶を生ずる源である．鉱物では，微視的な分子の本質的特徴を巨視的なかたちで見ることができる．ある意味で，結晶は目に見えないものを見えるようにすると言える．

鉱物を成り立たせる条件は何だろうか？ 幾何学的に安定な構造をつくるためには，原子はその大きさと電荷に関して，互いに適合しなければならない．多くの電子を持つ原子は大きく，一方，小さな電子雲を持つ原子は小さい．原子は，その電子殻が相互作用し，中性の分子をつくるように，互いに適合しなければならない．このため，原子の大きさと電子殻の構造が，可能な元素の組み合わせと，さまざまな鉱物がとる構造を決定する．

原子の間で電子は供与され，受容されるので，元素の**イオン半径**（ionic radius）が原子の大きさを支配し，原子が鉱物中でどのように適合するかを決定する．イオン半径の差は，中性原子のサイズの差よりも大きい．なぜなら，陽イオン（正電荷を持つイオン）は電子を失い，電子雲が正電荷を帯びた核によって引きつけられ，陰イオン（負電荷を持つイオン）は電子を得て，その電子雲が拡大するからである．例えば，Si^{4+}は半径 0.26 Å（$1 Å = 10^{-10} m$）であり，Cl^-は半径 1.81 Å である．このため，鉱物の体積のほとんどは，陰イオンによって占められる．図 4-5 は，さまざまなイオンの大きさを周期表にしたがって示したものである．3つの傾向が認められる．第一に，表の右にある陰イオンは，きわめて大きい．第二に，同じ電荷を持つイオン（周期表の縦の列）は，列を下がり，原子番号が増えるにつれ大きくなる（その電子雲が大きくなるので）．第三に，同じ電子殻配置を持つイオンは，周期表の横の列を右に進み，イオンの正電荷が増すにつれて，サイズが小さくなる．外殻電子の数は同じであっても，原子核の電荷が増すので，イオンの電荷も増加する．そのため原子核は，より強い引力を電子殻におよぼし，イオンを小さくするのである．同じ理由で，個々の原子の**酸化状態**（oxidation state）が増す（すなわち，イオンがより多くの正電荷を持つ）と，イオンは小さくなる．その結果は，以下のようである．K^+, Na^+, Ca^{2+}は，Mg^{2+}, Fe^{2+} より大きい．後者は，Al^{3+}, Si^{4+} より大きい．また，-2 価の陰イオンは，-1 価の陰イオンより大きい．

ノーベル賞化学者ライナス・ポーリングは，酸化物鉱物の構造における簡単な規則を見いだした．ポーリングの規則は思考から導かれたが，今ではX線

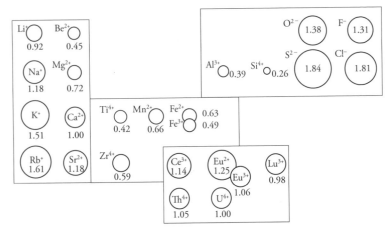

図 4-5：鉱物中の一般的な元素のサイズを表す図解．陰イオンは大きいことに注意．陽イオンは，電子殻の数が増すにつれて大きくなり，電荷数が増すにつれて小さくなる．数字は，イオンの半径（Å）を示す．(Ionic radii from R. D. Shannon, Acta Cryst. A32 (1976): 751–67).

構造解析により確かめられる．負電荷を帯びた酸素イオン（O^{2-}）は，正電荷を帯びた金属イオンを囲む多面体をつくるように配置される．多面体に含まれる酸素原子の数は，陽イオンが存在する間隙の大きさを決定する（図 4-6）．ポーリングは，簡単な三角法を使って，小さな Si^{4+} イオンは，四面体配置では 4 つの酸素イオンを離しておくことができるが，八面体配置では間隙が大きすぎて，6 つの酸素イオンを離しておくことができないことを示した．Mg^{2+} と Fe^{2+} は，Si^{4+} より大きいので，八面体の間隙に適合する．ケイ素，マグネシウム，鉄，および酸素は，鉱物を構成する最も普遍的な元素であるので，ほとんどの鉱物は，四面体または八面体の三次元配置をとる．O^{2-} が多面体の容器を構成し，陽イオンがその間隙を占める．

　サイズと電荷の制限に加えて，規則的なパターンが成長するために，原子の配置は無限に繰り返し可能でなければならない．もし，2 つの原子が結合し，次の原子がまったく同じように電子殻を満たすことができる表面の鋳型をつく

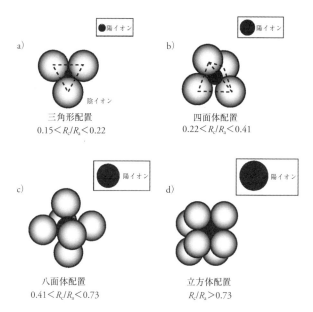

図 4-6：大きな陰イオン（通常は酸素イオン）によってつくられるさまざまな多面体と，陽イオンが入る間隙を表す図解．配位数が増すと，間隙のサイズが大きくなり，より大きな陽イオンを収容することができる．R_c と R_a は，それぞれ陽イオンと陰イオンの半径を表す．

るならば，成長は無限に続きうる．もし，同じ分子構造の追加を許さないように原子が結合すれば，規則的な成長は起こらない．極端な例は，希ガスである．個々の希ガス原子は，他の原子と結合できないので，ばらばらのままである．また，規則的成長は，無秩序な分子の集合よりもエネルギー的に安定である．このため，規則構造の発達が有利となる．

　無限の繰り返し性における支配原理は，**対称の法則**（laws of symmetry）である．すべての鉱物は，対称である．対称性は，例えば床のタイル張りや壁のレンガ積みに見られるように，ひとつのパターンが無限に繰り返されることを可能にする．どんなかたちのタイルを買えば，すき間なく埋めつくすことができるだろうか？　五角形は美しいのに，五角形のタイルがないのはなぜだろうか？

そのような実際的な問題は，対称性パターンの美しさとあいまって，数千年にわたって人類を対称性の研究に駆り立ててきた．対称性は，古代エジプト人によって理解され，イスラム文化によって広範に発達した．13世紀に建設された南部スペイン，グラナダのイスラム宮殿アルハンブラのモザイクは，ほとんどすべての可能な対称性を含んでいる（図4-7）．

対称性の際だった特徴は，全宇宙において，回転の二回対称，三回対称，四回対称，六回対称および鏡像対称のみが可能であることである．床のタイル張りや壁のレンガ積みと同じ原理が，三次元ではあるが，鉱物にも当てはまる．自然には全部で32の対称性のグループ（結晶点群）のみが存在し，すべての鉱物はそのどれかひとつに属している．

普通鉱物（common minerals）は，固体物質を形成する最も豊富な元素からできており，ケイ素，鉄，マグネシウム，カルシウム，およびアルミニウムの酸化物である．Si^{4+}陽イオンは，電気的中性のために，4つの電子を共有しなければならない．Si^{4+}は，サイズが小さいため，四面体配置をとらねばならない．O^{2-}陰イオンは，ありふれた元素のうちで最も大きく，Si^{4+}のまわりにうまく四面体配置をとることができる．ケイ素原子は，4つの酸素原子とそれぞれひとつの電子を共有する．酸素原子は，電子殻を満たすために，もうひとつの電子を必要とする．このことが，安定な構築ブロックとしての**シリカ四面体**（silica tetrahedra, SiO_4^{4-}）の可能性を生みだす．シリカ四面体は，互いに，あるいは他の金属原子と結合できる．シリカ四面体は，多くの鉱物の構築ブロックである．それは，4つの結合を生成する炭素が有機化学の世界で中心的役割を果たすのとよく似ている．炭素原子は，生命のほとんどすべての分子において，骨格を形成する．シリカ四面体は，ほとんどすべての岩石の骨格を形成する．炭素とケイ素の四配位構造，および互いにあるいは他の元素と結合して骨格単位を形成する能力が，対称的な三次元構造の構築を可能にする．

シリカ四面体は，さまざまな形で組織化され，**ケイ酸塩鉱物**（silicate minerals）の巨大なグループを形成する（図4-8参照）．シリカ四面体が互いに Si–O–Si 結合を生成せず，孤立している場合，各酸素原子は他の金属と結合する．これは，かんらん石（olivine）グループの構造である．かんらん石は，苦土かんらん石（Mg_2SiO_4）と鉄かんらん石（Fe_2SiO_4）の混合物であり，地球の上部マントルで最

図 4-7：上：スペイン，アルハンブラ宮殿のタイルの例．三回対称を示し，鏡面や二回軸はない．下：四回対称を示す古典的なキルトの柄．

102

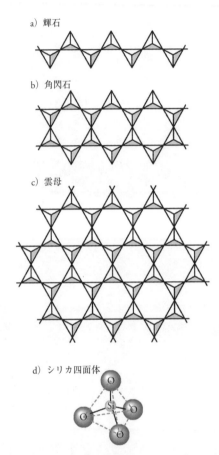

a) 輝石

b) 角閃石

c) 雲母

d) シリカ四面体

図 4-8：シリカ四面体は，最も一般的な造岩鉱物（rock-forming minerals）であるケイ酸塩鉱物の基本的な構築ブロックである．四面体は，独立ではかんらん石，一本鎖では輝石，二本鎖では角閃石，シートでは雲母，三次元格子では石英および長石を形成する．

も豊富な鉱物である．次の主要なグループは，シリカ四面体の鎖を構造骨格としている．それぞれの四面体は，2 つの四面体とつながっている．他の金属が，鎖と鎖の間の結合を生成する．一本鎖のケイ酸塩鉱物は，輝石（pyroxenes）と呼ばれる．多くの種類の金属原子や無機物がこの融通のきく構造に適合し，輝石グループを形成する．2 つのシリカ鎖が隣りあわせになると，角閃石（amphibole）グループが形成される．2 つのシリカ鎖の間の大きな間隙は，角閃石の構造に K^+ のような大きな陽イオンを取り込む．一方，K^+ は大きいため，輝石には入りにくい．

　次のグループは，シリカ四面体が連続的な二次元シートを形成するときに現れる．シリカ四面体はシリカシートに強固に結合されているが，シート間の結合は弱いので，それらはきわめて特徴的なシート状へき開を示し，シート状ケイ酸塩（sheet silicate）として認識される．これには，雲母が含まれる．最後に，四面体は三次元の「骨組み」（framework）構造をつくることができる．石英が代表例であるが，地球の地殻で最も普遍的な鉱物である長石（feldspar）グループも骨組み構造を持つ．

　ほとんどのケイ酸塩鉱物の重要な性質は，**固溶体**（solid solutions）を生成する能力である．液体の溶液が溶質を溶解し，ひとつの物質（塩水やアルコール飲料）を形成するように，もし原子が同じようなサイズと電荷を持つならば，固溶体を生成する．偉大な地球化学者ゴールドシュミットは，2 つの原子の電荷が等しく，半径の差が 15 % 以内であれば，広範な固溶体が可能であると指摘した．例えば，鉄とマグネシウムはどちらも + 2 価の電荷を持ち，半径はそれぞれ 0.63 Å と 0.72 Å である．Mg^{2+} と Fe^{2+} は，サイズがきわめて似通っており，同じ電荷を持つので，鉱物中で互いに自由に置換する．サイズ差が大きくなると，より大きなイオンを収容するためには構造を歪ませなければならず，ついには対称的構造を続けることがもはやできなくなるので，置換は難しくなる．例えば，マグネシウムと鉄のみがシリカ四面体鎖に配位している輝石は，より大きなカルシウム（Ca^{2+}）を多量に含む輝石に比べて，より対称性の高い鉱物を生成する．カルシウム含有量の上限は，50 % である．これより多くなると，大きな混乱が生じ，輝石の対称性は失われる．

　地球上では存在度が低いが，非ケイ酸塩鉱物もある．それらは，**硫化物**

(sulfides, 代表例は「愚者の黄金」をつくる黄鉄鉱 FeS_2), **酸化物** (oxides, 例：磁鉄鉱 Fe_3O_4), **ハロゲン化物** (halides, 例：岩塩 NaCl), **炭酸塩** (carbonates, 例：石灰岩の主成分 $CaCO_3$) などである．炭酸塩岩石は，地球の地質サイクルと有機生命サイクルを結びつける．

　要約すると，主要な鉱物は，利用可能な元素の全体的な存在度，組み合わせのための電子殻の条件，元素の相対サイズ，および構造の対称性によって決まる．これらの特徴が，地球の固体物質を形成する上でのケイ酸塩鉱物の圧倒的な重要性をもたらしたのである．

有機分子

　有機分子では，炭素原子が水素原子と結びついている．また有機分子は，しばしば炭素骨格を有し，酸素，窒素，リン，およびその他の元素を結合している．有機分子は，もともと生物過程によって独占的に合成される分子として認識された．しかし，19世紀初め，有機分子がふつうの物理化学反応により合成されることを示す実験が行われ，生命がいなくても，無機物と有機物の間の橋渡しが可能であることがわかった．メタンのような分子は，岩石，CO_2，および水を含む無機反応により，宇宙で豊富につくられる．また，自然に存在しない無数の有機分子が実験室で合成された．したがって，今日，**有機** (organic) は，炭素と水素を含む分子の広範な集合を指し，生物によってつくられ利用される多くの分子に加えて，生物過程によってはつくられない多くの分子をも含む．この定義は，ほとんどの有機分子を含み，私たちのさしあたりの目的には十分であるが，完全ではない．なぜなら，生命過程と密接に関連しているある種の炭素化合物，例えば尿素は，C–N 結合を持つが，C–H 結合を含まないからである．有機分子は生命の材料であり，無機分子は一般に岩石と鉱物の材料である．そして，それらの間の区別は，重要かつ必要である．

　有機化学においては，無機溶媒の水が重要である．多くの有機分子は水を含んでおり，水の取り込みまたは放出を含む反応を起こす．有機分子の間のほとんどの反応は，水の存在下で起こる．平均的な細胞は，およそ80％の水を含む．したがって，水は無機分子で氷は鉱物であるが，少なくとも地球上の有機分子

図 4-9：3 つの最も簡単な炭化水素．メタンは，天然ガス（natural gas）として知られており，地球上で最も豊富な有機分子である．すべての炭化水素は，燃えて，水と二酸化炭素を生ずる．例えば，$CH_4 + 2O_2 \rightarrow CO_2 + 2H_2O$.

の世界は，水を含む環境にきわめて強く依存している．液体の水が存在しない星間空間においても，氷が重要な役割を果たしているかもしれない．また，宇宙での有機分子の合成には，触媒として無機鉱物の基材が必要であるようだ．したがって，一般的に有機分子は，基材となり，合成を可能にする無機分子に大きく依存している．

　最も簡単で，宇宙に最も豊富な有機分子は，メタン（CH_4）である（図 4-9）．メタンは，**炭化水素**（hydrocarbon）の最も簡単な化合物である．炭化水素の分子は，炭素骨格に水素原子が結合してつくられる．炭化水素には，もっと複雑なものがたくさん存在する．石油や天然ガスは，炭化水素の複雑な混合物である．すべての炭化水素は，酸素の存在下で燃焼し，完全に燃焼すると，無機分子の CO_2 と H_2O に変換される．

　生物過程で本質的な役割を果たす，より複雑な有機分子は，一般に 4 つのグループに分けられる．**炭水化物**（carbohydrates），**脂質**（lipids），**タンパク質**（proteins），および**核酸**（nucleic acids）である．炭水化物は，水と同じ比率で酸素原子と水素原子を結合した炭素原子から成る．代表例は，グルコース，デンプン，セルロースである．脂質は，炭水化物より酸素原子がずっと少なく，グラムあたりのエネルギーがずっと高い．それらは，きわめて効率的なエネルギーの貯蔵分子であり，動物の脂肪，および植物の油を含む．タンパク質は，圧倒的に多様な有機分子のグループである．それは，**アミノ酸**（amino acids）の長い鎖である．アミノ酸は，アミノ基（NH_2），カルボキシ基（COOH），および R

基（R group）を結合した炭素原子を含む. R基の種類が, あるアミノ酸を他のアミノ酸と区別する. 理論的には多数のアミノ酸が可能であり, 実験室で合成される. 注目すべきは, たった20種類のアミノ酸のみが地球の生命のタンパク質を構築するのに使われていることである. しかし, 26文字が多数の言葉を生みだすように, 20の異なるアミノ酸が, タンパク質の驚くべき多様性を生みだす. およそ10万種類の異なるタンパク質が生物界に存在することが知られているが, 構築されうるタンパク質の数は, はるかに膨大である. タンパク質分子は, アミノ酸の巨大な結合体である. 例えば, ヘモグロビンは, 574個のアミノ酸から構成される. さらに大きなタンパク質分子も, 多数存在する.

　核酸（nucleic acids）は, 長い二本鎖であり, 自然に二重らせんを形成する. 核酸の骨格では, 糖分子とリン酸分子が交互に結合している. 鎖の間の結合は, 塩基の対によってつくられる. 塩基は, アデニン, グアニン, シトシン, およびチミンまたはウラシルである. 糖, リン酸, および塩基の一組は, **ヌクレオチド**（nucleotide）と呼ばれる. ヌクレオチドが連なって, きわめて長い核酸鎖を形成する. その鎖が, 情報の基本的な運び手となる. 核酸鎖がすべての生命の遺伝子をつくり, それにしたがってすべての細胞が複製される.

　地球の有機分子は, 一般に物質の液体状態と関連している. 哺乳類でさえ, 大部分は液体である. 剛性を与えるのは, 無機化合物の骨である. 液体が媒体であるため, 有機過程は一般に個々の分子の間の相互作用として起こる. 有機物の王国には, 鉱物の結晶と対称性で議論した一般原理はほとんど現れない.

● 分子合成の環境

　ビッグバンの後, 宇宙が冷えるとき, 宇宙に多量に存在した元素は, 気体の水素とヘリウムだけであった. したがって, 第1世代の恒星は, 独占的にこれらの元素でつくられた. 宇宙には固体粒子や惑星系, そして有機分子や無機分子は存在しなかった！ 超新星による原子核合成と元素の散布の後, 惑星と生命に必須の分子を合成する元素が利用可能になった. これらの元素は合成されると, 速やかに電子殻に囲まれ, 互いに結合して簡単な分子を形成した. 最も豊富な元素である水素は, 重要な原料となり, CH_4 のような分子を生成した.

酸素は，巨大な恒星で豊富につくられたので，すべての重要な金属と酸化物を生成するのに十分な量があった．残った酸素は，水素と結合し，水を生成した．したがって，最初期に H_2 や CH_4 の次に豊富に存在した分子は，CO や H_2O のような酸化物である．そして，原子核合成の間につくられた存在度にしたがって，すべての金属の酸化物がつくられた．

　金属酸化物は，次に SiO_2 と結合し，ケイ酸塩の微小な粒子をつくった．**星間雲**（interstellar clouds）に，かんらん石のような鉱物の微小粒子が存在することは，地球の軌道をまわる望遠鏡からの観測によって確かめられている．これらの微小粒子は，ごく小さいので，地上からの観測ではほとんど塵として認識されない．それらは，むしろケイ酸塩の煙のようである．星間空間の極低温では，H_2O は融点よりずっと下にあるので，ケイ酸塩粒子は，氷の小さな覆いで包まれるだろう．その後，酸素のない環境で還元体化学種が合成され，混合物に CN，CH，HCN のような分子が加わった．宇宙での混合は，これらすべての化合物の間に化学平衡を成り立たせるには至らない．なぜなら，温度は絶対零度よりわずかに高いだけであり，粒子の密度は地上の実験室でつくられる最も極端な真空よりも低いからだ．したがって，私たちがふつうであると考える化学反応はまれである．

　星間環境は，さらに 2 つの点で，地球上と大きく異なる．私たちがスペクトルの可視領域に見る光に加えて，恒星は**恒星風**（stellar winds）と**紫外線**（ultraviolet radiation）を放っている．恒星風は，20 世紀後半に，**太陽風**（solar wind）の発見によって知られるようになった．ユージン・パーカーの 1958 年の理論計算は，強烈に熱い太陽コロナが高速粒子を放出することを示した．この理論は，宇宙探査機によって確かめられた．探査機は，太陽から宇宙に高速で流れ出す高エネルギー粒子を測定した．太陽風の粒子の平均組成は，太陽の平均組成ときわめてよく似ていた．加えて，さらに高エネルギーの粒子も発見された．それは，他の恒星も高エネルギー粒子を放出しており，宇宙線が普遍的であることを示している．これらの放射の一部は，太陽風よりはるかに高エネルギーであって，巨大恒星や超新星のような，より高エネルギーの天体から放たれた．

　私たちの日常生活に含まれる原子は，特に高エネルギーではない．例えば，空気の分子は，エネルギーが低い．それは弾丸と同じくらいの速さで運動する

が，典型的な人工衛星よりは少し遅い．空気の分子が衝突すると，互いに跳ね返るだけで，その電子雲の構造には影響をおよぼさない．宇宙線ははるかに高エネルギーであり，その速度は光速の10分の1にも達する．エネルギーが十分に高いので，宇宙線の衝突は，分子を分解し，あるいは電子をたたき出してイオンを生成する．したがって，宇宙線粒子は，どの化学種が存在するかについて，重大な影響を持つ．

また，恒星は，紫外線を放射する．私たちは第2章で黒体放射について，物体の温度が上昇するにつれて放射の波長が短くなる（より高エネルギーになる）ことを学んだ．したがって，熱く巨大な恒星は，より高エネルギーの放射を放つ．放たれる放射の全量も，温度とともに指数関数的に増加するので，太陽の数倍の質量を持つ恒星は，膨大な量の紫外線を放射する．この紫外線放射も，化学種に重大な効果をおよぼし，分子をイオン化したり，分解したりする．巨大恒星は，恒星風，紫外線放射，さらに超新星としての最終的な爆発を通して，星間空間へのエネルギー供給を支配している．

これらの元素，高エネルギー粒子，および紫外線の起源は，宇宙で孤立しているのではない．なぜなら，ほとんどの恒星は，「恒星の苗床」である巨大な星間雲の中でつくられ，そこでは数千個の新しい恒星が生まれるからだ．その一部は巨大恒星であり，強力な放射を放ち，その周囲の空間を一掃する．この環境では，超新星はありふれており，新たに合成された元素をまき散らす．それらの元素は，やがて小さな恒星や惑星系に取り込まれる．星間雲（図5-0参照）は，宇宙で最大の工場であり，元素の合成のみならず，分子の進化にも関与する．

星間雲で放射が最も強い領域では，分子は絶えず分解されるので，複雑な分子は合成されない．しかし，雲の密度が増すと，厚い塵が内部の粒子とガスを放射から保護する．このような環境では，長い時間のうちに複雑な反応が起こり，何百もの異なる分子が生成される．重要なことは，これらの反応は地球で観察される反応とは大きく異なることである．例えば，地球上では，ほとんどすべての有機反応が水の存在下で起こる．しかし，宇宙では圧力と温度が非常に低いので，水は氷としてしか存在しない．低温のため化学反応の速度が非常に遅いと考えられるが，それは近くの恒星から紫外線として供給されるエネル

ギーによって克服される．高真空における相互作用の希少さは，星間塵の表面
で起こる反応によって克服される．ある種の分子は，原子がかんらん石の結晶
の表面に吸着したときに生成し，拡散によって互いに出会う．生成に粒子と放
射の組み合わせが必要な分子もある．例えば，一酸化炭素を含む氷が酸素原子
の存在下で紫外線に照射されると，二酸化炭素が生成する．

　これらの反応の正味の結果は，最近数年間に観測できるようになった．宇宙
に望遠鏡を打ち上げることで，地球の大気による干渉を受けることなく，さま
ざまな波長を調べられるようになった．100 種類以上の異なる分子が発見され
た．そのリストは，毎年大きくなっている．これらの分子は，主要なケイ酸塩
鉱物のみならず，多くの有機分子を含む．それらには，水，メタノール，ホル
ムアルデヒド，シアン化水素のような，地球の生命の起源に必要であったと考
えられる「前生物的」(prebiotic) 分子が含まれる．したがって，星間雲は，新
しい恒星の培養器であるのみならず，ついには惑星を形成する分子材料をも生
みだした．

　現在，私たちの銀河系の星間雲で観察される過程は，私たちの太陽系の形成
にも関わっていたと推論できる．これは，太陽系星雲の外縁部で固まった氷の
微惑星の残骸である彗星の研究に基づいている．最近十年間に，彗星成分の天
文学研究が可能となった．遠い宇宙の原始惑星系円盤に発見されたのと同じ多
くの分子が，彗星中にも見いだされた．この急速に発展しつつある科学の領域
は，完成にはほど遠い．しかし，生存可能な惑星の誕生に必要なすべての分子
が，宇宙に豊富かつ広範に存在することはあきらかである．私たちが推論でき
る太陽系の形成は，銀河系の他の場所で現在進行中のこととして，観測されは
じめている (図 5-0 参照)．

● まとめ

　元素は，孤立したまま残るのではなく，原子核合成の後まもなく互いに結合
し，分子を生成する．原子の結合を支配する法則は，原子のサイズと電子殻の
細かい構造に関係している．大きな陰イオンは，無機分子の多面体格子を形成
し，集まって鉱物を生成する．多面体のサイズは，内部に存在できる陽イオン

を決定する．鉱物の最も重要な構造単位は，2つのアルファ粒子核種であるケイ素と酸素とによってつくられるシリカ四面体である．シリカ四面体は，さまざまな形で結合し，私たちが惑星の主要な構築ブロックとして見る，驚くほど多様なケイ酸塩鉱物をつくる．炭素がそれ自身，水素，窒素，およびその他の元素と結合した有機分子は，究極的に集まって原始生命を生みだす基本的な構築ブロックである．揮発性と密度の物理的特性は，宇宙のその後の過程において，分子がどのように分配されるかを決定する上で重要な役割を果たす．揮発性化合物は，低温でも気体状態にとどまり，固体物質として凝結しない．揮発性物質は，惑星大気の原始成分となる．ケイ酸塩鉱物のような不揮発性化合物は，高温でも固体のままであり，惑星の固体物質となる．密度は，さまざまな物質が惑星内のどのレベルにとどまるかを支配する．

　巨大な星間雲は，原子核合成による元素生成と，原始の分子合成の両方の苗床である．その原子と分子が反応する環境は，惑星表面に住む私たちにはまったく異質のものである．超新星は，新しい元素をまき散らし，膨大なエネルギーフラックスを生みだす．エネルギーは，星雲に差し込み，分子の合成に寄与する．それらの物質の一部が集まって，私たちの太陽のような小さな恒星を形成し，生命に欠かせない長寿命の惑星系を生ずることになる．

第5章

重量構造物

太陽系星雲から惑星と衛星をつくる

図 5-0：オリオン星雲のパノラマ写真．NASA のハッブル宇宙望遠鏡で撮影された写真を組み合わせてつくられた最大の写真のひとつ．恒星の苗床における恒星の誕生，元素と分子の合成を示す．写真は，オリオン星雲の中心部である．オリオン星雲は，天の川銀河内，地球から 1,500 光年のかなたにあり，オリオン座の剣の中ほどに見られる．写真は星雲全体の一部に過ぎないが，それでも満月のおよそ 5% の面積を占める．これは，恒星の工場であり，最近 100 万年に星間雲の収縮により恒星が形成された．トラペジウム（台形）と呼ばれる 4 つの最も熱く巨大な恒星が，写真の中央部にある．加えて，さまざまな成長段階にある約 700 個の若い恒星が，天文学者によって観測された．また，このモザイクは，150 個以上の胚芽段階の惑星系を含んでいる．それは，恒星と惑星系を形成する一般的な過程が，私たちの太陽系を形成したと信じられている過程と同じであることを支持する．いくつかの曲がった物体は，時速 150,000 km/h の超音速衝撃波によってつくられたガスの巨大な噴出物である．同じ領域に質量の異なるさまざまな恒星があることは，短命な恒星が激しく短い一生を持ち，元素と放射性核種を星雲に散布するまさにその場所で，太陽のような小さな恒星が生まれることを示す．強い放射能は分子合成の環境にも寄与し，惑星と生命の前駆体となる有機分子と無機分子が星雲環境でつくられる．口絵 2 参照．(Photograph courtesy of NASA. Credit: NASA, C.R. O'Dell and S. K. Wong (Rice University). GIF and JPEG images, captions, and press release text are available at http://www.stsci.edu/pubinfo/PR/95/45.html).

太陽系の形成は，**太陽系星雲**の原材料が収縮して始まった出来事の結果である．星雲のほとんどの物質は，中心に引き寄せられ，**太陽**を形成した．その組成は，もとの雲の組成とほぼ等しい．太陽は，99％が水素（H）とヘリウム（He）であり，1％がその他の90元素である．星雲の残りの物質は，新しく生まれた太陽をめぐる星雲円盤を形成した．この物質のうちわずかなものが，凝結し，固体となり，さらに集積して，惑星，衛星，小惑星，および彗星を形成した．最後に残ったガスは，おそらく太陽風によって吹きはらわれた．初期太陽系の破片物質は，ときおり隕石として地球に降ってくる．始原的な**コンドライト隕石**の組成は，揮発性元素を除いて，太陽ときわめてよく似ている．その他の**エイコンドライト隕石**は，初期惑星の分化について，多くを教えてくれる．

太陽系のさまざまな天体は，複雑な過程の連鎖によって形成された．その過程のあらましはよくわかっているが，詳細の多くはまだ未知である．**内惑星**と**外惑星**は，サイズと密度が大きく異なる．内惑星は，岩石よりも高い密度を持つ．隕石からの証拠に基づいて，外部は岩石，内部は金属コアから成ると考えられる．外惑星は，きわめて低密度で，ほとんど氷とガスから成る．内惑星と外惑星との違いは，主に揮発性の差の結果である．初期太陽系では，太陽からの距離にしたがう温度勾配があった．太陽の近くでは，揮発性分子は気体であり，難揮発性分子は固体であった．円盤のこの領域では，金属鉄（Fe），硫化鉄（FeS），酸化鉄（FeO），酸化マグネシウム（MgO），酸化アルミニウム（Al_2O_3）および二酸化ケイ素（SiO_2）のようなきわめて揮発性の低い分子のみが固体状態であり，それらが集積して，高密度の惑星を形成した．太陽から遠ざかり「雪線」を越えると，氷が結晶する．水素とヘリウム以外のほとんどの元素が固体となり，低密度の巨大惑星を形成した．その大きな質量は，大量の気体大気の蓄積を可能にした．揮発性の違いのため，彗星と外惑星は，小惑星および内惑星と著しく異なる化学組成を持つ．揮発性物質に富む太陽系星雲の低温部分で固まった物質は，初期の地球に衝突し，生命の誕生に必要であった揮発性化合物（および有機分子）をもたらしたらしい．

太陽系の形成は，星間雲のガスと塵の中で起こった．それは，「星の培養器」（図 5-0 参照）として働いた．そのような星雲は，宇宙ではありふれている．私たちは，銀河系のどこかで新しい惑星系が生まれるのを見る

　ことができる．他の太陽をめぐる多くの惑星が存在する証拠がある．銀河
系において，惑星系の形成は，ふつうの出来事であり，ありふれている．

はじめに

　人類は，数千年にわたって太陽と惑星を見つめ，その意義を考え続けてきた．
初めの観測者にあきらかであったことは，今日でも簡単に観測できる（少なく
とも都市の外では）．太陽，月，および惑星はすべて，黄道（ecliptic）と呼ばれる
空の狭い帯にそって運動する．それは，太陽の赤道を含む面である．恒星に対
する太陽の見かけの位置は，徐々に変化する．冬と夏には，地球は太陽の反対
側にある．地球上の観測者にとって，太陽は，1 年周期できわめて規則的に，
異なる恒星を背景として現れる．これらの背景は，特定の星のグループと関連
づけられる．それらは，黄道十二星座（constellations）と呼ばれ，古代に占星学
を生むことになった．惑星も，空の同じ帯を通り，恒星の背景を変えていく．
惑星はすべて同じ方向に進むが，その見かけの速度は太陽をまわるときの位置
によって異なる．これらの基本的な観測は，夜空をいつも観測する人にはあき
らかであり，太陽と惑星が同じ面上にあることを示す．したがって，古代から
惑星と太陽は互いに結びついていると直感的に考えられてきた．惑星は太陽の
まわりをてんでばらばらな向きにまわっているのではない．すべての惑星が，
同じ面上を，同じ方向にまわっている．さらに，その方向は，太陽の自転の向
きと一致している．そのため，**惑星**（planet）という語は，面（plane）と関係がある．

　太陽系（solar system）には，他にもめだった規則性がある．第 2 章で述べた方
法を用いて，天文学者は太陽からそれぞれの惑星までの距離を決めることがで
きた（表 5-1）．火星と木星の間にある**小惑星帯**（asteroid belt）を崩壊した惑星と
見なすと，惑星の間隔には，顕著な規則性がある．隣りあう惑星の軌道の大き
さは，ほぼ 1.7 倍ずつ増加する．これは，発見者にちなんで，ボーデの法則と
呼ばれる（図 5-1）．

　また，**内惑星**（inner planets）と**外惑星**（outer planets）には，はっきりとした違
いがある．水星（Mercury），金星（Venus），地球（Earth），および火星（Mars）は，
すべて小さい．木星（Jupiter），土星（Saturn），天王星（Uranus），および海王星

表 5-1　太陽系惑星の特徴

惑星	軌道半径 （au）	公転周期（y）	公転軌道の 傾き（°）	公転軌道の 離心率	自転周期 （d）*
水星	0.39	0.24	7.00	0.206	58.64
金星	0.72	0.62	3.40	0.007	− 243.02
地球	1.00	1.00	0.00	0.017	1.00
火星	1.52	1.88	1.90	0.093	1.03
小惑星ケレス	2.74	4.60	10.60	0.080	0.40
木星	5.20	11.86	1.30	0.048	0.41
土星	9.54	29.46	2.50	0.054	0.43
天王星	19.22	84.01	0.80	0.047	− 0.72
海王星	30.06	164.80	1.80	0.009	0.67

*負の値は，自転の向きが他の惑星と逆向きであることを示す．

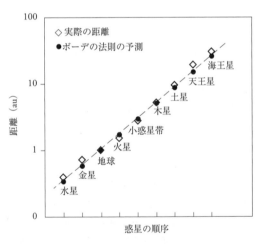

図 5-1：惑星の間隔と太陽からの距離の規則性を示す図．各惑星は，そのすぐ内側の惑星から太陽までの距離の約 1.7 倍の位置にある．この規則性は，ボーデの法則として知られている．au は天文単位．

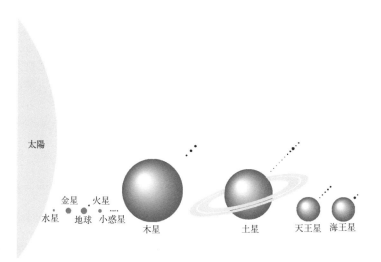

図 5-2：惑星のおよその相対サイズを示す図．惑星は，太陽からこの図の順に並んでいる．
相対サイズは正しいが，距離は実際の値に対応していない．

（Neptune）は，巨大である．したがって，惑星は，2 つの組織化されたグルー
プに分けられる（図 5-2）．

　太陽系のあきらかな組織は，18 世紀にカントとラプラスの星雲説を生み出
した．彼らは，惑星と太陽がひとつの回転する平らな雲から形成されたと提案
した．惑星の自転と黄道の存在は，もとの雲の平面および自転と一致している．
もし，公転軌道ででたらめで，大きな惑星と小さな惑星がランダムに分布して
いたら，惑星がどこか他の場所でつくられて，その後，太陽の引力に捕捉され
たというような別の説明が成り立つかもしれない．カント－ラプラスのモデル
は，数世紀にわたり激しく攻撃されたが，彼らの基本的なアイディアは，現代
の詳細で定量的な太陽系形成モデルに保持されている．

惑星の重要な統計

　惑星の起源を理解するためには，惑星の物理的および化学的特性の情報が欠かせない．私たちは地球の特性を決定するさまざまな方法を持っているが，他の惑星の特性を決定することはもっと難しい．試料および表面での直接測定は，月と火星に限られている．しかし，多くの惑星をめぐる人工衛星からの測定は，基本的な天体観測と結びつけられ，多くの情報を提供する．

惑星の質量

　惑星の質量は，惑星がその衛星，他の惑星，および地球から送られた宇宙探査機の軌道におよぼす重力の効果から決定される（表5-2）．第一の方法は，ドイツの天文学者・数学者であったヨハネス・ケプラーが，1600年代初めに確立した．ケプラーの法則（Kepler's Laws）は，後にニュートンによって，重力定数 G を用いて説明された．ニュートンの法則（Newton's laws）を用いると，惑星とその衛星の間の距離 (R)，惑星をまわる衛星の速度 (V)，惑星の質量 (M_p)，および重力定数の間の簡単な関係が導かれる．その式は次のようである．

$$M_p = \frac{RV^2}{G} \tag{5-1}$$

　式5-1において，右辺に含まれる軌道速度は，周回する物体の質量には依存しないことに注意しよう．惑星から同じ距離にあるすべての物体は，同じ速度で公転する．このため，宇宙飛行士は，宇宙船から外に出るときも，レンチを離してしまったときも，心配する必要はない．1811年に G の値が正確に測定された後は，衛星が惑星を1周するのに要する時間と，衛星と惑星中心との間の距離を測るだけで，惑星の質量が決められるようになった．

　衛星を持たない惑星（水星と金星）では，質量はより洗練された手法で計算される．それぞれの惑星の軌道は，近くの惑星からの重力によって影響を受ける．その摂動を注意深く観測することにより，水星と金星の質量が求められた．

　表5-2からわかるように，惑星の質量は，太陽から遠ざかるにつれて，大

表5-2　太陽系惑星の物理的特性

惑星	赤道半径 (10^8 cm)	体積 (10^{26} cm³)	質量 (10^{27} g)	密度 (g/cm³)	補正密度* (g/cm³)	衛星の数	大気の主成分
水星	2.44	0.61	0.33	5.43	5.40	—	微量
金星	6.05	9.29	4.87	5.24	4.30	—	CO_2, N_2
地球	6.38	10.83	5.97	5.52	4.20	1	N_2, O_2
火星	3.38	1.63	0.64	3.93	3.70	2	CO_2, N_2
木星	71.49	14,313	1,898.6	1.34	< 1.30	63	H_2, He
土星	60.26	8,271	568.4	0.69	< 0.69	61	H_2, He
天王星	25.56	683	87.0	1.28	< 1.28	27	H_2, He
海王星	24.76	625	102.4	1.64	< 1.64	13	H_2, He

*1 気圧に補正した密度．外惑星については，最大値のみが知られている．

きく増加する．太陽に最も近い水星は，質量が最も小さい．金星，地球，および火星はより大きい（しかし，地球は火星より10倍も重いことに注意）．次に，巨大惑星である木星と土星へのきわめて大きなジャンプがある．天王星と海王星は，やや小さいが，4つの内惑星に比べればはるかに大きい．したがって，惑星を形成した過程は，惑星のサイズに大きな差を生じた．サイズの変化は，太陽からの距離の直線的な関数ではない．そうではなくて，明確な境界がある．内惑星の質量は6×10^{27} g未満であり，外惑星の質量は87×10^{27} g以上である（表5-2）．

　太陽系に見られるこれらの一次的規則性は，惑星が同時に形成されたことを強く示唆するが，どのように惑星が形成されたかについては，まったく情報を与えない．より深い理解は，惑星の化学組成の発見によって得られた．

惑星の密度

　惑星の密度（表5-2）は，惑星の質量を体積で割って求められる．第4章で学んだように，物体の密度は，その物体を構成する元素について多くの情報を与える．一般に，原子番号の高い元素は，原子番号の低い元素よりも密度が高い．よって，惑星の密度は，惑星の組成について多くを教えてくれる．

　しかし，密度を組成に結びつける前に，ひとつやっかいな問題がある．密度

は，圧力にも依存する．物質が圧縮されると，構成元素はより密に詰め込まれ，密度が増加する．高圧の物質の密度を知るためには，注意深い実験が必要である．例えば，実験によれば，金属鉄の密度は地表では 7.9 g/cm³ であるが，地球の中心では 9.8 g/cm³ である．惑星の密度から組成を考えるためには，すべての物質が同じ圧力にあるときの惑星の密度を知らねばならない．圧力の選択は任意であるので，私たちは地球表面の 1 気圧を選び，それを非圧縮密度 (uncompressed density) と呼ぶ．圧縮は常に密度を増加させるので，非圧縮密度は常に実際の惑星の密度より低い．この補正は，内惑星ではうまくいくが，外惑星では正確ではない．なぜなら，私たちは外惑星の内部の超高圧における氷の密度を知らないからである．しかし，私たちは，表 5-2 に示されているように，非圧縮密度は観察される密度より低いことを知っている．

　非圧縮密度から，惑星の原子に含まれる核子の平均数を推定できるが，その平均数を実現する元素の組み合わせには多くの可能性がある．正しい元素の組み合わせを決定するためには，別の情報を用いねばならない．これは，誕生日のプレゼントの箱を開けようとする人が直面するのと同じ問題である．箱の重さから，多くの可能性を除くことができる．もし，箱がサイズに比べて非常に重ければ，それは本か宝石だろう．サイズに比べて非常に軽ければ，セーターか，あるいはティッシュペーパーの大きな箱に入ったとても小さなプレゼントかもしれない．重さは示唆を与えるが，多くの選択肢を残したままにする！

惑星の組成

　惑星組成のもうひとつの手がかりは，恒星内原子核合成と，星間雲の組成についての知識から得られる．第 3 章で学んだように，水素 (H)，ヘリウム (He)，アルファ粒子核種（炭素 (C)，酸素 (O)，ネオン (Ne)，マグネシウム (Mg)，ケイ素 (Si)），および鉄 (Fe) は，他の元素よりはるかに多量に合成された．太陽のスペクトルから，これらの元素は太陽にも最も豊富に存在することがわかる．太陽と惑星の原料となった星間雲のガスと塵でも同様だろう．惑星の候補分子は，大部分がこれらの元素からできていると考えられる．実際，これらの分子は，星間雲にも観測される．候補となる分子は，3 つのグループに分けられる．

表 5-3　惑星をつくる物質の密度と融点

物質	原子あたりの核子数	密度 (g/cm³)	融点 (℃)
CH₄	3.2	0.42	− 182.5
NH₃	4.2	0.7	− 78
H₂O	6	1.0	0
SiO₂	20	2.7	1,710
Mg₂SiO₄	20	3.2	1,200
Fe	56	7.9	1,540

それは，氷，酸化物，および金属である．それらは，大きく異なる密度と揮発性を持つ（表 5-3）．では，惑星は，何からできているのか？　非圧縮密度が 1.7 未満（表 5-2 参照）である外惑星の密度と一致するためには，氷が支配的でなければならない．一方，内惑星は，酸化物より高い補正密度を持つので，酸化物と金属の混合物であるに違いない．

　表 5-3 に与えられた融点を調べると，外惑星の主成分である軽い分子は揮発性が高いことがわかる．これらの軽い分子が氷として凝結するためには，温度は非常に低くなければならない．一方，内惑星をつくる物質は，高温でも固体のままである．このことから，太陽系星雲はきわめて大きな温度範囲を持っていたという，簡単なアイディアが導かれた．

　太陽の近くでは，温度は高く，酸化物と金属が唯一の固体物質であり，それらが集積して惑星をつくった．揮発性物質は，すべてガスであった．初期の**微惑星**（planetesimals，惑星の小さな前駆体）は，重力が小さいため，揮発性物質を保持できなかった．太陽から離れた場所では，温度はずっと低かった．したがって，ケイ酸塩や金属と同じように，氷も固体であり，集積して惑星を形成した．炭素，水素，および酸素は，金属や酸化物をつくる重い元素より 10 倍以上も豊富にあったので，氷ははるかに多量に存在した（図 3-1 参照）．そのため，外惑星は，酸化物と金属の分け前に加えて，膨大な質量の氷を得た．また，大きな質量ゆえに，大量の大気を保持した．その結果，巨大なサイズで低密度となった．

　揮発性の差に基づくこれらの考察は，内惑星と外惑星の一次的な差を説明できる．惑星は，固体物質からつくられる．太陽の近くでは，温度が高かったた

め，最も難揮発性の元素のみが固体であった．太陽から遠く離れたところで
は，太陽系星雲は冷たく，ほとんどの元素が固体であった．異なる温度で，す
べての固体のみを吸い上げる掃除機を想像してみよう．1,000℃では，すべて
の木，紙，プラスチック，および生物は，燃えてガスとなる．吸い込まれる固
体物質は岩石と金属だけであり，それらは高密度で小さなゴミの山をつくる．
私たちが生きているふつうの温度では，掃除機は，岩石や金属だけでなく，木,
プラスチック，紙，ネズミ，虫，および人までも吸引し，もっと大きく低密度
の山をつくる．さらに低温では，空気中の水（H_2O）が凝結し，氷が山に加え
られ，山はより大きくより低密度になる．そして，さらに低温では，二酸化炭
素（CO_2），酸素（O_2），および窒素（N_2）も固体となり，山をさらに大きく低
密度にする．揮発性は，何が集積されるかを決める重要な因子である．

● 隕石からの証拠

　揮発性の差は内惑星と外惑星の全般的な違いを説明できるが，私たちは組成
の差についてもっと情報を得たいと思う．ひとつのアプローチは，私たち自身
の惑星，地球の岩石を調べることである．地球表面の岩石の密度は，2.7〜
3.0 g/cm^3 の間にあり，すべての内惑星の非圧縮密度よりかなり低い（例えば,
地球の非圧縮密度は 4.2 g/cm^3 である）．内惑星の高密度は，岩石よりも高密度な
物質が惑星内部に存在することを意味する．

　惑星内部に対するさらなる束縛条件は，空から降ってくる**隕石**（meteorites）
の組成から得られる．ほとんどの隕石は，小惑星が互いに衝突して生じた破片
である．小惑星はばらばらになるので，隕石は表面と内部からの両方の破片を
含む．加えて，ごくまれな隕石は，月の表面から吹き飛ばされた岩石の大きな
塊である．また，1 個か 2 個の隕石は，小惑星帯からの大きな天体の衝突によっ
て火星表面から吹き飛ばされた岩石であると信じられている．隕石は，惑星内
部と火星表面の組成について，貴重な情報を与える．

　私たちの隕石コレクションは，火の玉となって大気圏を降下するのを人が見
た物体だけでなく，南極の氷床からも集められた．白い氷は，黒い隕石を表面
に集める．隕石は，長いあいだ氷によって運ばれる．ある場所では，風が雪を

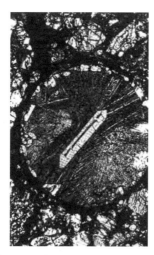

図 5-3：コンドライト隕石のコンドルール．Tieschits H-3 コンドルール．Martin Prinz, American Museum of Natural History の好意による．

吹き飛ばし，雪として降るよりも多くの物質が蒸発する．氷に含まれる隕石は，表面に残される．それは，砂漠で強風により砂が吹きはらわれて，小石が残るようである．最近 10 年間に，アメリカと日本の科学者の南極観測によって，数千個の隕石が収集された．

　隕石の 2 つの決定的な特徴が，初期太陽系についての私たちの理解を進歩させた．第一に，隕石は私たちが直接測定できる最も古い物体であり，その年齢は地球の年齢と一致する．第二に，隕石のおよそ 80％ は，どのようにしてか惑星に集積されなかった太陽系星雲の固体の破片であると考えられる．それらは，私たちに原始太陽系の物質を与える．

　この主張に対する証拠は，隕石の年齢だけでなく，地球の岩石には決して見られない特有の岩石組織から得られる．その特徴は，**コンドルール**（chondrules）と呼ばれるミリメートルサイズの球の存在である（図 5-3）．コンドルールは，隕石にのみ見られる．

　この小球は，大きな注目を集めてきた．コンドルールは，普遍的に存在する．

それらは，一度融けた岩石の小滴が宇宙空間で凝結したものである．ある人は，小滴は熱い星雲ガスが冷えるとき，雨滴のようにつくられたと考えている．また，ある人は，星雲塵の破片が融点を越えて熱せられたときにつくられたと考えている．しかし，惑星内部でこの小球をつくる合理的な方法は，考えられない．それは，宇宙の超低圧力においてつくられると考えられる．コンドルールを含む隕石は，地球や月と同じくらいに古く，太陽と同じ組成を持つ．論理的な結論は，それらが太陽系の初期の時代から変わらずに残ったというものである．コンドルールを含む隕石は，**コンドライト**（chondrites）と呼ばれ，太陽系星雲でつくられた物質を私たちに提供する．

コンドルールは，かつて液体であったので，岩石や金属が融解する 1,100℃以上の高温で形成された．しかし，コンドルールの間の石基は，コンドライトの種類によって，かなり異なる温度条件でつくられたと考えられる．そのため，異なる種類のコンドライトは，異なる量の揮発性物質を含む．特に重要な種類は，炭素濃度の高い**炭素質コンドライト**（carbonaceous chondrites）である．この隕石では，コンドルールは，100℃以下でのみ安定である鉱物と共存している．それは，高温と低温の２つの環境でつくられた物質が，後にひとつに集められたものである．

炭素質コンドライトが原始的な特徴を示すさらなる証拠は，その難揮発性元素の組成が太陽とよく似ていることである．炭素質コンドライトと太陽の化学組成を図 5-4 に比べて示す．この図に含まれるのは，揮発性が高くない元素のみである（すなわち，水素，ヘリウム，および希ガス元素などは含まれない）．この図に見られる一致は，恒星のスペクトルによる化学分析に信頼を与える．また，炭素質コンドライトが，太陽系の低揮発性元素の化学的にかたよりがない試料であるという結論を強固にする．したがって，これらの岩石破片は，実際に集積して惑星を形成した成分の化学情報を運んでいるだろう．

この組成の特徴は何だろうか？　最も目を引くのは，３つの金属性元素，ケイ素，鉄，およびマグネシウムの優勢である．表 5-4 にまとめたように，これらの元素は普通コンドライトに存在する金属性元素の 91％を占める．アルミニウム（Al），カルシウム（Ca），ニッケル（Ni），およびナトリウム（Na）の4元素は，少量の第2グループを形成する．他の6元素が，さらに微量の第3

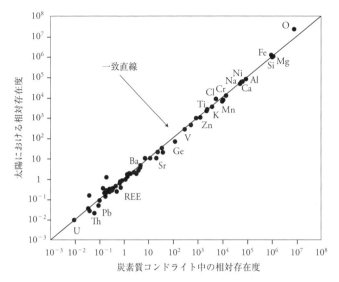

図 5-4：太陽大気と炭素質コンドライトにおける低および中揮発性元素の相対存在度の比較.
ケイ素原子 10^6 個に対する相対値. これらの元素（水素，炭素，窒素，および希ガスのような揮発性元素を除く）に関して，炭素質コンドライトは全太陽系物質の化学的にかたよりのない試料である. (Data from Anders and Grevesse, Geochim. Cosmochim. Acta 53 (1989): 197–214, and Anders and Ebihara, Geochim. Cosmochim. Acta 46 (Nov. 1982): 2363–80).

グループを形成する. これらすべての元素は酸素と結合して鉱物をつくるので，酸素もまた最も豊富な元素である. これらの元素は，内惑星の組成の大部分を占めるに違いない.

　また，コンドライトは，内惑星が高密度である原因についての重要な手がかりも含む. 顕微鏡観察によれば，コンドルールは，ケイ酸塩鉱物のかんらん石と輝石，硫化物，および金属鉄から成る. かんらん石と輝石は，酸化鉄の形で鉄を含む. 硫化物は，硫黄 (S) と結合した鉄を含む. したがって，太陽系星雲の鉄は，金属，酸化物（ケイ素およびマグネシウムの酸化物と結合し，ケイ酸塩鉱物を形成する），および硫化物の 3 つの異なる形で存在したことがあきらかである. 金属鉄の密度は 7.9 であり，ケイ酸塩鉱物の密度はほぼ 3 である. 異なる

表 5-4 コンドライト隕石における金属性元素の存在度

元素	金属性元素内の百分率（%）
マグネシウム (Mg)	32
ケイ素 (Si)	33
鉄 (Fe)	26
アルミニウム (Al)	2.2
カルシウム (Ca)	2.2
ニッケル (Ni)	1.6
ナトリウム (Na)	1.3
クロム (Cr)	0.40
カリウム (K)	0.25
マンガン (Mn)	0.20
リン (P)	0.19
チタン (Ti)	0.12
コバルト (Co)	0.10

形の鉄をさまざまな割合で含むことで，大きく異なる密度差が生じうる．

　岩石と金属の両方の重要性は，**エイコンドライト** (achondrites) あるいは「分化された隕石」と呼ばれる，コンドルールを含まない隕石の研究によって確かめられる．これらの隕石のひとつは，玄武岩質エイコンドライトであり，あきらかに初期太陽系の惑星様天体の内部で融解と加工を受けた溶岩である．これらの岩石は，地球で噴出される火山岩にかなり似ている．エイコンドライト隕石の他のグループは，金属鉄でできている．切断して研磨すると，鉄－ニッケル合金の交互の帯から成る美しい六角形パターンが現れる（図 5-5）．それは，地球で見られる，あるいは製造されるどんなものにも似ていない．冶金学者によれば，このパターンは鉄とニッケルの合金がごくゆっくりと冷却されたときに生ずるが，実験室でそれを再現することは不可能である．そのようなゆっくりとした冷却は，微惑星の内部深く，金属コアが厚い岩石の断熱材で覆われているところで起こると推定される．

　2 つの異なるグループに属するケイ酸塩エイコンドライトと鉄隕石が，ひとつの隕石に集められたとしたら，コンドライトと同じ組成ができあがる．実際，コンドライトから磁石で金属を取りのぞけば，分化された隕石の 2 つの主要なグループの組成を再現できるだろう．その一方はほとんど鉄でできており，

図 5-5：鉄−ニッケル合金の特徴的な帯（Widmanstätten pattern と呼ばれる）を示す鉄隕石の研磨断面. このようなパターンは，隕石にのみ見られ，原始微惑星のコアにおけるごくゆっくりとした冷却により生じた. (Photo courtesy of Harvard Museum of Natural History).

もう一方はケイ酸塩鉱物でできている.

　以上の観察を総合すると，かなり簡単なシナリオが示唆される. 金属質およびケイ酸塩質のエイコンドライトは，コンドライトの融解によりつくられた. 液体の鉄と液体のケイ酸塩は混合しないので（油と水のように），より重い金属は下方に分離し，より軽いケイ酸塩は上に浮く. その結果，分化した惑星様天体は，金属のコアとケイ酸塩のマントルを持つ. このような天体が破壊されると，エイコンドライト隕石が生じる.

　ケイ酸塩と金属の実際の比率は，鉄の 3 つの安定な化学種（金属鉄，酸化鉄，および硫化鉄）の割合に依存する. 鉄の化学種の割合は，利用できるケイ素，マグネシウム，酸素，および硫黄の量に依存する. 酸素は，まずケイ素およびマグネシウムと結合する. 利用できる硫黄は比較的少ないが，鉄と結合し，硫化鉄を生ずる. もし酸素が残っていれば，鉄と結合し，FeO を生ずる. 残りの鉄は，金属鉄となる. したがって，酸素量の勾配が，コンドライトの硫化鉄および金属鉄に対する酸化鉄の割合を決定する. このようにして，太陽系の過程は，ケイ酸塩と金属に固定される鉄の割合によって，わずかに異なる密度を持

つ惑星を形成しうる.

これらの手がかりを用いて，内惑星の相対密度を解釈することができる．内惑星の密度が地上で見られるケイ酸塩岩石よりも高いのは，金属が分離し，惑星内部のコアを形成したからである．水星は，内惑星のうちで最も密度が高く，最大のコアを持つと考えられる．火星は，最も密度が低く，最も小さなコアを持つだろう．このシナリオは，多くの重要な観察，すなわちコンドライトおよびエイコンドライト隕石の組成，ならびにそれらの組成と4つの内惑星の組成との関係に対して，第一近似の説明を与える.

● 太陽系形成のシナリオ

以上のさまざまな証拠は，星間雲にある発生期の惑星系の詳細な観測，およびコンピューターパワーの強化のおかげで改良されたモデルと合わさって，太陽系の初期の歴史について全体的なシナリオを与える（図5-6）.

原始惑星系円盤の中心に向かって物質が収縮すると，重力エネルギーが熱に変わり，円盤は加熱された．その結果，放射状の温度分布が生じ，未来の恒星の近くでは，遠く離れたところに比べて，物質がより熱くなった．最新の推定によれば，原始太陽系の温度は，地球の位置で 1,000 K を超え，木星から土星の位置で 200〜100 K である．地球のあたりの高温では，揮発性物質は固体とならず，ケイ酸塩鉱物と金属が塵をつくる．太陽から遠いところでは，温度が十分に低く，揮発性物質が氷として凝結する．これら2つの材料は，太陽のまわりの温度分布によって支配される「雪線」によって分けられる.

円盤内の固体粒子は，次に互いに集積し，小さな固体物体を形成した（そのごくわずかな部分はそのまま残り，太陽系の歴史のずっと後に隕石や彗星となった）．数万年のうちに，おそらく 1〜10 km くらいの大きさのさまざまな固体天体が現れた．これらの小さな集積物は，**微惑星**（planetesimals）と呼ばれる．微惑星は，すべて太陽のまわりを同じ方向に公転しながら，おだやかな衝突を繰り返し，より大きな天体を形成した．最も大きな天体は十分に大きな重力を持ち，小さな天体を引き寄せるので，さらなる成長はもはや偶然の衝突だけに依存しない．衝突は次第にエネルギーを増し，天体の成長が加速され，やがて**原始惑星**

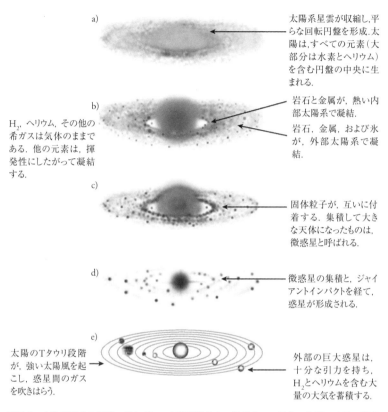

図 5-6：太陽系形成の図解．塵とガスの初期星雲から，星雲中での固体の集積，惑星の形成を経て，惑星間残存ガスの放出に至る．Lifengastronomy web (ligfeng.lamost.org) を一部修正．

（protoplanets）が形成される．それらは互いに合体し，ついには惑星となる．太陽系形成の次の段階は，原始惑星どうしのジャイアントインパクトによって特徴づけられる．第 8 章で学ぶように，ジャイアントインパクトは，地球に広範な影響をおよぼした．

初期太陽系の外縁部では，低温のため多くの揮発性物質が固体となり，固体物質の量が多くなった．そのため，外部太陽系の原始惑星は，現在の地球よりももっと大きかった．これらの天体は，非常に強い重力場を持ち，大量の気体大気を引きつけて保持した．木星は，鉄やケイ酸塩鉱物を含まないのだろうか？　決してそうではない．木星は，巨大な円周と重力のため，実際に地球よりも多くのケイ酸塩と金属を集積した．木星のケイ酸塩と金属の質量は，地球の質量の30倍と推定されている．この巨大惑星は，大量の氷，水素，ヘリウムをも集積し，全質量は地球のおよそ300倍だが，低密度となった．同じ出来事が，他の外惑星でも起こった．

初期の太陽系は，たいへん混みあっていた．内部太陽系には，数十の原始惑星，さらに多くの微惑星，そしてさらに膨大な数の**彗星**（comets，軌道の摂動を受け，太陽系外縁部からやって来た氷の微惑星）が存在した．微惑星の小さな衝突と原始惑星の大きな衝突が繰り返され，最終的にひとつの「勝者」である惑星が残った．もちろん，彗星と小惑星の少数の衝突はその後も続き，今に至っている．

2つの内惑星が最後に巨大衝突を受けた証拠がある．第8章で詳細に見るように，太陽系形成の後期における，火星サイズの天体（地球質量のおよそ10分の1）と原始地球との衝突が，月を誕生させた．なぜ月はコアを持たず，地球のマントルとよく似た組成であるのか，またなぜ地球のサイズに比べて月は大きいのかという問題は，衝突モデルによってうまく説明できる．水星も，後期のジャイアントインパクトを経験したようである．地球の衝突はかすめたものであったため，月を生じた．一方，水星の衝突は正面であったため，ケイ酸塩マントルの多くを宇宙に飛び散らし，水星の大きなコアと高密度の原因となった．

太陽系形成についての初期のシナリオには，次の2つの問題があった．

(1) 太陽系の最も奇妙な特徴は，角運動量の分布である．スピンするフィギアスケーターが腕をたたむと回転速度を増すように，太陽系星雲の中心への収縮は，多くの角運動量を中心に伝達し，太陽の回転速度を増したはずである．中心から離れて存在する惑星は，ゆっくり公転す

るはずである．しかし，太陽は，太陽系の質量の 99.9％以上を占める
るが，全角運動量の 2.0％を持つに過ぎない．どうして太陽はゆっく
りと自転するのだろうか？

(2) 見かけは無関係である第二の問題は，惑星を形成した固体の塵の量は，
気体の質量の 0.2〜2.0％に過ぎないことである．水素とヘリウムは，
圧倒的に豊富な元素であったが，固体にはならなかった．惑星の間の
空間は，現在では空っぽである．太陽系星雲の主成分であった最も豊
富な元素に何が起こったのか？

これら 2 つの問題に対するありそうな解答は，初期の恒星を実際に観測す
ることにより得られた．小さな恒星の最初期には，ヘリウムをつくる水素燃焼が
始まる前に，強烈な風が放たれ，周囲のガスや塵を吹きはらう．この効果は，
初めて発見された星にちなんで，T タウリ（T-Tauri）と名付けられた．それは，
初期の太陽から多量の質量を放出しただろう．フィギアスケーターが腕を広げ
てスピンを止めるように，太陽から外部への物質の移動は，太陽の自転を減速
した．T タウリの風は，微惑星に取り込まれずに残っていたガスと塵を，ごく
短期間のうちに吹きはらった．その結果，太陽系にはガスのない空間と，ゆっ
くり自転する太陽をめぐる原始惑星が残った．このアイディアは，さまざまな
形成段階の惑星系があるオリオン星雲（図 5-0 参照）のような恒星の苗床をもっ
と詳しく観測することにより，検証されるだろう．

この節を「シナリオ」と名付けたのは，惑星系形成の理解は難しく，太陽系
の形成は 45 億年も前に起こったことだからである．隕石の記録は，不完全で
ある．私たちは，他の惑星の試料をほんの少ししか持っていない．彗星のデー
タも少ない．そして，そのような複雑な過程のモデルには，かなりの簡略化と
仮定が必要である．太陽系形成についての新しいアイディアは，多数の微惑星
を含み，ますます複雑化するモデルから得られている．それによれば，太陽系
の初期において，惑星は決まった安定した軌道に形成されたのではなく，太陽
に近づいたり，太陽から遠ざかったりした．とりわけ外惑星は，太陽系の初期
において，太陽から遠ざかったと推定されている．他のモデルでは，巨大惑星
が太陽に近づき重力混乱を引きおこした可能性が示されている．宇宙望遠鏡が

他の恒星をめぐる惑星や惑星系を新しく発見していることは，私たちを元気づける．最初に発見された惑星は，すべて木星のように巨大なものであったが，最近はより小さな惑星も発見されている（第21章参照）．これらの新発見は，銀河系の他の場所で形成されつつある，さまざまな形成段階の惑星系の例を私たちに与える．新しい束縛条件は，数十億年前の出来事の推論からではなく，他の太陽系の直接観測から得られるだろう．モデルと観測の相互作用が，近い将来に大きな発展をもたらすだろう．

● 地球型惑星の化学組成を理解する

ここで，内惑星の組成とその原因をもっと詳しく理解しよう．表5-5の元素のリストを原子番号が増える順に見ていくと，内惑星の組成がかなり少数の元素に支配されていることがわかる．

表の最初の元素は，水素である．水素の大部分は，気体の水素分子（H_2）を生成し，残りは炭素（CH_4，HCN），窒素（NH_3），および酸素（H_2O）と気体分子を生成する．地球と他の地球型惑星は，これらの分子が固体ではない場所で集積した．これらの揮発性分子は，後に，外部太陽系で形成された天体の衝突によりもたらされた．そのため，水素は少ない．

ヘリウムは，気体としてのみ存在し，きわめて軽いので，現在でも地球大気の上部から失われている．今日，私たちが見るごく微量のヘリウムは，主にウラン（U）およびトリウム（Th）の放射性崩壊によって生じたものである．

次の3つの元素，リチウム（Li），ベリリウム（Be），ホウ素（B）は，恒星内原子核合成でごくわずかしかつくられない．それらは，宇宙全体での存在度が低いため，惑星の主要成分にはならない．

炭素（C）と窒素（N）は，多量の水素を含む惑星雲において，メタン（CH_4），アンモニア（NH_3），一酸化炭素（CO）のような気体分子を生成し，集積されなかった．

酸素は，水素と結合し，またさまざまな金属とより強く結合する．星雲には，酸素と結合するすべての金属の合計量の5倍もの酸素が存在した．酸素の大部分は水素および炭素と結合したが，ほとんどの金属と結合し，酸化物を生成す

表 5-5　最初の 28 元素の相対存在度，および地球型惑星形成時の状態と運命

原子番号	元素	太陽における相対存在度*	固体	気体	運命**	コンドライト中の相対存在度
1	水素	40,000,000,000		H_2	(1)	—
2	ヘリウム	3,000,000,000		He	(1)	微量
3	リチウム	60	Li_2O		(3)	50
4	ベリリウム	1	BeO		(3)	1
5	ホウ素	43	B_2O_3		(2)	6
6	炭素	15,000,000		CH_4	(1)	2,000
7	窒素	4,900,000		NH_3	(1)	50,000
8	酸素	18,000,000		H_2O***	(2)	3,700,000
9	フッ素	2,800		HF	(1)	700
10	ネオン	7,600,000		Ne	(1)	微量
11	ナトリウム	67,000	Na_2O		(2)	46,000
12	マグネシウム	1,200,000	MgO		(3)	940,000
13	アルミニウム	100,000	Al_2O_3		(3)	60,000
14	ケイ素	1,000,000	SiO_2		(3)	1,000,000
15	リン	15,000	P_2O_5		(3)	13,000
16	硫黄	580,000	FeS	H_2S	(2)	110,000
17	塩素	8,900		HCl	(1)	700
18	アルゴン	50,000		Ar	(1)	微量
19	カリウム	4,400	K_2O		(2)	3,500
20	カルシウム	73,000	CaO		(3)	49,000
21	スカンジウム	41	Sc_2O_3		(3)	30
22	チタン	3,200	TiO_2		(3)	2,600
23	バナジウム	310	VO_2		(3)	200
24	クロム	15,000	Cr_2O_3		(3)	13,000
25	マンガン	11,000	MnO		(3)	9,300
26	鉄	1,000,000	FeO, FeS, Fe		(3)	690,000
27	コバルト	2,700	CoO		(3)	2,200
28	ニッケル	58,000	NiO		(3)	49,000

*Si 原子 1,000,000 個に規格化.
**(1) 高揮発性. 大部分が失われた. (2) 中くらいの揮発性. 部分的に捕捉された. (3) 低揮発性. 大部分が捕捉された.
***および金属の酸化物.

るのに十分な量の酸素があった．金属の大部分が酸素と結合したので，酸素は固体中の存在度が高く，惑星の主成分となった．

表5-5において，酸素の次にはフッ素（F）とネオン（Ne）がある．フッ素は，揮発性で，水素と結合しフッ化水素（HF）を生成する傾向が強い．HF分子も，内部太陽系の条件では揮発性である．ネオンは，ヘリウムと同じく希ガスで，常に気体に残り，集積されなかった．

したがって，最初の10元素のうち，6元素は気体を生成し，ほとんどが失われた．3元素は，宇宙存在度が低く，重要ではなかった．酸素だけが，十分な存在度を持ち，固体を生成しやすく，地球型惑星の主成分となった．

次の5元素は，すべて金属性であり，酸素と結合することを好む．そのうち4元素（マグネシウム，アルミニウム，ケイ素，リン）は固体であるが，ナトリウムはやや揮発性であり，存在度が低くなった．ケイ素とマグネシウムは，恒星でより多く生産されるアルファ粒子核種であるため，ナトリウム，アルミニウム，およびリン（P）よりも存在度が高い．二酸化ケイ素（SiO_2）と酸化マグネシウム（MgO）は，惑星の主成分である．

次の元素は，硫黄である．それは酸素と似ている．硫黄は，硫化水素（H_2S）の気体分子を生成するとともに，鉄と結合して固体の硫化鉄（FeS）を生ずる．隕石の証拠によれば，硫黄のかなりの割合が，鉄と結合して捕らえられている．

次の2つの元素，塩素（Cl）とアルゴン（Ar）は，ほとんどが気体として失われた．塩素は揮発性の塩化水素（HCl）を生じ，アルゴンは希ガスである．その次には，より金属的な2つの元素，カリウム（K）とカルシウムがある．カルシウムの酸化物は，難揮発性である．カリウムは，ナトリウムに似てやや揮発性があり，不完全に捕らえられた（カリウムは，存在度は低いが，放射性核種 ^{40}K があるため地球の研究では重要である）．

したがって，二番目の10元素のうち，5元素（マグネシウム，アルミニウム，ケイ素，硫黄，カルシウム）は大部分が捕らえられた．3元素は部分的に捕らえられ，2元素は失われた．捕らえられた5元素のうち，マグネシウムとケイ素は，太陽系星雲においてアルミニウム，カルシウム，硫黄よりも10～20倍豊富であったので，惑星のより大きな割合を占めるようになった．

カルシウムと鉄の間には，原子核合成による元素存在度曲線に大きな低下が

ある（図 3-10 参照）．この間のほとんどの元素は，揮発性が低く，酸素と結合する金属であるが，特に重要となるだけの宇宙存在度を持っていない．対照的に，核の火の最終生成物である鉄の存在度は，近傍の元素から抜きんでており，マグネシウムとケイ素の宇宙存在度に近い．鉄は 3 つの化学形をとるが，どれも難揮発性である．鉄は，マグネシウムとケイ素と同様に，内惑星の主成分のひとつである．

　鉄を越えると，元素の存在度は，陽子数の増加とともに急に低下する．ニッケルだけが，重要となるに足る存在度を持つ．

　これまで見たように，地球型惑星の全体的な元素存在度は，元素の宇宙存在度を決める核物理学，ならびに分子の組成と揮発性を決める無機化学によって支配される．地球のような岩石惑星は，主に（90％以上），ビッグ・フォー（big four）元素である酸素，マグネシウム，ケイ素，および鉄から成る．残りの多くを占める第二グループには，カルシウム，アルミニウム，ニッケル，硫黄が含まれる．

　残りのほとんどの元素の相対存在度は，揮発性に強く影響される．図 5-7 は，普通コンドライトと炭素質コンドライトの元素存在度を比べたものである．後者は，太陽系星雲の外縁部で形成され，揮発性物質をより高い割合で含んでいる．カルシウム，ランタン（La），アルミニウム，イッテルビウム（Yb）のような難揮発性元素の存在度は，両方のタイプの隕石で同じくらいである（すなわち，比が 1 に近い）．揮発性が高くなるにつれて，普通コンドライトにおける元素の存在度は低くなる．

　内惑星の化学組成に関する私たちの知識によれば，すべての内惑星は難揮発性元素の存在度が似ており，炭素質コンドライトに比べて揮発性元素に乏しい．しかし，詳しく見ると，揮発性元素の欠乏の程度は，さまざまである．この変動の指標（プロクシ，proxy）は，きわめて難揮発性のウランに対する，やや揮発性のカリウムの比である．この両元素が特に役に立つのは，地球化学過程で同じようにふるまい，かつガンマ線を発する長寿命の放射性核種を持つからだ．その強力な電磁放射線は，惑星表面に降下する探査機の機器によっても検出できる．金星に着陸した無人の宇宙探査機は，表面の岩石の K/U 比の測定値を地球に送信した．そのデータは，コンドライト隕石，地球，月，および火星か

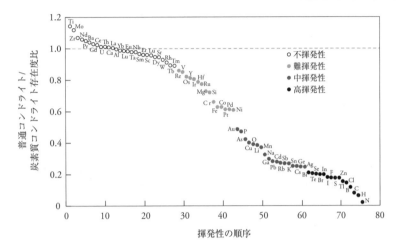

図 5-7：普通コンドライトにおける揮発性元素の欠乏. 揮発性の高い元素は, 普通コンドライトを形成する太陽系過程で少なくなる. 地球型惑星は, さらに揮発性元素に乏しい. (C. J. Allègre personal communication).

ら飛来したと考えられる隕石の直接分析の結果と比較された. その結果 (表 5-6) は, 揮発性元素の欠乏の程度が大きく変動することを示す.

　表 5-6 の天体は, 太陽からの距離が増加する順に並べられている. 太陽から最も離れた場所で形成され, 最も高い比を持つのは, 炭素質コンドライトである. 普通コンドライトでは, カリウムはウランに比べて 10% 欠乏しているに過ぎない. 現在のデータは, 火星ではごくわずかで, 金星では不確かであるが, 3 つの内惑星は, 火星, 地球, 金星の順にカリウムに乏しくなる. この結果は, 太陽に近づくにつれて, 星雲温度が上昇することと調和している. 揮発性元素の欠乏は, 例えば, 地球のナトリウムの質量がカルシウムの約 10% しかない理由を説明できる. しかし, コンドライトでは, ナトリウムとカルシウムの存在度はほぼ等しい (表 5-5). 月は, 例外的にきわめて揮発性元素に乏しい. このことは, 第 8 章で見るように, 月の起源を語る重要な事実である.

　内惑星の組成における最大の不確かさは, 最も揮発性の高い元素の起源にある. 希ガスは太陽系星雲で常に気体であるが, 地球にも少ないが有意な量が存

表 5-6　太陽系の物体におけるカリウム / ウラン比

物体	K/U 比
金星	7,000
地球	12,000
月	2,500
火星	18,000
普通コンドライト	63,000
CI 炭素質コンドライト	70,000

在する．さらに，地球の希ガスの同位体比は，あきらかに太陽風の比と異なっており，気体が直接捕捉されたとは考えにくい．CO_2 は，大気の少量成分であるが，地球全体では水と同じように相当量が存在する．第 9 章で詳しく見るように，CO_2 の大部分は，現在は炭酸塩岩石として存在する．これらの揮発性物質の存在は，生命の進化に必須であり，たいへん興味深い．ひとつの可能性は，彗星の衝突である．また，彗星の尾からの塵も，揮発性物質の収支に寄与したかもしれない．計算によれば，初期太陽系では，膨大な数の彗星が，地球の公転軌道を横切っていた．よって，この仮説は，十分に可能性がある．

　このアイディアの検証は，最近の宇宙探査機による彗星の組成の詳しい研究により可能となった．ひとつの重要な測定は，水素の 2 つの安定同位体，^{2}H（重水素，deuterium）と ^{1}H の比である．^{2}H/^{1}H 比は，「D/H 比」と呼ばれる．これらの 2 つの同位体は，質量が 2 倍も異なるので，化学過程の間に大きく分別される．その結果，太陽系のさまざまな物質の D/H 比は，数十％以上も変動する．もし，彗星が地球の揮発性物質の起源であるならば，彗星は地球と同じ D/H 比を持つはずである．しかし，最初の測定によれば，彗星の比は地球の比と一致しなかった．初期の彗星は，太陽系の他の部分から飛来して，適当な比を持っていたのだろうか？　2011 年の新しい測定は，少なくともひとつの彗星が地球と同じ D/H 比を持つことを示した．新しい観測が，地球の生命に欠かせない揮発性物質の起源について，もっと光を投げかけるだろう．

　元素存在度には，もうひとつ説明の難しい問題がある．それは，地球型惑星の Mg : Si : Fe のような難揮発性元素の比の変動である．なぜ，それらの比は，わずかであるが有意にコンドライト隕石の比と異なるのか？　現在，その変動

の一部は，太陽系形成の後期における大きな原始惑星の衝突の結果であると考えられている．例えば，原始惑星のケイ酸塩マントルが宇宙に飛び散ったとすれば，水星の異常に高い鉄の比をうまく説明できる．しかし，地球の Si/Mg 比も，コンドライトの値とは異なる．これらの元素はどちらも低圧力では完全にケイ酸塩相に入るので，Si/Mg 比の変動は衝突によっては説明できない．現在さかんに検討されているひとつの可能性は，地球内部の超高圧条件では，ケイ素の一部が鉄のコアに溶解するというものである．しかし，この推論は，証明されていない．このように，惑星の集積の概略はよくわかっているが，未解決の問題も多く残っている．

● まとめ

太陽系は，収縮するガス雲から形成された．その環境は，現在，私たちの銀河系の他の場所で観測できるような，新しく恒星や惑星系をつくりつつある星間雲と似ていたと考えられる．したがって，太陽系の形成は，法則にのっとったふつうのことであり，偶然の出来事ではない．内惑星と外惑星の大きな違いは，初期太陽系に存在した異なる温度環境によってうまく説明できる．太陽に近い星雲の高温領域では，金属とケイ酸塩のみから成る固体が凝結し，一方，火星より遠くの低温領域では，窒素，炭素，および水素を含む大量の氷が凝結した．これらの塵は速やかに集積し，微惑星，そして原始惑星を形成した．残ったガスは，おそらく初期太陽の T タウリ段階に，太陽風の暴風によって除かれた．原始惑星と残った微惑星は，衝突を繰り返し，現在の惑星を形成した．内惑星の全体的な組成は，原子核合成の知識，揮発性の差，および次第に詳細になりつつある定量的な太陽系形成モデルに基づいて，よく理解できる．しかし，安定な気候と生命の発展に欠かせない多くの揮発性元素の存在度について，大きな謎が残されている．

参考図書

N. McBride and I. Gilmour, eds. 2004. An Introduction to the Solar System. Cambridge: Cambridge University Press, 2004.

W. K. Hartmann, ed. 2005. Moons and Planets, 5th ed. Pacific Grove, CA: Thomson Brooks/Cole.

第6章

スケジュール

放射性核種によるタイムスケールの定量

図 6-0：褶曲と傾斜不整合（angular unconformities）の地層は，形成に長い地質時間を要する．最も古い地層は，初め水平に堆積した後，埋没し，褶曲した．その後，隆起し，侵食されて，陸地表面をつくった．次に，より新しい地層が堆積した．このような証拠に基づいて，ジェームズ・ハットンは，「初めの痕跡はなく，終わりの見込みもない．」という原理を述べた．写真は，ポルトガルの南西海岸における石炭紀–三畳紀の不整合である．(Reprinted by permission of Filipe Rosas).

　どのような過程を理解するにも，伴う時間の知識が必要である．私たち人間のタイムスケールは百年くらいに限られているため，地球と宇宙のタイムスケールの最初の見積もりは数千年であった．その時間は，人間の経験と想像力にとってはかりしれない長さであると思われた．ニュートンやデカルトのような近代科学の偉人でさえ，地球がつくられたのは紀元前4,000年くらいであると信じていた．しかし，地質学者は，自然の岩石に明白な証拠を見つけ，この考えに疑問を持った．彼らは，現在作用している過程が，観察される岩石と風景の特徴をつくったことに気づいた．しかし，これらの過程はきわめてゆっくりと起こるため，長い時間が必要である．ことによると数十億年もの時間が必要かもしれない．この主張に対して，19世紀の物理学者は，地球の現在の熱流量がそのような長い時間にわたって一定ではありえないという計算に基づいて異議を唱えた．その後，放射能の発見は，地球内部に新しい熱源を与えた．さらに，定量的な年代測定を可能にして，地球の歴史の研究に革命をもたらした．放射性の**親核種**は，固有の半減期で安定な**娘核種**に崩壊する．半減期とは，親核種の半数が崩壊するのに要する時間である．それゆえ，同位体比を測定すれば，年代を限定することができる．ウラン（U），トリウム（Th），カリウム（K），ルビジウム（Rb）のような**長寿命放射性核種**は，太古の出来事の年代測定を可能にした．そして，隕石と地球はすべて約45億6,000万年前につくられたことを示した．現在，いくつかの放射性核種が，**宇宙線**によって大気中でつくられている．これらのうち最も有名なものは，放射性炭素 ^{14}C である． ^{14}C の半減期は5,730年で，ごく最近の出来事の年代測定に使われる．

　また，放射性同位体は，次のような方法でも年代を限定する．

(1) 恒星における元素の生産速度の理論計算と，ウランとトリウムの現在の存在量の測定から，恒星が元素を宇宙へ散布しはじめた年代を計算することができる．この年代は，太陽系の生成よりおよそ100億年前と推定され，ビッグバンから推定される宇宙の年代と調和する．

(2) **消滅放射性核種**は半減期が短いため，その親核種はもはや存在しない．消滅放射性核種は，太陽系の初期の歴史における出来事を限定する．超新星爆発でつくられる放射性アルミニウム ^{26}Al は，半減期100万年

未満である．それは，現在のコンドライト隕石に残っている娘核種マグネシウム同位体比の変動を生ずる．隕石がつくられたときの太陽系星雲における ^{26}Al の存在は，太陽系誕生時に近くで超新星が爆発したことを示す．これは，多数の星がつくられ，爆発している星間雲で，太陽系が形成されたことを示唆する．また，消滅放射性核種は，初期の太陽系において重要な熱源であり，惑星の急速な加熱と分化をうながした．

放射年代測定は，生存可能な惑星としての地球の発展を理解するために欠かせないタイムスケールを与える．私たちはそれを用いて，地球がいつ始まったか，生命がいつ誕生したか，生命が進化した速さ，地球のプレートが動く速さ，そして惑星におけるホモ・サピエンスの存続期間を決定できる．後のすべての章で，放射年代測定によるタイムスケールが利用される．それは，主に爆発する星でつくられた小さな原子核の崩壊生成物を精密に測定することから推論される．地質学的な時間の定量は，惑星の集積から進化した生命までの長い道のりをあきらかにする．

● はじめに

地球が生存可能な惑星へと進化する過程で何が起こったかを知るには，時間軸が必要である．適切なタイムスケールは何だろうか？　千年だろうか，百万年だろうか，あるいは十億年だろうか？　それぞれの出来事が起こった正確な時期はいつだろうか？　それは，どれくらい続いたのか？　さまざまな場所で起こった出来事の順序はどうであったのか？　地球の歴史を解明し私たちの惑星を理解するために不可欠であるそのような疑問は，すべて時間に依存している．

私たちは皆，時間を個人的に経験している．私たちは，物事にかかる時間を認識し，「長い」時間と「短い」時間とは何かという感覚を持っている．私たち個人の経験は，主観的である．ほとんどの大人にとって，子供のころは時間の流れが遅かったように思われるだろう．大人であっても，集中した活動，感動，あるいは強い不快感は，時間を長く感じさせる．一方，太陽，月，惑星，

および恒星の動きによって測定されるような客観的な時間も，私たちにはあきらかである．時間，歴史，祖先についての感覚は，人間である私たちに本来備わっている．先祖の先祖についての言い伝え，および時間の始まりに関するさまざまな創造神話は，ほとんどの文化にとって必須のものである．

　悠々たる数十億年の時間の長さについての現代の認識は，放射性核種による定量的な年代測定に基づいている．その技術が，20世紀後半にようやく完成した．地球の精確な年齢は，1956年に初めて得られた．この年齢は十分に確証されており，私たちの理論評価で10点満点である．しかし，インターネットで「地球の年齢」をちょっと調べてみれば，特にアメリカにおいて，地質年代が数千年に限られていることを人々に納得させるために，たいへんな努力をした集団がいたことがわかる．数千年のタイムスケールは，旧約聖書創世記の「原初の人類」（例えば，アダムの子にカインとアベルができたなど）の節を注意深く読むことで得られる．最も精密な推定は，1640年にジェームズ・アッシャー司教によって公表された．それによれば，世界は紀元前4004年10月23日月曜日の午前9時に始まった．17世紀のほとんどの科学者は，このタイムスケールを信じていた．例えば，初期の偉大な物理学者であり，近代科学の創始者のひとりであるデカルトは，数千年のタイムスケールを支持していた．ニュートンも，同様であった．

　その後，地質学者がこの問題に関わるようになった．18世紀までには，現在陸上にある多くの岩石が水の下でつくられたことが認められた．また，化石に関する新しい研究は，多くの化石が現生の生物種のものではないことを示した．地質学者は，現在，岩石をつくっている過程を観察し，それが古い地層をつくった過程と似ていること，およびとても遅いことを発見した．堆積物は，河川によって運ばれる侵食生成物のゆっくりとした堆積によってつくられる．膨大な厚さの火山溶岩は，何千もの溶岩流からできている．それらのひとつひとつは，人間の歴史で知られている最近の溶岩流と同じである．成層が乱されていなければ，底にある溶岩あるいは堆積物が最も古いので，相対的な時間を決定できる．平坦な地層の下にある褶曲した岩石は，なおいっそう古いに違いない（図6-0，図6-1）．これらの研究に基づいて，ジェームズ・ハットンは，1788年の古典的論文において，地質時間がきわめて長いことを示唆した．「初

図6-1：合衆国西部のグランドキャニオンにおける地質記録の傾斜不整合の有名な例．化石を含まない古い地層は，より若く平らで化石を含む地層の下にある．口絵3も参照．(Geology pictures by Marli Bryant Miller, University of Oregon).

めの痕跡はなく，終わりの見込みもない．」50年後，チャールズ・ライエルは，**斉一説原理**（principle of uniformitarianism）を発表した．それは，現在観測できる過程は，長期間にわたって作用し，私たちが地球上で見るすべての地質学的特徴をつくったというものである．この過程の速度は測定できるので，地球の年齢は数十億年であると推定された．しかし，定量的な年代測定は，不可能な仕事と思われた．

　この主張に反応して，物理学者も地球の年齢の問題を取り上げた．彼らは，地球の高い熱流量から，地球の年齢は最長でも数千万年であると計算した．地質学者の定性的な見積もりと物理学者の定量的な計算を，どうすれば調和させることができるのか？　大論争が巻きおこった（次節のコラム参照）．

● 放射性崩壊を用いる年代測定

　放射能の発見は，地球の内部に新しい熱源を与えた．そして，固体の岩石が対流によって動くという理解（第11章で詳しく述べる）は，熱を地表近くへ活発に輸送するメカニズムを与えた．これらの発見は，物理学者が問題とした地球の高い熱流量を説明し，さらに19世紀の地質学者による演繹的推論が正当であることを立証した．

　放射性同位体がいまだに地球内部に存在しているのは，恒星内元素合成の間につくられた放射性同位体の一部が崩壊するには長い時間がかかるためである．これらは地球に残っている超新星の遺物であり，地球の長寿命バッテリーあるいは内部ヒーターである．また，放射性同位体は，私たちに地球のタイムスケールを与える．これらの同位体は岩石の中に微量にしか存在しないが，その重要性は注目すべきである．

　放射性核種とその娘核種に含まれる時間の記録を読むための理論の発見と技術の発達には，長い時間を要した．ウラン（U）が鉛（Pb）にまで崩壊することは20世紀初めに知られていたが，同位体が発見されたのはそれから20年以上も経ってからだった．元素がさまざまな同位体から構成されることを知らなければ，信頼できる年代測定は不可能である．第二次世界大戦までは，同位体の存在度を正確に測定する装置（質量分析装置）に大きな進歩はなかった．1950年以降，新しい質量分析装置が同位体地球化学の世界を開拓し，**放射年代測定**（radioactive dating）は成長産業となった．放射性核種とその娘核種は，何がいつ起こったかを記録している．同位体地球化学者の仕事は，その記録の読み方をあきらかにすることである．

　放射能による年代測定は，放射性核種が規則的に崩壊するために可能となる．どの原子も，固有の崩壊確率を持っている．きわめて多数の原子があれば，ある時間内に一定の割合が崩壊し，その数は指数関数的に減少する．このふるまいは，放射性核種の**半減期**（half-life）によって記述される．半減期は，**親核種**（parent isotope）の半分が崩壊して**娘核種**（daughter isotope）になるまでにかかる時間である．1回の半減期の後には，親核種の原子の半数が崩壊している．2回の半減期の後には，4分の3の原子が崩壊している（図6-2）．この変化は，

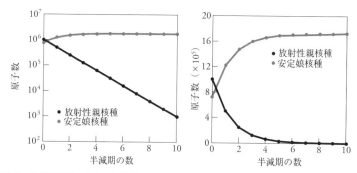

図 6-2：放射性崩壊における親核種と娘核種の数の時間変化を表す図．初期の原子数は任意である．左図は，指数関数的な崩壊における原子数の対数と時間の直線関係を示す．10 回の半減期の後には，親核種の 99.9% が崩壊している．右図は，核種数の時間変化を線形目盛のグラフで表したもの．

片対数グラフで簡便に表される．半減期が一定であるため，放射性親核種の数の対数は，時間に対して負の傾きを持つ直線を示す．

Column

地球の年齢に関する 19 世紀の議論

　太古の地球に関する地質学の証拠は，19 世紀の物理学者，特に当時最も有名で尊敬されていた英国の科学者ケルヴィン卿によって真っ向から反論された．物理学者は，熱の流れをモデル化した精密な式を開発した．ケルヴィンは，地球の冷却について，精巧かつ正確な計算を行った．もし，地球と同じ大きさの物体が完全に融解して，想像できる最も高温の状態にあったならば，現在の地球表面での熱勾配になるまで冷却されるにはどれくらいの時間がかかるだろうか？　彼の計算は，最大 2,000〜4,000 万年という結果になった．彼は，太陽についても同様の計算を行い，5,000 万年という結果を得た．これは，地球の計算結果とかなりよく一致した．厳密な理論，地球の熱流量のデータ，および定量的な計算に基づけば，確かであきらかな結論は，「定性的な推論」に基

づく地質学者が単にまちがっていたということである.

物理学者の厳密な反論に直面しながらも,地質学者は引き下がらなかった. そして,激しく,長い論争が続いた. 2つの発見が,ケルヴィンの結果に対する反論につながった. 放射能と核融合の発見は,太陽と地球内部に他の熱源があることを示した. そして,高温において岩石が流れる(対流する)という発見は,地球の表面近くでの高い温度を可能にし,比較的高い熱流量を説明した. これらは,地球の年齢が古いことと,熱流量がその時間を通して一定であることを許容する. すなわち,地球表面の岩石の温度は,長期間にわたって安定でありえるのだ.

もし,あなたがケルヴィン卿の研究室にタイムスリップして,彼に「原子は不変ではない. 鉄は金に変わりうる. 太陽の熱源は,あなたにとって未知で想像できない何かである. 恒星が元素をつくった.」と言ったならば,彼はどのように反応するだろうか? これらの命題は,当時の知識に基づくと,ありえないことであり,非科学的であるとして片付けられてしまうだろう. ケルヴィン卿が計算または結論をまちがえたわけではない. 単に,彼の知識を超えた他の力があっただけである. それが,不可能を可能にしたのである. 今から100年後には,現代の偉大な科学者についても,似たような話が語られるだろうか?

ケルヴィンと地質学者の間の議論は,よい結果を導いた. 計算が疑問視され,洗練された. 地質学者はより注意深く観察し,地球の年齢を定量しようとした. また,この議論は,固体の冷却の定量計算に大きな改良をもたらした. それは1800年代後半に,重要な応用を生みだした(内燃機関). 最後に,物理学と地質学がひとつにまとまり,対流と放射年代測定が定量的に理解された. そして,地球の長寿について,一貫性のある理解が得られた.

―――――――――――――――――――――――――――――――――――――――*Column*

図6-2において,10回の半減期の後には,親核種の原子は1,000分の1しか残っておらず,さらなる崩壊によってつくられる娘核種はきわめて少ないことに注意しよう. このため,放射性同位体の年代測定への利用は,約10回の半減期までに制限される. 私たちが地球の年齢のような数十億にわたる過程を研究しようとするならば,少なくとも数億年の半減期を持つ同位体が必要であ

表6-1：隕石に見られる恒星起源の放射性核種

放射性核種	半減期 (y)	安定な娘核種
^{40}K	1.25×10^9	^{40}Ca, ^{40}Ar
^{87}Rb	48.8×10^9	^{87}Sr
^{138}La	1.04×10^{11}	^{138}Ce, ^{138}Ba
^{147}Sm	1.06×10^{11}	^{143}Nd
^{176}Lu	3.5×10^{10}	^{176}Hf
^{187}Re	4.6×10^{10}	^{187}Os
^{232}Th	1.401×10^{10}	^{208}Pb
^{235}U	0.7038×10^9	^{207}Pb
^{238}U	4.4683×10^9	^{206}Pb

る．恒星でつくられたほとんどの放射性同位体は，半減期がごく短く，急速に崩壊して安定の帯へ戻る．しかし，幸いにも，ウラン（^{238}U, ^{235}U），ルビジウム（^{87}Rb），カリウム（^{40}K），サマリウム（^{147}Sm）のような**長寿命放射性同位体**（long-lived radioactive isotopes）がある（表6-1）．そして，かなりの数の親核種が，分子の形成，惑星の集積，およびその後の惑星過程の全体を経て残っている．

　長寿命放射性同位体は，長いタイムスケールに対して有用であるが，短いタイムスケール（例えば数千年）では，測定できるほどに崩壊が起こらないので不正確である．短いタイムスケールには，半減期の短い核種が必要である．興味のある過程に適した半減期を持つ同位体ツールを選択することが大切である．私たちは，短いタイムスケールについては恵まれていないと思われるだろう．恒星内部でつくられたすべての短寿命放射性同位体は，ずっと以前に崩壊してなくなっているからである．しかし，幸運にも，いくつかの半減期の短い核種は，地球の大気中で宇宙線によって絶えずつくられている．これらの**宇宙線起源放射性核種**（cosmogenic radionuclides）は，私たちのまわりや私たちの体内にあり，地球上での比較的最近の出来事を研究するためにたいへん役に立つ．

　単に親核種と娘核種の数を測定するだけでは年代の情報は得られないことは，よく考えればあきらかだろう．例えば，私たちが岩石に100万個の親核種を測定したとき，その岩石はもともと100万個の親核種から始まったので，つくられてから時間がまったく経っていないと言えるだろうか？　もしくは，

148

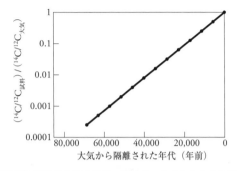

図 6-3：放射性炭素 ¹⁴C 年代測定法の原理．試料がつくられたときに現在の大気と同じ ¹⁴C/¹²C 比を持っていたと仮定すると，現在の試料中の ¹⁴C/¹²C 比は図の直線を与える．生物は，成長を止めると，もはや炭素を取り込まない．それがずっと昔に起こっていれば，¹⁴C はほとんど残っておらず，¹⁴C/¹²C 比はとても低くなる．もし死が今日起こったのであれば，試料は大気と同じ比を持つ．縦軸は対数目盛であることに注意．

10 億個から始まったので，10 回の半減期が過ぎたと言えるだろうか？　また，私たちが娘核種の数を測定するとすれば，どれだけの娘核種が初めから存在し，どれだけが放射性崩壊によってつくられたかわかるだろうか？　精確な年代測定のためには，私たちは最初と現在の核種の数を知らねばならない．

　最も有名な宇宙線起源放射性核種は，放射性炭素 ¹⁴C である．それは，半減期 5,730 年で窒素の安定同位体 ¹⁴N に崩壊する．宇宙線の照射によってつくられた ¹⁴C は，はるかに豊富に存在する炭素の安定同位体 ¹²C と混合する．¹⁴C と ¹²C は，電子配置が同じであるため，化学的に同じようにふるまう．植物と動物は，生きていて炭素を代謝する限りは，大気中に存在する割合で ¹⁴C と ¹²C を組織の中へ取り込む．植物や動物が死ぬと，¹⁴C は ¹⁴N に崩壊して減っていく．¹⁴N は気体となり，大気に逃げる．そのため，死んだ物質の ¹⁴C/¹²C 比は，時間とともに小さくなる．¹⁴C を用いて年代を測定するためには，植物や動物が死んだときの ¹⁴C/¹²C 比を推定しなければならない．¹⁴C は大気中で絶え間なくつくられるので，地球の大気で観測される ¹⁴C/¹²C 比は時間によらず一定であるという仮定がなされた．これが，普遍的な出発点となる．その場合，試料中の ¹⁴C/¹²C 比を大気中の ¹⁴C/¹²C 比で割れば，年代が得られる（図 6-

3). ¹⁴C 年代測定法は，骨や木炭のような生物起源物質の年代を測定するための最もよいツールである．10 半減期ルールのため，¹⁴C 年代測定法の適用は，約 60,000 年より若い試料に制限される．

　宇宙線照射による ¹⁴C の生成速度が一定であるという仮定は，どれほど強固だろうか？　エドワール・バードと共同研究者は，そのような不確かさがない別の短寿命同位体を測定することによって，この仮説を検証した．彼らは，最も古い試料では ¹⁴C 年代が10%の誤差を生ずることを見いだした．したがって，¹⁴C 年代 (¹⁴C age) と実際の年代は，区別されねばならない．しかし，その差は小さく，宇宙線起源核種の生成量の小さな変動と調和していた．

　¹⁴C/¹²C 系以外のほとんどすべての同位体系は，大気中の ¹⁴C/¹²C 比のような基準となる始点を持たない．しかし，親核種と娘核種の両方の比を測ることができれば，年代測定に利用できる（この方法は，¹⁴C/¹²C 系には適用できない．崩壊によって生じる ¹⁴N がガスとして失われるからである）．同位体地質学者は，親核種と娘核種の両方を用いて，正確な時間情報を決定する巧妙な技術を開発した．それが，**アイソクロン法** (isochron method) である．

アイソクロン法による放射年代測定

　親核種と娘核種の量を測定するだけで，年代を決定できるだろうか？　残念ながら，それは簡単ではない．例えば，放射性ルビジウム－ストロンチウム (⁸⁷Rb-⁸⁷Sr) の親核種－娘核種の系を考えてみよう．ふつうの陸上岩石には，⁸⁷Rb のおよそ 20 倍の ⁸⁷Sr が存在する．この ⁸⁷Sr は，すべて ⁸⁷Rb の放射性崩壊でつくられたのだろうか？　これがほんとうなら，⁸⁷Rb 原子 1 個の崩壊のたびに ⁸⁷Sr が 1 個できるので，もとの ⁸⁷Rb の約 95％が崩壊したはずである．95％の原子が崩壊するには，半減期の 4 倍以上の時間がかかる．⁸⁷Rb の半減期は 490 億年であるので，それには約 2,000 億年が必要である．この時間は，第 2 章で述べた宇宙の年齢よりもはるかに長い！　かなりの量の ⁸⁷Sr が，崩壊の始まる前からすでに存在していたに違いない．それは恒星内原子核合成から予想される．正確に年代を測定するためには，どうにかして開始時の同位体比を決定しなければならない．

表 6-2：均一なリザーバーから生じた 3 つの鉱物におけ
る $^{87}Sr/^{86}Sr$ 比の変化

	生成時	5%崩壊後	10%崩壊後
金雲母			
^{87}Rb	1,000	950	900
^{87}Sr	700	750	800
^{86}Sr	1,000	1,000	1,000
$^{87}Sr/^{86}Sr$	0.7	0.75	0.8
$^{87}Rb/^{86}Sr$	1	0.95	0.9
斜長石			
^{87}Rb	100	95	90
^{87}Sr	700	705	710
^{86}Sr	1,000	1,000	1,000
$^{87}Sr/^{86}Sr$	0.7	0.705	0.71
$^{87}Rb/^{86}Sr$	0.1	0.095	0.09
輝石			
^{87}Rb	50	47.5	45
^{87}Sr	70	72.5	75
^{86}Sr	100	100	100
$^{87}Sr/^{86}Sr$	0.7	0.725	0.75
$^{87}Rb/^{86}Sr$	0.5	0.475	0.45

　同位体地質学者によって開発された巧妙な方法は，簡単な数値の例を用いて
説明できる．2 つの鉱物，金雲母（phlogopite）と斜長石（plagioclase）を考えてみ
よう．いずれの鉱物も 700 原子の ^{87}Sr と 1,000 原子のストロンチウム安定同位
体 ^{86}Sr から始まるとしよう（^{86}Sr は，地球上の放射性崩壊ではつくられない）．2 つ
の鉱物の $^{87}Sr/^{86}Sr$ 比は，それらがつくられたときには正確に同じである（0.700）．
結晶構造の違いのため，金雲母は斜長石よりも多くのルビジウムを含む．ここ
では，金雲母に 1,000 個の ^{87}Rb があり，斜長石に 100 個の ^{87}Rb があるとしよう．
その後のいつでも，両方の鉱物中の ^{87}Rb は一定の速度で崩壊する．例えば 5%
の ^{87}Rb が崩壊したとき，金雲母では 50 原子の ^{87}Rb が崩壊して ^{87}Sr がつくら
れる．一方，斜長石では，^{87}Sr は 5 個しかつくられない．このとき鉱物を測定

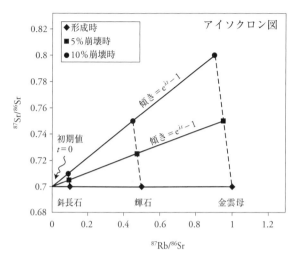

図6-4:ルビジウム–ストロンチウム系の同位体組成の時間変化の図解.形成時,3つの鉱物は同じ $^{87}Sr/^{86}Sr$ 比を持つが,^{86}Sr に対する放射性ルビジウム ^{87}Rb の比は異なる.時間が経つと,^{87}Rb は崩壊して ^{87}Sr になり,$^{87}Sr/^{86}Sr$ 比が増加する.もとの $^{87}Rb/^{86}Sr$ 比が高いほど,変化は大きくなる.任意の時間において,3つの鉱物は,ひとつの直線上にプロットされる.この直線はアイソクロン(isochron)と呼ばれ,その切片は $^{87}Sr/^{86}Sr$ 比の初期値を示す.時間とともに ^{87}Rb が崩壊するにつれて,直線の傾きは大きくなる.したがって,傾きは時間を,切片は初期値を与える.切片は,ルビジウム原子を含まない仮想的な鉱物の比と等しい.

すれば,$^{87}Sr/^{86}Sr$ 比は金雲母では 0.750,斜長石では 0.705 となるだろう.さらに長い時間が過ぎて 10%の ^{87}Rb が崩壊したとき,$^{87}Sr/^{86}Sr$ 比は金雲母では 0.800,斜長石では 0.710 となる.それゆえ,2つの鉱物の $^{87}Sr/^{86}Sr$ 比の差は,時間とともに大きくなる.2つの鉱物がつくられたとき $^{87}Sr/^{86}Sr$ 比がまったく同じであったとすれば,私たちは時間をさかのぼることにより初期条件を推定できる.そして,鉱物が形成された年代を決定できる.このしくみを表6-2と図6-4に示す.

このふるまいは,次の放射性崩壊の式を用いて数学的に表わされる.

$$N(t) = N_0 e^{-\lambda t} \tag{6-1}$$

ここで e は定数 2.718, λは放射性元素の崩壊定数である．$N(t)$ は時間 t における原子の数，N_0 は初めの原子の数である．初めの ^{87}Sr と ^{87}Rb の数を $^{87}Sr_0$ と $^{87}Rb_0$，現在の数を $^{87}Sr(t)$ と $^{87}Rb(t)$ と定義すると，^{87}Sr の増加数は ^{87}Rb の崩壊数と関係づけられる．

$$^{87}Sr(t) = {}^{87}Sr_0 + {}^{87}Rb_0 - {}^{87}Rb(t) \tag{6-2}$$

放射性崩壊の式を用いると，

$$^{87}Rb(t) = {}^{87}Rb_0 e^{-\lambda t} \tag{6-3}$$

したがって，

$$^{87}Rb_0 = {}^{87}Rb(t) e^{\lambda t} \tag{6-4}$$

式 6-4 を式 6-2 に代入すると，

$$^{87}Sr(t) = {}^{87}Sr_0 + {}^{87}Rb(t)(e^{\lambda t} - 1) \tag{6-5}$$

時間に依存しない定数である ^{86}Sr の数ですべての項を割ると，

$$^{87}Sr/^{86}Sr(t) = {}^{87}Sr/^{86}Sr_0 + (e^{\lambda t} - 1)\,{}^{87}Rb/^{86}Sr(t) \tag{6-6}$$

これは，$^{87}Rb/^{86}Sr$ を x 軸に，$^{87}Sr/^{86}Sr$ を y 軸にとると，直線の式である．それは，年代によって決まる傾き $(e^{\lambda t} - 1)$ と，初めの比で決まる切片 $^{87}Sr/^{86}Sr_0$ を持つ．この直線は，その上にプロットされる試料がすべて同じときにつくられたので，**アイソクロン**（等年代線，isochron）と呼ばれる．それぞれの鉱物試料において，$^{87}Sr/^{86}Sr(t)$ と $^{87}Rb/^{86}Sr(t)$ は現在の岩石の値であり，質量分析法によって測定される．それはアイソクロン上の 1 点を定義する．この式の傾きと切片はわからないので，未知数が 2 つあることになる．それらを求めるには，最低 2 つの測定データが必要である（すなわち，2 点が直線を定義する）．したがって，アイソクロンを決定するためには，少なくとも 2 つの異なる鉱物試料を分析しなければならない．図 6-4 は，アイソクロンの初期状態と時間による変化を示している．

もちろん，この方法がうまくいかないこともある．例えば，ルビジウムまた

はストロンチウムの一部が最近の出来事で失われたり，加えられたりしたかもしれない．年代の妥当性を検証するには，できるだけ多くの試料を測定し，それらがすべて同じ直線上にのることを確かめることが重要である．どの崩壊系のデータも，他の親核種－娘核種系のアイソクロンを用いて検証できる．すべての元素は挙動が異なるので，複数の方法で結果が一致すれば，信頼性の高い年代が得られる．

　この**年代** (age) は，何を意味するのだろうか？　アイソクロン法は，均一の起源からつくられたさまざまな物質が，その後，再度の均一化，親核種および娘核種の損失または供給を受けていない場合に，それらの物質が形成された年代を与える方法である．例えば，もし鉱物を含む岩石が再融解されると，すべての鉱物のストロンチウム原子が混ざり合い，$^{87}Sr/^{86}Sr$ 比はふたたび均一化されてしまう．それは，新しい鉱物が結晶化されたときの新しい初期値となる．この理由のため，絶えず再加工されている地球の岩石は，地球のアイソクロン年代を与えない．1 億年前につくられた花崗岩のアイソクロンは，1 億年という岩石の年齢を与える．太陽系の始まりと地球形成の年代を測定するためには，そのときにつくられ，その後ずっと隔離されている物質が必要である．そのような物質が，コンドライト隕石である．コンドライト隕石は，すべての惑星過程を逃れ，最近地球に落ちるまで宇宙に隔離されていた．

コンドライト隕石と地球の年齢

　太陽系の年齢を決定することはきわめて重要であるので，コンドライト隕石とその他の隕石は，多くの年代研究の対象となってきた．図 6-5 と図 6-6 に，約 20 個の異なる隕石から求められた年代をまとめて示す．図に見られるように，これらの隕石の年代は一致し，45.6 億年である．さらに，多数の同位体系が隕石に適用されてきた．これらの結果は，表 6-3 にまとめられている．多数の異なる隕石にひとつの崩壊系を適用して求めた年代の一致，およびすべての独立した崩壊系での年代の一致は，コンドライト隕石形成の年代をきわめてよく限定する．この一致は，すべてのコンドライト隕石が，よく混合されたリザーバー（太陽系星雲）からほとんど同時につくられたことを示す．そして，こ

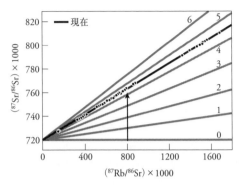

図 6-5：灰色の直線は，隕石鉱物中の娘核種 ^{87}Sr と親核種 ^{87}Rb の時間（10 億年単位）による変化を示す．太陽系がつくられたとき，すべての鉱物は 0 と記された直線上の組成を持っていた．すなわち，^{87}Rb/^{86}Sr 比はさまざまであるが，^{87}Sr/^{86}Sr 比は 0.7 に近かった．時が経つにつれて，それぞれの粒子は ^{87}Sr の含有量を増し，^{87}Rb の含有量を減少させた．現在，すべてのコンドライト隕石は，45.6 億年のひとつのアイソクロン上にプロットされる．

れらの物体の年代に対する信頼を強固にする．

　コンドライト隕石の重要性は，コンドルールを含むことである．コンドルールは，塵と気体の星雲からつくられた太陽系の始原的な物質を反映している．それは，その後の惑星の分化を逃れ，宇宙のほとんど完全な真空の中で保存されてきた．したがって，コンドルールの年代は，星雲凝結の年代を反映している．

　この年代がまた地球形成の年代でもあるかどうかを知るためには，他の論拠が必要である．地球はその形成の際に広範な分化を受け，その後も絶えず融解，火成活動，侵食などを受けているので，同位体系は頻繁にリセットされている．コンドライト隕石のように初期太陽系の頃からずっと隔離されてきた岩石は，地球には存在しない．隕石と同時につくられた物質から地球がつくられたかどうかを，どうすれば結論できるだろうか？

　もし，地球がひとつの巨大な隕石であれば，地球の平均組成は，隕石と同じアイソクロン上にプロットされるはずである．これが正しいことを，さまざまな証拠が示している．

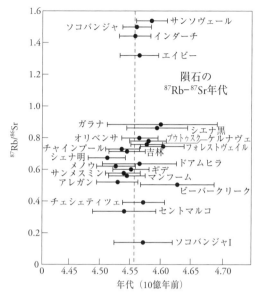

図 6-6：約 20 個の異なる隕石から得られたルビジウム−ストロンチウム年代のまとめ．それぞれの隕石の結果は，45.2〜46.3 億年の間にある．すべての測定値の平均は，45.6 億年である（鉛直の破線）．それぞれの測定値の不確かさ（水平の実線）は，4 個を除き，45.6 億年を含んでいる．これらの物体の年代には有意な差はないように見える．

表 6-3：異なる同位体系に基づく隕石の年代

同位体系	年代（Ga）	不確かさ（Ga）
ルビジウム−ストロンチウム	4.56	0.05
サマリウム−ネオジム	4.55	0.33
鉛−鉛	4.56	0.02
ルテチウム−ハフニウム	4.46	0.08
トリウム−鉛	4.54	0.04
ウラン−鉛	4.54	0.04

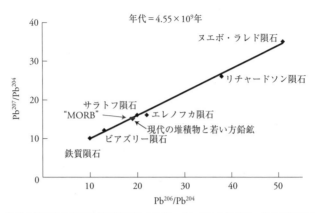

図 6-7：地球の堆積物と隕石の鉛同位体比の比較．それぞれの名前は，異なる隕石または地球の試料を示す．若い方鉛鉱 (young galenas) は，大陸地殻のよい平均値を与える流体からつくられた硫化鉛鉱物である．中央海嶺玄武岩 (MORB) は，上部マントルの組成を代表する．すべてのデータがひとつの直線上にプロットされるという事実は，地球とコンドライト隕石が，同じ時に同じ起源からつくられたことを示す．

　ひとつの証拠は，鉛同位体に対する巧妙な応用から得られる．図 6-5 のようなアイソクロン図には，2 つの元素の同位体の濃度が必要である．しかし，ウラン−鉛の系では，2 つのアイソクロンが得られる．ひとつは ^{235}U-^{207}Pb 系のアイソクロンであり，もうひとつは ^{238}U-^{206}Pb 系のアイソクロンである．ひとつのアイソクロン式をもうひとつのアイソクロン式で割ると，ウラン濃度の項が消える．そして，$^{206}Pb/^{204}Pb$ 比と $^{207}Pb/^{204}Pb$ 比をプロットすれば直線が得られ，その傾きから年代を決定することができる（^{204}Pb は非放射性起源核種であり，ルビジウム−ストロンチウム系の ^{86}Sr と同じである）．ラマ・マーシーとクレア・パターソンは，多数のコンドライト隕石と地球の海底堆積物の鉛同位体比を測定した．海底堆積物は，地球のかなりよい平均値を与える．それは，地球のすべての大陸からの侵食物および海底地殻からの寄与がよく混合されていて理想的である．太陽系の初期値は，多くの鉛を含み，ウランを含まない鉄隕石から決定される．彼らは，地球の海底堆積物のデータが，隕石から得られるアイソクロン上にプロットされることを見いだした（図 6-7）．この結果は，地球

と隕石の起源が同じであり，同じ年齢であることを支持する．地球は，隕石の
大きな集積物なのだ．

元素の年齢

　隕石中の長寿命放射性同位体の相対存在度は，宇宙で重い元素がつくられた
年代についての情報を持っている．この議論は少し複雑であるが，その説明は，
地球の過程に関する後の議論で用いられる重要な原理を示す．

　一般に，物質が一定の速度でつくられ，指数関数的に崩壊するとき，物質の
量は定常状態に至る．定常状態では，たとえシステムが動的であり，システム
を通した物質とエネルギーの流れがあっても，量は時間に依存しない一定値と
なる．そのような特徴は，自然システム全体に広く存在する．

　定常状態がどのようにつくられるかを，簡単な例を用いて見てみよう．あな
たが 1 週間あたり 100 ドルの給与を受け取るとしよう．そして，あなたは毎
週必ず銀行口座にある預金残高の半分を使うというルールにしたがうとしよ
う．

　第 1 週の終わりに，あなたは 50 ドルを使う．そして新しく 100 ドルが振り
込まれ，預金残高は 150 ドルとなる．第 2 週の終わりに，あなたは 75 ドルを
使い，100 ドルが振り込まれ，合計 175 ドルになる．次の週は 87.5 ドルを使い，
以下同様である．最終的に，あなたの銀行口座の残高は 200 ドルに至る．あ
なたは毎週 100 ドルを使い，100 ドルが振り込まれる．これが定常状態である．
資金は絶えずあなたの銀行口座を通して流れ，あなたは働いて消費する人生を
送る．週の終わりに収支を確認する人は，一定の残高を見るだろう．定常状態
へ近づく間には，その人は，あなたの銀行口座の残高から，あなたが何週間働
いたかを決定できる（図 6-8）．

　同じような原理が，放射性元素の存在量にも適用できる．放射性元素は，恒
星内部である速度で生成され，その全数の半分が一定時間に崩壊する．直線的
な生産と指数関数的な崩壊は，最終的に宇宙の定常状態を導く．しかし，定常
状態に到達するまでに要する時間の長さは，半減期に依存する（例えば，銀行
口座の例において，1 週が 10 年に変わったら，定常状態になるのに 6 週間ではなく

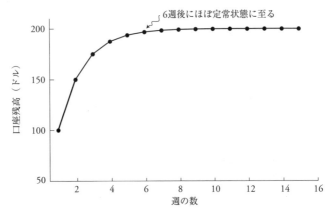

図 6-8：本文に述べられたルールにしたがう銀行口座残高の変化．約 6 週目以降は，残高は定常状態に至る．それ以前は，残高を調べれば，銀行口座が開かれてからの経過時間のよい見積もりが得られる．

て 60 年かかる）．そのため，いまだ定常状態に達していないほど長い半減期を持つ元素を調べれば，元素がつくられ始めた年代を決定することができる．

　しかし，ひとつ困った問題がある．私たちは，個々の放射性同位体の実際の生成速度を知らないのだ．しかし，異なる同位体の生成速度の比は，核物理学の計算で見積もることができる．このとき，私たちは同じように時間の情報を得ることができるだろうか？

　おそらく，もうひとつの例がこの複雑な場合を説明するだろう．パリのルーブル美術館のレオナルド・ダ・ヴィンチの絵画のような特別な展示物を考えてみよう．一日中一定数の人々の流れが到着し，その 1/3 は芸術家で 2/3 は旅行客であるとしよう．この流入は，1 日を通して定常的であるとしよう．ここで，あるルールを当てはめる．1 時間ごとに，芸術家の 1/4 が出ていき，旅行客の 1/2 が出ていくとする．このルールは，一定の速度での新しい人々の増加と，人々が旅行客（美術館で短い半減期を持つ）か芸術家（長い半減期を持つ）かによって異なる速度での指数関数的な減少を設定する．その結果，美術館は定常状態へ近づいていく．図 6-9 は，1 日のうちに展示室の人の数がどのように変わるか

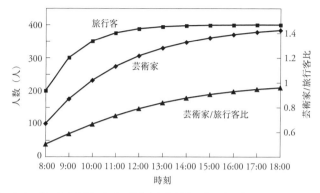

図 6-9：本文に述べられた例における芸術家と旅行客の数の時間変化．旅行客の半減期は芸術家の半減期よりも短いので，旅行客の数はより急速に定常状態に近づく．定常状態には達していないので，芸術家と旅行客の比は展示室が開いてからの時間を与える．

を示している．旅行客は半減期が短いため，その数は芸術家の数よりも速く定常状態に至る．そして芸術家と旅行客の比は，次第に大きくなる．しかし，展示室の開いている時間は十分に長くないので，定常状態の値である 1 には決して達しない．もしあなたがこれらのルールを知っていて，ある任意の時間に美術館へ入って行けば，芸術家と旅行客の比に基づいて，開館してから何時間が経過したかを正確に言いあてられるだろう．例えば，芸術家と旅行客の比が 0.8 であったら，美術館が開いてから 4 時間が経っている．

　これと似た状況が，長寿命放射性同位体である ^{235}U，^{238}U，^{232}Th にも起こる．これらの同位体は，すべて超新星爆発によって，互いに一定の比でつくられる．つくられるとすぐに，それらは半減期にしたがって崩壊していく．私たちは，現在の太陽系における同位体比を測ることができる．その測定によって，私たちは同位体が初めて現れたとき，つまり元素がつくられ始めたときを決定することができる．年代の推定には，現在の比ではなく，太陽系が形成されたときの比を用いなければならない．なぜなら，太陽系がつくられた後，地球は超新星による新しい元素の寄与を受けていないからである（幸いにも！）．銀河での元素合成は続いているが，最近 45.6 億年の間につくられた元素は，太陽およ

表 6-4 : ^{235}U, ^{238}U, ^{232}Th の異なる値の比較

	^{235}U	^{238}U	^{232}Th
半減期（10^9y）	0.704	4.47	14
恒星における生成比	0.79	0.525	1.00
定常状態の比	0.041	0.167	1.00
初期太陽系における比	0.122	0.424	1.00

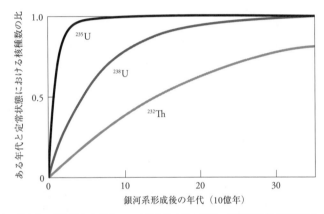

図 6-10：私たちの銀河系における 3 つの同位体の量の変化．超新星爆発が銀河系の全歴史を通して一定の頻度で起こったという仮定に基づいている．定常状態は，放射性同位体の崩壊と生成の速度が等しいときに現れる．図 6-9 との類似性に注意．

　びその惑星に取り込まれていない．太陽系がいったんつくられると，私たちは元素合成の偉大な過程から隔離された．しかし，超新星爆発と散布の過程は，私たちの銀河系のどこかの大きな星間雲では今も続いており，私たちはそれを観測できる．

　太陽系の初めにおける値を計算するためには，放射性崩壊の式 6-1 を用いる．私たちは，ウランとトリウムの現在の値 $N(t)$ と，太陽系の年齢 t を知っているので，太陽系形成時の値 N_0 を計算できる．半減期，生成比，定常状態の比，および初期の太陽系の比を表 6-4 に示す．比は，^{232}Th の値を1.0 に規格化してある．初期の太陽系の比は，恒星での生成比と定常状態の比との間にあること

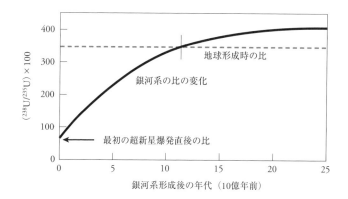

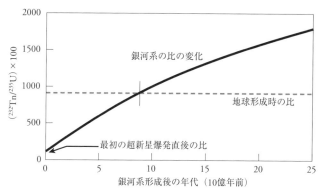

図 6-11：重い元素が一定速度で生成された場合のウランとトリウム（^{238}U, ^{235}U, ^{232}Th）の比の変化．銀河系の歴史の初期において，元素比は恒星内での生成比に等しい．時が経つにつれて，より長寿命の同位体の割合が増加する．水平の破線は，太陽系がつくられたときの比を表している．実線の時間変化曲線と破線の交点は，銀河系の形成から太陽系の形成までの間に経過した時間を示す．それは，約 100 億年である．

がわかる．このことから，元素が生成され始めた年代を推定できる．

図 6-10 は銀河の進化において，同位体の存在度が時間とともにどのように変わるかを示している．図 6-9 の芸術家と旅行客の例との類似性に注意しよう．図 6-11 の実線の曲線は，元素の生成が始まってから，元素比が時間とともに

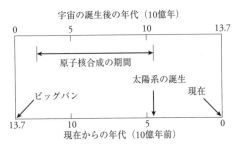

図 6-12：同位体に記録され，地球で測定された宇宙の出来事の年代のまとめ．原子核合成の期間は，太陽系で見られる水素，ヘリウムより重い元素がつくられた時間範囲を示す．銀河系全体では，原子核合成は現在に至るまで続いている．太陽系の物質は，45.6 億年前に銀河系の元素合成の過程から隔離された．

どのように変化したかを示す．破線は，太陽系形成時の元素比を示す．曲線と破線の交点は，私たちの銀河系の形成から太陽系の形成までに経過した時間を示す．^{238}U/^{235}U 比では，交点は約 120 億年にある．^{232}Th/^{235}U 比では，交点は約 90 億年にある．2 つの結果にはかなり大きな誤差があるが，どちらも太陽系が現れる約 100 億年前に元素の生産が始まったことを示す．太陽系の年齢は 45.6 億年であるので，初めて重元素がつくられてからの年代は 135〜160 億年である．

　こうして，さまざまな同位体のデータは，宇宙の全体的な年代記を与える．それは，第 2 章で述べた赤方偏移と距離との関係から推測される宇宙の年代とよく調和する．この結果を図 6-12 に示す．宇宙は，約 137 億年前に始まった．私たちの銀河系は，宇宙の歴史の初めの 10 億年のあるときにつくられた．私たちの銀河系の歴史を通して，最大級の恒星たちが定常的に元素を合成し，元素を散布した．元素は，星間雲で混合された．銀河ができてから約 90 億年後，今から 45.6 億年前に，私たちの太陽系がつくられ，恒星の元素合成から隔離された．その後，惑星に取り込まれた放射性同位体は崩壊しつづけ，現在，私たちが研究室で測定する値となった．

郵 便 は が き

6 0 6 - 8 7 9 0

料金受取人払郵便

左京局
承認

4109

差出有効期限
2022年11月30日
まで

（受取人）

京都市左京区吉田近衛町69

京都大学吉田南構内

京 都 大 学 学 術 出 版 会

読者カード係 行

▶ご購入申込書

書　　名	定　価	冊　数
		冊
		冊

1. 下記書店での受け取りを希望する。

都道　　　　　　市区　店
府県　　　　　　町　　名

2. 直接裏面住所へ届けて下さい。

お支払い方法：郵便振替／代引　公費書類（　　　）通　宛名：

送料　ご注文 本体価格合計額　2500円未満:380円／1万円未満:480円／1万円以上:無料
代引でお支払いの場合　税込価格合計額　2500円未満:800円／2500円以上:300円

京都大学学術出版会

TEL 075-761-6182　学内内線2589 / FAX 075-761-6190
URL http://www.kyoto-up.or.jp/　E-MAIL sales@kyoto-up.or.jp

お手数ですがお買い上げいただいた本のタイトルをお書き下さい。

（書名）

■本書についてのご感想・ご質問、その他ご意見など、ご自由にお書き下さい。

■お名前

（　　　歳）

■ご住所
〒

TEL

■ご職業	■ご勤務先・学校名

■所属学会・研究団体

■E-MAIL

●ご購入の動機
A.店頭で現物をみて　　B.新聞・雑誌広告（雑誌名　　　　　　　　　　　　　）
C.メルマガ・ML（　　　　　　　　　　　　　　　）
D.小会図書目録　　　　E.小会からの新刊案内（DM）
F.書評（　　　　　　　　　　　　　　　　）
G.人にすすめられた　　H.テキスト　　I.その他

●日常的に参考にされている専門書（含 欧文書）の情報媒体は何ですか。

●ご購入書店名

都道	市区	店
府県	町	名

※ご購読ありがとうございます。このカードは小会の図書およびブックフェア等催事ご案内のお届けのほか、
広告・編集上の資料とさせていただきます。お手数ですがご記入の上、切手を貼らずにご投函下さい。
各種案内の受け取りを希望されない方は右に○印をおつけ下さい。　　案内不要

消滅放射性核種を用いた太古の短寿命過程の解明

　放射性元素は，半減期の約 10 倍までの時間の情報しか与えない．このため，短寿命核種は，長時間の過程の年代測定にはあまり有用ではないが，別の重要な情報を与える．その鍵となるのは，たとえすべての親核種が崩壊してなくなっても，その存在は娘核種の同位体比の変動として保存されるということである．例えば，私たちがよく知っているルビジウム－ストロンチウムの系を考えよう．^{87}Rb が崩壊してなくなるまで数千億年待てば，鉱物に残っている ^{87}Sr/^{86}Sr 比には大きな変動があるだろう（その後に均一化されなければ）．^{87}Rb は「消滅」したが，娘核種の変動は残っていて，^{87}Rb がかつて存在したことを示す．アイソクロン図で考えれば（図6-4），とても長い時間が経った後には，直線は y 軸に平行となる．すべての ^{87}Rb が崩壊してしまったため，ルビジウム同位体の比のさらなる変化は起こらないだろう．

　多くの**短寿命放射性核種**（short-lived radionuclides）が，かつて存在し，今では**消滅**（extinct）した．それらは，急速に崩壊したため，比較的短い時間に大きな同位体比変動を生みだした．放射性の親核種の存在を記録している娘核種の研究は，初期の太陽系とそこで起こった過程について，驚くほど充実した情報をもたらす．

^{26}Al と太陽系星雲付近の超新星の存在

　放射性アルミニウム ^{26}Al は，最も重要な消滅放射性核種のひとつである．その理由は，アルミニウムは石質隕石と岩石惑星の主要成分であるからだ．ルビジウム，サマリウム，ウランは，ふつう岩石に数 ppm もしくはそれ未満でしか存在しないが，アルミニウムは濃度が 3～20％であり，ほとんどの造岩鉱物の必須成分である．もし，^{26}Al が存在したならば，アルミニウムの一部を占めただろう．

　^{26}Al は，半減期 73 万年で崩壊してマグネシウムの安定同位体 ^{26}Mg になる（図6-13）．それゆえ，^{26}Al は，それがつくられてから 1,000 万年以内に起こった過程の鋭敏な指標となる．^{26}Al が崩壊した後は，その娘核種である ^{26}Mg のみが

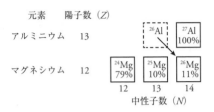

元素　　陽子数（Z）

アルミニウム　　13

マグネシウム　　12

中性子数（N）

図 6-13：アルミニウムとマグネシウムの同位体と，それらの現在の地球上における相対存在度．現在，アルミニウムにはただひとつの同位体があり，マグネシウムには 3 つの同位体がある．しかし，初期の太陽系では，アルミニウムの別の同位体が存在した．それは，半減期 73 万年の放射性アルミニウム ^{26}Al である．この同位体は，はるか昔に ^{26}Mg に崩壊しており，現在では消滅している．

残り，^{26}Al が存在した証拠となる．^{26}Al は，超新星爆発における r 過程によってつくられる．^{26}Al が存在した証拠は，それを含む岩石がつくられた 500〜1,000 万年前以内に超新星爆発が起こったという結論を導く．その証拠は，娘核種のマグネシウム同位体比の変動に現れる．

　1974 年，カリフォルニア工科大学のゲリー・ワッサーバーグと共同研究者は，隕石をつくった星雲物質に ^{26}Al が存在したかどうかを調べはじめた．もし，^{26}Al が存在したことをマグネシウム同位体が示すならば，初期の太陽系の発達について次の 3 つのことがあきらかになる．

　(1)　超新星爆発は，太陽系がつくられる直前に，太陽系の近くで起こった．

　(2)　隕石は，超新星爆発の後，きわめて速やかにつくられた．

　(3)　消滅放射性核種が，初期太陽系に存在し，初期惑星の強力な熱源となった．

　測定を行うべき重要な物質は，アルミニウムに富み，マグネシウムに乏しいものである．^{26}Al は安定同位体の ^{27}Al と化学的に同じであるので，^{26}Al は ^{27}Al とともにアルミニウム鉱物に取り込まれる（もし ^{26}Al を含むアルミホイルがあったとしたら，ふつうのものとまったく同じに見えるが，致命的である！）．マグネシウムの量が低いほど，安定な ^{24}Mg に対してより多くの ^{26}Mg がつくられる．アイソクロンを用いた年代測定は，親核種 / 娘核種の比に大きな変動があるときに最もうまく働くように，消滅したアルミニウムの形跡を見つけるのは，

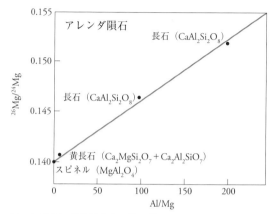

図 6-14：コンドライト隕石の鉱物粒子中の $^{26}Mg/^{24}Mg$ 比と Al/Mg 比の関係．長石の粒子は，主成分としてアルミニウムを，微量成分としてマグネシウムを含み，Al/Mg 比が小さい鉱物よりもより高い $^{26}Mg/^{24}Mg$ 比を持つ．平均地球物質の $^{26}Mg/^{24}Mg$ 比は，0.1394 である．地球の Al/Mg 比は約 0.1 であるので，これは驚くべきことではない．(Based on Lee, Papanastassiou, and Wasserburg, Geophys. Res. Lett. 3 (1976): 109–12).

Al/Mg 比が大きな幅を持つときに最もうまくいく．最も高い $^{26}Al/^{24}Mg$ 比を持っていた鉱物（例えばカルシウム灰長石 $CaAl_2Si_2O_8$）は，^{26}Al が完全に崩壊すれば，最も高い $^{26}Mg/^{24}Mg$ 比を持つだろう．低い Al/Mg 比を持っていた鉱物は，低い $^{26}Mg/^{24}Mg$ 比を持つだろう．もし，これらの鉱物の $^{26}Mg/^{24}Mg$ 比に差がなければ，それらがつくられたとき ^{26}Al は存在しなかったと言える．

　この研究の対象となった物質は，これまでに発見された最大の炭素質コンドライト隕石である．アレンダと名付けられたその隕石は，1969 年にメキシコに落下した．ワッサーバーグと共同研究者は，その隕石に含まれるマグネシウム濃度の低い長石の $^{26}Mg/^{24}Mg$ 比を精密に測定し，マグネシウムを多く含む鉱物粒子の測定結果と比較した．その結果，長石の $^{26}Mg/^{24}Mg$ 比が高いことを見いだした．それは，異なる Al/Mg 比を持つ異なる鉱物を測定することによって確証された（図 6-14）．Al/Mg 比と $^{26}Mg/^{24}Mg$ 比の間に相関があることがわかる．この巧妙な図は，鉱物の現在の Al/Mg 比がもとの $^{26}Al/Mg$ 比に比例するという事実に基づいている．したがって，現在の Al/Mg 比が高いほど，^{24}Mg

に対してより多くの^{26}Mgがつくられたと言える.

この結果を説明するために必要なもとの^{26}Alの量は大きすぎるように思われたため,結果の解釈をめぐって,論争が起こった.しかし,装置技術の発達は,隕石の個々の粒子に含まれる,さまざまな消滅放射性核種から生じた同位体の比の測定を可能にした.これらの結果は,初期太陽系の粒子における超新星爆発生成物の重要性を決定的にした.実際,最も始原的な隕石に保存されたごく小さな粒子の同位体の多様性は,多くの異なる型の恒星および超新星爆発から太陽系星雲へ物質の寄与があったことを示す.これらすべての証拠は,太陽系が星間のガスと塵の大きな雲の中でつくられたという仮説を裏付ける.その雲では,恒星の形成と元素の生成が一般的であった.太陽とその惑星がつくられた領域のごく近傍で,その形成の直前に,ひとつあるいは複数の超新星爆発が起こった.

 まとめ

放射性元素は,惑星の物質をつくる分子に内在する時計である.これらの元素は,崩壊するにつれて娘核種をつくり,それぞれの元素の同位体組成を変化させる.これらの同位体比の測定は,地球のさまざまな過程のタイムスケールの研究を可能にする.^{14}Cのような宇宙線起源放射性核種は,比較的新しい有機物の年代を測定するために使われる.長寿命放射性核種は,初期太陽系と地球の歴史の全体で起こった出来事の年代を決めるために欠かせない道具である.多数の独立した同位体系があるので,隕石の年代のような重要な測定は,独立した方法で二重,三重に検証することができる.すべてのデータは,太陽系の年齢が45.6億年であることと調和している.これらの測定と地球物質の測定との一貫性は,今も宇宙から地球表面に衝突している隕石と同種の物質から地球がつくられたことを示す.また,長寿命放射性核種は,定常状態の基礎および元素がつくられ始めた年代の研究を可能にする.この年代は,第2章で赤方偏移と距離との関係から推定された宇宙誕生の年代とよく調和する.そして,ビッグバンから始まり,銀河における元素の生成,太陽系の形成を経て,現在に至る地球史全体の年表を与える.短寿命放射性核種は,初期太陽系で起

こった過程をあきらかにするための別の道具となる. ^{26}Al と他の消滅放射性核種の証拠は, 太陽系が形成された環境がきわめて活動的なものであったことを示す. 近くの多様な恒星と超新星から太陽系星雲へ物質の供給があった. 地球は, 恒星の培養器でつくられた. それは, 現在, 天文学者が私たちの銀河系のどこかで観測しているのと同じ環境である. 私たちの太陽系は, 宇宙のありふれた過程のひとつの例である. 消滅放射性核種は, 初期太陽系のごく短いタイムスケールの歴史をあきらかにする. 太陽, 隕石, 惑星の形成は, 超新星爆発から数百万年のうちに起こった. 短寿命放射性核種は, 激しく崩壊し, 短寿命だが強力な熱源となった. それは, 初期惑星天体を急速に加熱し, 惑星の分化をうながした.

参考図書

Gunter Faure and Theresa Mensing. 2005. Isotopes, Principles and Applications, 3rd ed. New York: John Wiley & Sons.

Claude Allègre and Christopher Sutcliffe. 2008. Isotope Geology. Cambridge: Cambridge University Press.

第**7**章

内装工事

コア，マントル，地殻，海洋，大気の分離

図7-0：石鉄隕石の一種であるパラサイト隕石の写真．暗い部分は，かんらん石の結晶．明るい部分は，金属である．(Courtesy of Harvard Museum of Natural History).

　微惑星から惑星や衛星が形成された後，惑星や衛星の内部に重大な変化が起こり，初期の内部構造がつくられた．惑星の分化の基本は，漸進的な層構造の形成である．密度の高い物質は内部に沈み，密度の低い物質は表面に上昇する．例えば，地球は，金属鉄のコア，ケイ酸塩のマントル，海洋と大陸で異なる固体の地殻，海洋，および大気の層に分けられた．**コア**と**マントル**の分離は，金属の液体とケイ酸塩の液体が混ざり合わないことの結果である．高密度の金属は，ケイ酸塩のマントルの下にコアをつくった．地球内部の著しい高温のため，固体のケイ酸塩マントルは対流し，深部の高温物質を表層に運ぶ．マントル物質は，上昇して浅い深度に達すると融解する．融解物は，まわりのマントルより軽いため，浮力を得て，表面に上昇し，地殻を形成する．マントルの融解物は，マグネシウム（Mg）や鉄（Fe）に富む（苦鉄質）**海洋地殻**の岩石を形成する．さらなる火成過程により，長石や石英に富む（珪長質）**大陸地殻**の岩石が形成される．海洋地殻と大陸地殻は，どちらも下にあるマントルより軽く，マントルの上に浮かぶ．大陸地殻は，海洋地殻より密度が小さく，厚いため，より高い位置まで浮かぶ．最外層にある液体の**海洋**と気体の**大気**は，おそらく主にマントルの脱ガスにより形成された．しかし，揮発性物質に富む天体の衝突により，宇宙から継続的な供給を受けた可能性もある．半減期の短い放射性核種から得られた証拠によれば，コアと大気の形成は，地球史の最初の数千万年に起こったと考えられる．私たちが今日見る地殻は，ずっと後に形成された．海洋底は，絶えずつくられ破壊されているため，地質学的に若い（1億6,000万年未満）．大陸はより古い記録を保持しているが，40億年前の残滓はごくわずかであり，地球の最も初期の直接的な記録は残っていない．その時代の重要な手がかりは，隕石から得られる．40億年前より古いエイコンドライト隕石の証拠に基づくと，不混和，融解，脱ガスなどの過程により，組成と密度の異なる層が形成されることは，共通の惑星過程である．

　内部の成層の結果，化学的性質にしたがって元素が分配される．**親鉄性**（金属を好む）の元素は，最終的にコアに濃縮される．**親石性**（岩石を好む）の元素のほとんどは，マントルに濃縮される．一部の親石性元素はマグマに濃縮され（親マグマ性），表面に集まる．**親マグマ性**の元素と分子には，水（H_2O），二酸化炭素（CO_2），窒素（N_2）などの揮発性物質とリン（P），

ナトリウム（Na），カリウム（K），塩素（Cl）が含まれる．表面に濃縮された物質は，表面の環境と分子の材料となり，やがて安定した気候を確立し，生命の誕生と進化をもたらすことになる．

● はじめに

太陽系星雲からの惑星の形成は，地球型惑星における全体の密度，揮発性元素の相対存在度の低さ，および主要 4 元素の優勢などの特徴を説明できる．しかし，今日の惑星は，物質の均一な混合物ではない．惑星は，構造を有しており，まったく異なる組成の層に分化している．このことは，隕石から容易にわかる．多くの隕石は太陽系をまわっていた母天体が破壊されて生じたので，私たちに母天体内部の試料を与える．これらの非コンドライト隕石の一部は鉄に富む金属であり，一部は金属と岩石の混合物であり，残りは惑星内部の部分的な融解を示す火成岩である．惑星内部における融解，および金属とケイ酸塩との分離の過程は，あきらかに太陽系の歴史の初期に起きた．それは，地球と月にも影響を与えたに違いない．隕石は，地球内部で何が起こったかについて手がかりを与えてくれる．

地球は小さな破片に破壊されていないので，私たちはその内部に直接アクセスできない．最も深い掘削孔でさえ，たった 10 km くらいの深さである．これは，地球の半径 6,371 km に比べれば，ほんのわずかな距離である．私たちは，液体の海と気体の大気の組成を直接測定により決定でき，また，地殻の表面に露出した岩石を調べることができる．しかし，地球の構造や全体の組成を決定するには，他の種類の証拠に頼らなければならない．

● 地球の構造

第 5 章で学んだように，地球の構造に関する第一の証拠は，地球の密度の見積もりから得られる．密度（質量／体積）を決定するには，地球の体積と質量を知る必要がある．体積は，簡単に測定できる．質量を決定するには，ニュートンの法則を応用する．ひとつの方法は，第 5 章で議論したように，月の軌道に

基づいている．もうひとつの方法は，表面での測定に基づいている．地球の表面付近にある質量 m の物体は，一般に g で表される重力加速度で，表面に向かって落下する．この加速をもたらす重力は，次式で表される．

$$F = mg \tag{7-1}$$

また，この力は，2つの物体の間の万有引力を与えるニュートンの第三法則で表される．

$$F = \frac{GmM_e}{R^2} \tag{7-2}$$

ここで，R は地球の半径，M_e は地球の質量，G は万有引力定数である．2つの力は等しいので，次式が成り立つ．

$$M_e = \frac{gR^2}{G} \tag{7-2}$$

R と g は容易に測定できるが，G を決定するには，質量既知の2つの物体の間に働く万有引力を測定するという，ずっと困難な仕事が必要である．キャベンディシュ卿は，骨の折れる実験を行い，1798 年に G の値を決定した．そして，彼は，地球の密度を 5.45 g/cm³ と計算した．これは，より精密な現代の方法で決定された値 5.25 g/cm³ に近い．地球表面の一般的な岩石の密度は約 2.7 g/cm³ であり，水の密度は 1.0 g/cm³ であるので，平均密度を高くするには，非常に高密度の物質が地球内部に存在しなければならない．この高密度の内部物質は何だろうか？ それはどこにあるのだろうか？

この疑問に手がかりを与えるのは，地球が「楕円体」であるという事実である．地球は地軸を中心に自転しており，赤道は時速 1,668 キロメートルという高速で回転している．一方，南極と北極は，静止している．赤道の高速回転により発生する遠心力は，極に比べて赤道域をふくらませる．その結果，地球は，わずかに楕円の形となる．赤道のふくらみの大きさは，地球内部で質量がどのように分布しているかに依存する．質量が内部に集中していれば，ふくらみは小さくなる．このことは，頭の上で重りをぐるぐるまわすことを想像すれ

ば（または実際にやってみれば），理解できる．重りが1秒に1回転する長いひもの端にあれば，かなり大きな引っぱり力が腕にかかるだろう．同じ回転速度でも，重りが体に近ければ，引っぱり力はずっと小さい（もちろん重りはずっと遅い速度で動く）．この性質は，**慣性モーメント**（moment of inertia）と呼ばれる．地球は，均一な密度の球体であると仮定した場合と比べて，約20%だけ小さい慣性モーメントを持つ．もし，地球の質量が均一に分布していたら，赤道はより大きくふくらむだろう．それゆえ，高密度の物質が地球の中心に濃縮されているに違いないのである．

　平均の密度と慣性モーメントを用いると，地球の全体的な密度分布を推定することができる．その結果によれば，地球は，密度が約11〜13 g/cm^{3}で地球半径のおよそ半分を占める**コア**（core）を持つ．地球の表面において，それほど高い密度を持つ元素は，ほとんど知られていない．鉄（Fe）は，1気圧で密度7.9 g/cm^{3}であり，軽すぎる．金（Au）や銀（Ag）のように密度10〜19 g/cm^{3}のきわめて重い金属だけが条件を満たすように思われた．地球は，固体の金のコアを持つのだろうか?! この謎を解くきっかけとなった発見は，地球内部の高圧では，固体が圧縮され，密度が大きくなることであった．それは，第5章で議論した外惑星の密度と同様である．密度に対する圧力の効果は，地球のすべての層において，深度にしたがって密度が徐々に増えるという結果をもたらす．

　20世紀初め，地震学の進歩により，地球の内部構造についての理解が飛躍的に進んだ．地震の衝撃は，地球をベルのように震わせ，非常に大きなエネルギーを持つ波を引きおこす．地震波は，地球の表面ならびに内部へ伝わる．これらの波は，きわめて精密な振り子である地震計（seismometers）を用いて記録できる．地震計は，地震波の詳細なパターンを記録した地震動記録を与える（図7-1）．

　地球上のさまざまな場所で記録された地震波の到着のタイミングから，地球を伝わる波の速度についての情報が得られる．地震波の速度は，波が伝わる物質の密度などの物理的性質に依存する．地震波の速度データから，地球の密度構造が決定された（図7-2）．この構造によると，密度が深度とともに徐々に増す広い領域と，密度が急激に変化するいくつかの深度がある．密度ジャンプは，化学組成が大きく変化することを示す．最も著しいジャンプでは，密度は約6 g/

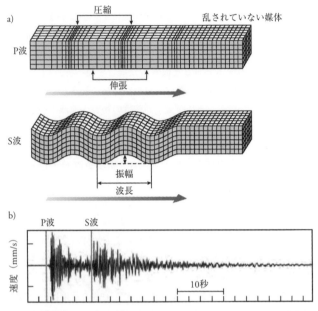

a)

圧縮　　　　　　　　乱されていない媒体

P波

伸張

S波

振幅

波長

b)

P波　　S波

速度 (mm/s)

10秒

図7-1：(a) 疎密波（縦波, P波）とせん断波（横波, S波）の違いの図解. 物質が進行方向に変位するのが疎密波であり, 進行方向に垂直に変位するのがせん断波である. (b) ある地震により生じたP波とS波の到達を示す地震動記録. P波は, S波より速度が大きく, 先に到達する. 横軸は, 時間を表す. (Courtesy of U.S. Geological Survey).

cm^3 から 10 g/cm^3 に増加する. これは, コアとマントルの境界を定義するのに使われた.

　地震動記録の複雑なパターンがより深く理解されるようになると, 地震学者は, 地震は主に3つの種類の波を生ずることに気づいた. **疎密波**（compressional waves, P波）は, 物質が波の動いていく方向の前後に動く波である（図7-1）. **せん断波**（shear waves, S波）は, 物質が波の進行方向に対して垂直に動く波である. そして, 表面波（surface waves）は, 地球の内部ではなく表面を伝わる波である. 驚くべきことに, せん断波は, 地震の発生地点から地球を4分の1周したより少し遠い位置で突然消失する！　せん断波が現れない領域は, **地震波**

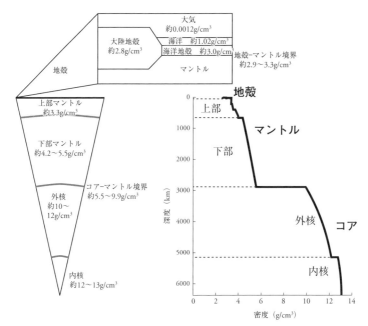

図 7-2：地震波の速度から決定された地球の密度の鉛直分布. 主に圧縮のため, それぞれの層で密度は次第に増加する. 物質の組成が急激に変化するところでは, 密度の急激な変化が起こる. 上部マントルでの密度の小さな変化の一部は, 同じ組成のかんらん岩の鉱物学的特徴の変化による.

の影 (shadow zone) と呼ばれるようになった (図 7-3).

　地震波の影が生じるのは, せん断波は液体を伝播できないからである. 疎密波とせん断波は, 固体中をわずかに異なる速度で伝わる. しかし, 液体はせん断力を保てないので, せん断波は液体中では消えてしまう. 木や金属の棒は曲げられるが, 液体は曲げられない. 液体は, せん断力を保つ強度がないからである. クジラやイルカは, 疎密波である音波を用いて, きわめて長い距離を通してコミュニケーションできる. しかし, 彼らの大きな尾びれの上下の動きによるせん断波は, 急速に消散する. 地震波の影は, 地球内部のある一部分でせん断波が消滅することを示す. その部分は液体であるに違いない. 地震波の影

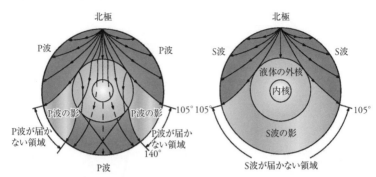

図 7-3：北極で起こった地震が地球を伝わる経路．地震波は，通過する物質の密度の変化によって屈折する．実線は，波の経路を示す．波が直接到達しないところは，一般に地震波の影（shadow zones）と呼ばれる．

の空間分布を系統的に調べることにより，内部の液体の層が精密にマッピングされた．液体の層は，コアとマントルの境界を定義する急激な密度変化の領域でまさしく現れる（図 7-3）．

異なる密度を持つ層の定義，およびその層が固体か液体かという情報に基づいて，地球内部の基本構造が描かれた．表層は**地殻**（crust）であり，大陸の下では約 35 km，海盆では約 6 km の厚さがある．地殻の基部は，地震波の速度が変化する面により定義され，モホロビチッチ不連続面（Mohorovicic discontinuity）と呼ばれる（モホ面ともいう）．モホロビチッチ不連続面では，密度が約 2.7 g/cm³ から 3.3 g/cm³ に急増する．地殻の下には，固体の**マントル**（mantle）があり，深さ 2,900 km まで拡がっている．その深さに，地震波の速度が変化するグーテンベルク不連続面（Gutenberg discontinuity）があり，コアとマントルの境界を定義する．その下は，厚さ 2,100 km におよぶ液体の**外核**（outer core）である．液体コアの基部は，レーマン不連続面（Lehman discontinuity）で定義される．密度は，そこでまた急増し，半径 1,000 km を超える固体の**内核**（inner core）の値となる．

次のステップは，これらの層の化学組成を決定することであった．これには，適当な温度と圧力における，物質の密度と地震波速度に関する知識が必要だった（表 7-1）．長年にわたる注意深い実験の結果，さまざまな鉱物の密度と

表7-1：地殻とマントルの一般的な岩石

岩石	場所	低圧力での密度 (g/cm³)	主な鉱物	化学組成（%）				
				SiO₂	Al₂O₃	MgO	FeO	CaO
花崗岩 / 流紋岩	大陸	2.70	長石，石英	70	16	1	3	6
閃緑岩 / 安山岩	大陸，島弧	2.85	長石，石英，輝石	55	18	2	5	8
斑れい岩 / 玄武岩	海洋地殻，洪水玄武岩	3.00	長石，輝石，かんらん石	49	15	8	10	11
かんらん岩	マントル	3.30	かんらん石，輝石	44	4	39	8	3

地震波速度が決定された．これらの値を用いて，地震波の結果が考察された．地球のコアは，鉄とニッケル（Ni），および少量の軽い元素（それらが何であるかはいまだに論争中である）から成る．少量の成分は，純粋な鉄－ニッケル合金に比べて地震波速度をわずかに小さくする．地殻は直接調べることができ，その組成は地震波速度の観測結果と調和する．**大陸地殻**（continental crust）は，密度が約 2.7 g/cm³ であり，主に石英（quartz）と長石（feldspar，花崗岩の主要成分）から成り，鉄とマグネシウムに富む苦鉄質鉱物（mafic minerals，輝石や角閃石など）を少量含む．**海洋地殻**（oceanic crust）は，石英を含まず，約 50％の長石と，大陸地殻よりずっと高い割合の苦鉄質鉱物を含む．その平均密度は，約 3.0 g/cm³ である．

　マントルの物質を正確に特定するのは，最も難しかった．地震波のデータは，マントルの組成を完全に特定するには不十分であった．地表に現れた珍しいマントル起源岩石の観察，実験，および地球化学的推論が必要な束縛条件を与えた．現在，上部マントルは主にかんらん岩（peridotite）から成ると確信されている．かんらん岩は，かんらん石（olivine）や輝石（pyroxene）などの苦鉄質鉱物から成り，密度は約 3.3 g/cm³ である．その根拠を以下にあげる．

(1) 恒星内元素合成，隕石の組成，および上に述べた密度の束縛条件についての理解によれば，地球は主に内惑星をつくる主要4元素（鉄，マ

グネシウム，酸素，ケイ素）から成るはずである．鉄は大部分がコアに
あるが，かなりの量が地球の残りの部分にも存在するので，マントル
は酸化マグネシウム（MgO），二酸化ケイ素（SiO_2），酸化鉄（FeO）の
組み合わせでなければならない．これらの元素の隕石における比と調
和するように，マントルはかんらん石と輝石からできているはずであ
る．

(2) マントルが断層にそって表面まで押し上げられた場所から，約55％
のかんらん石，35％の輝石，5〜10％の酸化カルシウム（CaO）と酸化
アルミニウム（Al_2O_3）の相を含むかんらん岩が得られた．

(3) キンバーライト（kimberlites）と呼ばれる希少岩石は，地球内部から爆
発的に噴き出したもので，地殻より下のさまざまな深度で捕捉された
岩石の破片を含む．一部の破片は，ダイヤモンドを含む（キンバーラ
イトは，すべての天然ダイヤモンドの起源である）．ダイヤモンドは地殻
よりはるか深部の圧力でしか形成されないので，キンバーライトはマ
ントルから来て，マントルの物質を集めているに違いない．深部起源
の岩石の破片は，超苦鉄質ノジュール（ultramafic nodules）と呼ばれ，
ほとんどがかんらん岩である．

(4) 海嶺では，地殻はごく薄く，火山岩はマントルの部分融解により形成
される．これらの岩石の組成は，かんらん岩が融解した原料物質であ
ることを示す．

以上すべての情報は，マントルの成分がかんらん岩であることを示す．かん
らん石と輝石を用いた実験により，これらの鉱物は深部で圧力が増すと構造を
変えることが示された．このことは図7-2において，上部マントルの密度曲
線がなめらかでない理由を説明する．鉱物の構造が高密度型に変化すると，地
震波速度は上昇する．

コアに関する自然な疑問は，上層と下層が固体で囲まれた融解金属の層（外
核）がどうして存在できるのかということである．外核は，地球内部に存在す
る液体金属の海であると言える．ひとつの可能性は，コアとマントルの境界に
おいて，温度が著しく上昇することである．もうひとつの可能性は，境界が存

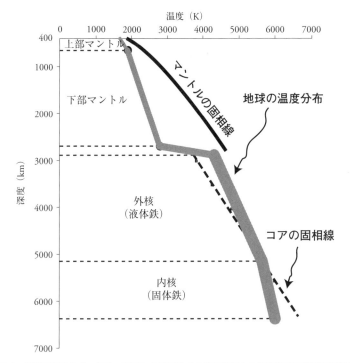

図7-4：地球の温度分布．図は，岩石と金属の融点の差に依存する地球内部の物質の状態と，その圧力による変化も示している．内核は外核よりも高温であるが，深度とともに融点が上昇するため，内核は固体で，外核は液体である．上にあるマントルは固体であるが，外核は液体である．この理由は，深部では鉄の融点はケイ酸塩の融点より低く，コアーマントル境界では急激な温度上昇があるからである．(Data from Lay et al. Nat. Geosci 1 (2008): 25-32; Madon, Mantle, in Encyclopedia of Earth System Science, vol. 3 (San Diego: Academic Press, 1992), 85-99; Alfé et al., Mineralogical Magazine 67 (2003): 113-23; Duffy, Philosophical Transactions of the Royal Society of London A 366 (2008): 4273-93; and Fiquet et al., Science 329 (2010): 1516-18).

在する深さ2,900 km の圧力において，金属の鉄はケイ酸マグネシウムよりも低い温度で融解することである．このことが，金属とケイ酸塩が同じ温度において，それぞれ液体と固体で存在することを可能にしている．外核が液体である第一の原因は，下部マントルの岩石に比べて金属鉄の融点が低いことである．

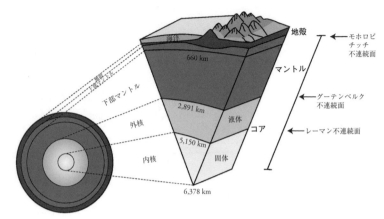

図7-5：地球の層とその深度分布の図解.

しかし，温度もまたコア−マントル境界で急激に上昇する（図7-4）.

　より深い液体−固体境界，すなわち外核と内核の境界に関しては，別の説明がある．すべての岩石と金属の融点は，圧力が増すと大きく上昇する．なぜなら融解は膨張と化学結合の切断をともなうが，高圧ではこれらが起こりにくくなるからである．内核は高温だが，金属鉄がふたたび固体となるのに十分な圧力がある（図7-4）.外核と内核の間の液体−固体境界は，融点に対する圧力の効果により生ずるのである.

　以上のさまざまな証拠と推論が，地球の内部構造の明快な記述を導いた（図7-5）.この構造は，あらゆる地球物理学データによって支持される．実際に地球の深い内部を直接観察することはできていないが，この構造は確立された事実に限りなく近い．私たちの理論評価では，9点を得ることができる．主要な元素については確からしいが，コアやマントル最下層のような地球深部の構造の詳細，特に正確な元素組成や鉱物学は，まだよくわかっていない.

● 地球の層の化学組成

　周期表のさまざまな元素は，地球の主な4つの層，コア，マントル，地殻，

大気・海洋に等しく分布しているわけではない．さまざまな元素がどこに存在するかを理解するためには，異なる種類と状態の物質に対する元素の親和性を考えなければならない．

元素の化学的親和性

　元素を4つの主なグループに分けると便利である（図7-6）．**親気性**（atmophile）の元素は，揮発性が高く，地球の条件では気体や液体となりやすい（phile は「. . . を好む」という意味の接尾辞である．例えば，francophile はフランスを愛する人である）．親気性の元素および分子には，希ガスのヘリウム（He），ネオン（Ne），アルゴン（Ar），および水（H_2O），二酸化炭素（CO_2），窒素（N_2）が含まれる．これらの元素・分子は，密度が低く，圧倒的に海洋と大気に濃縮されている．

　親石性（lithophile）の元素は，ケイ酸塩岩石に入ることを好む．親石元素には，ケイ素（Si），マグネシウム（Mg），酸素（O），カルシウム（Ca），アルミニウム（Al），チタン（Ti）などが含まれる．これらの元素は，圧倒的に地球のマントルと地殻に存在する．

　親鉄性（siderophile）の元素は，金属の状態を好む．親鉄元素には，私たちになじみのある金属が含まれる．鉄，コバルト（Co），ニッケル，パラジウム（Pd），白金（Pt），金などである．

　親銅性（chalcophile）の元素は硫黄（S）を好み，硫化物鉱物として産する．親銅元素には，鉛（Pb），カドミウム（Cd），銅（Cu），亜鉛（Zn），ヒ素（As）が含まれる．親銅元素と親鉄元素の間には，かなりの重複がある．鉄は独特で，親石，親鉄，親銅の3つのグループに属する．鉄が金属になるか，ケイ酸塩になるかは，酸素の量に依存する．また，鉄は，最も一般的な硫化物であり，「愚か者の金」として知られる黄鉄鉱をつくる．

　以上に加えて，親石元素の考慮すべき部分集合がある．それは，ケイ酸塩の液体に濃縮される元素である．融解した岩石は**マグマ**（magma）と呼ばれるので，それらの元素は**親マグマ性**（magmaphile）と呼ばれる．親マグマ元素は，大きいためケイ酸塩鉱物に入りにくく，岩石が溶けるとき液相に濃縮される．なぜなら，液体はより柔軟性のある「サイト」を持ち，大きな元素を収容できる

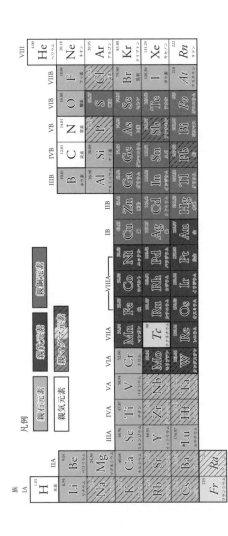

図7-6：ゴールドシュミットの分類に基づく元素の親和性を示す周期表．元素は，ホスト相の好みにしたがって，親石元素（ケイ酸塩を好む），親鉄元素（金属鉄を好む），親銅元素（硫化物を好む），親気元素（気体を好む）に分けられる．固体と液体の両方が存在するとき，好んでケイ酸塩溶液体に入る親マグマ元素は，斜線によって示されている．元素記号が斜体字の元素は，短寿命放射性核種である．

からである．親マグマ性の元素と分子は，地球の地殻に濃縮される傾向がある．すぐ後で見るように，地殻は，地球内部の部分融解によってつくられる．親マグマ元素の多くは，最終的に海洋または大気に行き着く．親マグマ元素は，一般に周期表の下の方にある親石元素であり，原子番号が大きく，イオンサイズも大きい（例えば，ルビジウム（Rb），セシウム（Cs），バリウム（Ba），ストロンチウム（Sr），ランタン（La），鉛，トリウム（Th），ウラン（U））．加えて，CO_2 や H_2O のような親気分子も，親マグマ性である．親鉄元素および新銅元素の一部（タングステン（W），アンチモン（Sb）など）も，親マグマ性である．

　これらの親和性は，地球の元素がどこに存在するかを説明することができる．例えば，ニッケルは隕石中でカルシウム，アルミニウムと同様に豊富であるが，地球のニッケルの大部分は，親鉄性のためコアに存在する．金，銀，白金，タングステンも，コアの生成によってマントルから枯渇した．これらの元素はもともと微量であったが，コアの分離の結果，ますます希少となった．後の章で見るように，地球のイリジウムも，ほとんどコアに存在する．そのため，地層中のイリジウム異常は，イリジウムに富む小惑星が 6,600 万年前に地球に衝突したことの証拠となる．親石元素は，大部分がマントルに存在する．例外はカリウム（K）のような親マグマ元素と揮発性物質であり，これらは地殻，海洋，および大気に多く存在する．

　以上のような考察に基づいて，地球全体の組成，およびさまざまな元素がどこに存在するかを推定できる（図 7-7）．例として，鉄の存在量を考えよう．地球のコアの質量は，1.87×10^{27} g である．マントルの質量は，4.02×10^{27} g である．外側の薄い地殻，海洋，大気の合計質量は，わずか 0.029×10^{27} g である．地殻の鉄の量は，直接測定できるが，ごく小さいので総量に対して無視できる．マントル物質の鉄の含有量は，重量で約 7% と見積もられる．コアの鉄の含有量は，実験データで較正された密度と地震波速度から，重量で 85% と見積もられる．これらの結果から，惑星の鉄の量が推定できる．

コア中の鉄の質量	1.6×10^{27} g
マントル中の鉄の質量	0.26×10^{27} g
地殻中の鉄の質量	0.002×10^{27} g

184

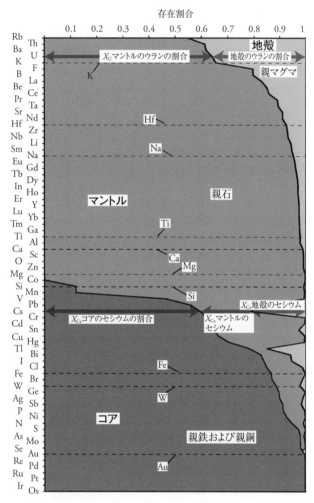

図 7-7：地球の層における元素の分布．縦軸は，74 元素のリストである．横軸は，全体を 1 として各層における元素の割合を示す．各層の相対質量を考慮してある．相対質量は，全地球 5.997，地殻 0.0223，マントル 4.043，コア 1.932 である．親銅元素と親鉄元素は，コアで大きな割合を持つ．親石元素は主にケイ酸塩層に存在し，親マグマ元素は大陸地殻に濃縮されている．(Data from W. F. McDonough, Chemical Geology 120 (1995): 223-253).

表 7-2：地球全体の化学組成 *

H	260	Zn	40	Pr	0.17
Li	1.1	Ga	3	Nd	0.84
Be	0.05	Ge	7	Sm	0.27
B	0.2	As	1.7	Eu	0.1
C	730	Se	2.7	Gd	0.37
N	25	Br	0.3	Tb	0.067
O（％）	29.7	Rb	0.4	Dy	0.46
F	10	Sr	13	Ho	0.1
Na（％）	0.18	Y	2.9	Er	0.3
Mg（％）	15.4	Zr	7.1	Tm	0.046
Al（％）	1.59	Nb	0.44	Yb	0.3
Si（％）	16.1	Mo	1.7	Lu	0.046
P	1210	Ru	1.3	Hf	0.19
S	6350	Rh	0.24	Ta	0.025
Cl	76	Pd	1	W	0.17
K	160	Ag	0.05	Re	0.075
Ca（％）	1.71	Cd	0.08	Os	0.9
Sc	10.9	In	0.007	Ir	0.9
Ti	810	Sn	0.25	Pt	1.9
V	105	Sb	0.05	Au	0.16
Cr	4700	Te	0.3	Hg	0.02
Mn	1700	I	0.05	Tl	0.012
Fe（％）	31.9	Cs	0.035	Pb	0.23
Co	880	Ba	4.5	Bi	0.01
Ni	18220	La	0.44	Th	0.055
Cu	60	Ce	1.13	U	0.015

*濃度は，特に記載のない場合は ppm である．（Data from W. F. McDonough, Chemical Geology 120 (1995): 223–253).

鉄の総質量	1.86×10^{27} g
地球の総質量	6.0×10^{27} g

　この結果は，地球全体の 31％ が鉄であることを示す．他のほとんどの元素の存在量も，元素の地球化学的分配を用いて同様に見積もることができる（表 7-2）．

　ここで，地球が隕石物質から形成されたという仮説をもう一度考えてみよ

表7-3：地殻とマントルの化学組成

	大陸地殻[*]	海洋地殻[**]	始原的マントル[**]
(wt%)			
SiO_2	60.6	50.39	45
TiO_2	0.92	1.72	0.2
Al_2O_3	15.9	14.93	4.45
FeO	6.71	10.2	8.05
MnO	0.1	0.18	0.14
MgO	4.66	7.34	37.8
CaO	6.4	11.29	3.55
Na_2O	3.1	2.86	0.36
K_2O	1.81	0.25	0.03
P_2O_5	0.13	0.35	0.02
(ppm)			
Li	16		1.6
Sc	22	41	16.2
V	138	—	82
Cr	135	—	2,625
Co	27	17	105
Ni	59	150	1,960
Cu	29	74.4	30
Zn	72	—	55
Rb	49	1.35	0.6
Sr	320	124	19.9
Y	19	40.3	4.3
Zr	132	122.4	10.5
Nb	8	3.79	0.658
Cs	2	0.0141	0.021
Ba	456	14.8	6.6
La	20	4.36	0.648
Ce	43	13.4	1.675
Pr	4.9	—	0.254
Nd	20	12.3	1.25
Sm	3.9	4.1	0.406
Eu	1.1	1.46	0.154
Gd	3.7	5.67	0.544
Tb	0.6	0.99	0.099
Dy	3.6	6.56	0.674
Ho	0.77	1.42	0.149
Er	2.1	4.02	0.438
Yb	1.9	3.91	0.441
Lu	0.30	0.59	0.0675
Hf	3.7	3.12	0.283
Ta	0.7	—	0.037
Pb	11	0.59	0.15
Th	5.6	0.2	0.0795
U	1.3	0.08	0.0203

[*] Continental crust composition from Rudnick and Gao, Composition of the Continental Crust. Treatise on Geochemistry #3, 1–64.

[**] Primitive mantle from Sun and McDonough, Chemical and isotope systematics of ocean basalts: implications for mantle composition and process. Geol. Soc. London Special Pas 42 (1989): 313–345.

う．その仮説が正しければ，私たちが直接測定できるケイ酸塩の地球（コアを除いた地球）は，不揮発性の親石元素をコンドライト隕石と同じ割合で含み，コアの中へ分離された親鉄元素と親銅元素に著しく乏しいだろう．だいたいにおいて，この推論は観測と一致する．しかし，ケイ酸塩地球の全組成の推定は，地球がコンドライト的であるという仮定に基づいている．データの不確かさを考慮しても，地球はコンドライト隕石の組成とわずかに異なるようである．地球の精確な組成には，未知のことが多く残っている．

　以上のように，慣性モーメント，地震学，地質観察，実験，地球化学，および宇宙化学を組み合わせることにより，地球の層の組成について，多くの知識が得られた．これらの知識は，地震波速度から親鉄元素の存在量まで，さまざまな観察結果を説明できることから，おおむね一般に受け入れられている．地殻と上部マントルの組成（表7-3）は，誤差が小さく，私たちの信頼性評価で8〜9点である．直接の分析や実験を含むきわめて多くの証拠があるからである．また，私たちは高い確実性で，下部マントルはケイ酸塩であり，コアは鉄－ニッケル合金であると知っている．地震データと地球全体の特徴が，それらの組成を限定する．下部マントルとコアの詳細な組成は，信頼性評価で7〜8点しか得られない．それは，直接的な化学分析がなく，超高圧のため実験も難しいからである．

地球の層の起源

　地球の層の実在，物理的特性，および全体的組成の知識を持って，これらの層がどのように形成されたかという謎に取り組もう．第5章で学んだように，一部の隕石は，衝突によって破壊された小惑星の残骸である．これらのさまざまな隕石は，地球以外の惑星も，金属，ケイ酸塩，および火山物質から成る層をつくったことを示す．地球と同じように，金星と火星は，平均密度がケイ酸塩の地殻よりも大きいので，内部に大量の金属を持つに違いない．また，金星と火星は，火山活動による地殻の形成の証拠，および大気を有する．これらの証拠によれば，コア，マントル，地殻，および揮発性物質に富む表面を生ずる惑星の分化の過程は，一般的な現象のようである．それはどのように起こるの

だろうか？

マントルからコアの分離

　重大な疑問は，層は惑星が形成されたときにできたのか，すなわち，最初に金属コアが集積し，その後に他の層が集積したのか，あるいは金属とケイ酸塩は，初めはすべて一緒に混合されており，後に今日私たちが見るような層に分離されたのかである．最初のモデルは，初期に地球に加えられた物質が互いに大きく異なり，時間とともに変化したとするもので，**不均質集積** (heterogeneous accretion) と呼ばれる．最初に金属物質が集まってコアを形成し，次にケイ酸塩物質がコアの表面に加えられ，最後に気体と水が表層にまき散らされて，海洋と大気を形成したと考える．第二のモデルは，**均質集積** (homogenous accretion) と呼ばれる．このモデルでは，地球に集積した物質は，最初は均質であった．集積後に層の分離が起こり，コアは地球の中心に沈み込み，揮発性物質は脱ガスされ海洋と大気を形成したと考える．地殻の層については，私たちは今日その層が形成されリサイクルされるのを見るので，不均質集積は当てはまらない．しかし，コア，マントル，揮発性物質に富むエクステリアの起源について，不均質集積は可能性のあるモデルである．

　惑星は，原始太陽系星雲の固体物質からつくられた．もし，コアが不均質集積によって形成されたならば，初期の内部太陽系において，すべての固体物質が金属であり，すべてのケイ酸塩が気体であった時代が必要である．そのためには，金属が親石元素よりも不揮発性でなければならない．そうであれば，金属が星雲ガスから最初に凝結し，ケイ素，アルミニウム，カルシウム，チタンなどを含む物質は，その後より低温で凝結しただろう．しかし，実験，理論計算，および炭素質隕石の観察のすべてが，最初に凝結した物質はカルシウムとアルミニウムに富むケイ酸塩であったことを示す (表7-4)．また，太陽系の小さな天体のコアの残骸であると考えられる鉄質隕石は，年代測定によれば，最も古いコンドライト隕石がつくられてからわずかに「後に」形成された．したがって，太陽系の歴史において，ケイ酸塩がなく，金属だけが集積した時期があったという証拠はない．惑星の金属コアは，集積後，岩石から金属が分離す

表 7-4：凝結の順序

温度 (K)	凝結する元素	凝結する化学種
3,695	タングステン	酸化タングステン WO_3, 鉄マンガン重石 $FeWO_4 - MnWO_4$
1,760〜1,500	アルミニウム, チタン, カルシウム	酸化アルミニウム Al_2O_3, CaO, $MgAl_2O_4$
1,400	鉄, ニッケル	ニッケル−鉄粒子
1,300	ケイ素	ケイ酸塩：かんらん石 $(Mg,Fe)_2SiO_4$, 長石 $(Na,K)AlSi_3O_8$
450〜300	炭素	炭酸塩化合物, 含水鉱物
<300	水素, 炭素, 窒素, 希ガス	氷粒子：水 H_2O, アンモニア NH_3, メタン CH_4, アルゴン−ネオン

ることによって形成されたに違いない.

　さらに, 現在, 星の形成が起こっている星間雲を研究する天文学者は, 恒星を包む雲に金属とケイ酸塩の両方が存在することを見いだした. この観察は, 太陽系形成のとき両方の原料が同時に存在したことの証拠を与える. したがって, 不均質集積のシナリオは, 純粋なかたちでは支持されない.

　不均質集積は成り立たないので, コアとマントルは集積の後に分離したはずである. これは, 物理的に妥当だろうか？ 金属とケイ酸塩の2つの特徴が, コアとマントルの分離を説明できる.

(1) ケイ酸塩に比べて高密度な金属は, 重力の作用によりケイ酸塩中を沈む.

(2) 金属とケイ酸塩は混じり合わない (immiscible) ので, 密度差による分離は容易である.

不混和性 (immiscibility) は,「台所の科学」から私たちになじみのある概念である. 水はアルコールより高密度であるが, アルコールに水を加えても, コップの底に純粋な水の層は生じない. 2つの液体は, 混和する. アルコールと水は, 混ざって, ひとつの均質な物質となる. 一方, 油と酢は, 不混和である. 一緒に混ぜられても, それらは独立した相のままである. 激しくかき混ぜた後でも, 密度の低い油が上部に浮いて純粋な層をつくり, 密度の高い酢 (主成分は水) が

下に層をつくる．不混和性と密度差は，明確な境界を持つ別の層をつくる．金属とケイ酸塩は，水と油のように互いに混ざらない．大きな密度差と不混和性の組合せは，金属がケイ酸塩から分離して，下方へ移動することを必然かつ不可逆にする．

コア形成の時期

　コアは，いつできたのだろうか？　そして，コアの形成には，実際にどのくらいの時間がかかったかのだろうか？　ひとつの可能性は，集積の際の融解と激しい対流が，たちまちコアの形成を起こしたというものである．もうひとつの可能性は，コアの形成は漸進的であって，現在も少しずつ起こっているというものである．

　この疑問には，地球物理学と地球化学の両方が関係する．初期地球の熱源についての考察は，地球の形成時に相当な融解が起こったという結論を導く．初期地球の熱源は，衝突によって発生する熱，および現在では消滅した放射性核種と長寿命放射性核種からの熱を含む．加えて，コアの分離の過程は，金属が地球の中心に「落ち」るとき，多量の熱を発生した．これらの熱源を含む計算によれば，地球史の最初期に大量の熱があり，地球の大部分が融けたことは大いにありそうである．

　第8章で見るように，月の岩の研究から，月もその歴史の初期に融解したことがわかった．熱の発生と損失の両方の観点から，月が融解したならば，地球も融解したと考えられる．月は，地球より小さな熱源を持つ．月は地球より重力場が小さいので，衝突によって発生した熱はより小さいだろう．月は揮発性物質に乏しいので，主な熱源である放射性カリウム^{40}Kの存在量は低かった．月は大きなコアを持っていないので，コア形成による熱生成は無視できる．したがって，地球は，月を融解したよりはるかに大量の熱を融解に利用できた．

　また，月は小さな天体であるので，より効率的に熱を損失する．これは，経験から理解できる．1滴のお湯は，カップ1杯のコーヒーよりずっと冷めやすい．ある体積の物体に含まれる熱は表面から失われるので，小さな物体は大きな物体よりずっと速く冷える．表面積と体積の比が大きいほど，熱は速く失わ

れる．月は地球よりも熱源が少なく，より速く熱を失うので，月が融解したならば，地球も融解しただろう．地球は，その歴史の最初の数千万年に相当な部分が融解し，コアがマントルから効果的に分離されただろう．

　コアが分離した時期は，地球化学時計（**放射性起源同位体**, radiogenic isotopes）を用いて定量的に推定できる．この場合，鍵となるのは親石性元素ハフニウムの消滅した放射性核種 ^{182}Hf である．これは，半減期 900 万年で親鉄元素タングステンの安定核種 ^{182}W に崩壊する．地球が集積したときに存在した ^{182}Hf は，地球史の最初の 1 億年で完全に ^{182}W に崩壊した．もし，地球が集積してから 1 億年以上たった後にコアが形成されたならば，^{182}Hf はコア形成の前になくなっただろう．そして，後からつくられたコアのタングステン同位体比は，マントルおよび地球全体と同じになるだろう．さらに，その同位体比は，金属－ケイ酸塩の分離を経験しなかった他の太陽系物質（例えばコンドライト）と同じになるだろう（図7-8）．一方，もしコアがごく早くに形成されたならば，^{182}Hf が完全に崩壊する前に，大部分のタングステンはコアに取り込まれただろう．残りのマントルは，はるかに高いハフニウム / タングステン比を持ち，^{182}Hf もまだ残っていただろう．残りの ^{182}Hf が崩壊するにつれて，マントルに残っている少量のタングステンは，娘核種 ^{182}W に富むようになる．そして，私たちが測ることができるケイ酸塩地球は，コンドライトのような未分化の物体に比べて過剰の ^{182}W を持つようになるだろう．地球の岩石とコンドライト隕石が同じタングステン同位体比を持つならば，コアの形成は地球が集積してから 1 億年以上後に起こったことになる．もしタングステン同位体比が異なるならば，コアの形成はもっと早くに起こったはずである．コアの形成が早いほど，タングステン同位体比の差は大きくなる．ハフニウムとタングステンはどちらも微量元素であるので，分析は技術的に難しい．ようやく 2002 年に，いくつかの研究室で決定的なデータが得られた．その結果によれば，ケイ酸塩地球は，コンドライトに比べて ^{182}W が豊富である．同位体比の差は，コアの形成が地球史の最初の 3,000 万年に起こったことを示唆する．タングステン同位体のデータは，地球の集積の「後」にコアが形成されたことを決定的に示す．これは，不均質集積ではなく均質集積が正しいことのさらなる証拠となる．

　以上のように，さまざまな証拠が，地球は主に均質集積によって形成され，

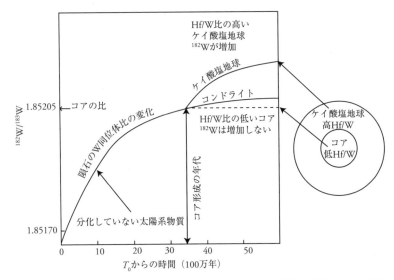

図 7-8：コアの形成がタングステン同位体比の変化におよぼす影響の図解．T_0 は，地球が集積した時間である．コアが T_0 から 1 億年以上後に形成されたならば，放射性ハフニウム ^{182}Hf はすべて ^{182}W に崩壊しており，コア，マントル，および炭素質コンドライトは，すべて同じタングステン同位体比を持つだろう．ケイ酸塩地球は，コンドライトと異なるタングステン同位体組成を持ち ^{182}W に富むので，コアはハフニウム同位体が完全に崩壊する前に形成されたに違いない．(Data from Quing-zhu Yin et al. Nature 418 (2002): 949–52 and Schoenberg et al., Geochim. Cosmochim. Acta 66 (2002): 3151).

大規模な融解を起こし，地球史の最初の数千万年のうちに，不混和性と密度差のためにマントルからコアが速やかに分離されたことを支持する．

　この時間枠は，他の隕石と同位体からの証拠と調和する．これらの研究によれば，小さな惑星様天体は，わずか 500 万年で金属コア，ケイ酸塩マントル，火山性地殻の層に分化し，その後，破壊されてエイコンドライト隕石をつくった．そのような速やかな分化を引き起こした熱源は，アルミニウムの放射性核種 ^{26}Al であると考えられる．^{26}Al は，半減期が 70 万年であるので，700 万年未満で完全に崩壊してなくなる．火星の質量は，地球のおよそ 8 分の 1 である．火星起源と考えられる隕石は，火星のコアが約 1,500 万年前に形成されたこと

を示す．小さな天体は速やかに形成され分化したが，火星や地球のように大きな天体は，形成と分化により長い時間を要したようである．

　惑星の形成と分化は，衝突と消滅放射性核種によってエネルギーを与えられ，太陽系の歴史（45.6 億年）の最初の 1％のうちに起こった．この時間の割合は，多くの哺乳類の妊娠期間において，その生物の主な形態構造が現れるまでの時間が占める割合と同じくらいである．

地殻の起源

　地殻は，固体地球の最上部であり，地震学によって定義されたモホロビチッチ不連続面より上の部分である．海洋と大陸の地殻は，地震特性と化学組成があきらかに異なる．海洋地殻は，主に苦鉄質火山岩である玄武岩（basalt）と，その深成岩である斑れい岩（gabbro）からできている（表7-1 参照）．大陸地殻は，組成的にはおおむね花崗岩（granite）であり，その最上部に堆積物の層を持つ．

　多くの詳細は解明されていないが，地殻の起源の概略はよく理解されている．地殻を形成する主な過程は，地球内部の部分融解である．融解で生じたマグマは，浮力を持ち，表面まで上昇して火山の溶岩として噴出する．あるいは，少し深いところに残って，よりゆっくりと冷やされ，大きな結晶から成る深成岩（pluton）をつくる．深成岩は，海洋地殻では斑れい岩，大陸地殻では花崗岩となる．これらの過程は，今日観察することができる．そして，太古の岩石は現代の岩石とよく似ているので，それらは同じ一般的な過程によってつくられたと考えられる．

　地球の表面近くでの融解と結晶化の過程は，実験によって調べられ，うまくモデル化されている．20 世紀に，地球化学者は，融解の重要な点をあきらかにした．私たちのふつうの直感では，融解はまったく単純である．何かを加熱すれば，融点に達して，融解する．例えば，水は，0℃に融点を持つ．しかし，2 つの要因が，岩石の融解をより複雑にする．ひとつは，融点の圧力依存性である（例えば，図 4-3 と図 7-4）．もうひとつは，岩石のような複雑な混合物の融解は，ひとつの温度ではなく，ある温度範囲で起こることである．

　私たちが生活する世界では，圧力はほぼ一定であるが，地球の内部では，の

しかかる膨大な量の岩石のために，圧力が大きく増加する．固体の体積が液体の体積より小さいすべての物質（すべての岩石はこの特徴を持つ）の融解に対して，圧力と温度は逆の効果をおよぼす．圧力の増加と温度の減少は，固体の安定性を増す．地球の内部は圧力が高いので，たとえ温度が地球表面におけるマントル岩の融点より高くても，マントルは固体である．

　岩石は，鉱物の集合体であり，さまざまな相を含む．水や氷のようなひとつの相ではない．岩石が融解するときの挙動は，純粋な化合物とは異なる．例えば，純粋な塩（NaCl）は 800℃で，氷は 0℃で液体になるが，氷と塩の 3：1 混合物は−21℃で融解する．私たちは，しばしばこの特徴を利用する．少量の塩は，室温で簡単に水に溶ける（溶解する）．冬に道に塩をまくと，氷点下の温度でも，氷は塩水に変わる．ある物質に別の物質を加えると融点が下がるという一般的な現象は，**凝固点降下**（freezing point depression）と呼ばれる．これは，視覚的に**相図**（phase diagram）に表すことができる．その例をコラムに示す．

　また，注意深い実験によって，鉱物の混合物はひとつの温度ではなく，ある温度範囲で融解することがあきらかにされている．この範囲は，**固相線**（solidus）と呼ばれる融けはじめの境界と，**液相線**（liquidus）と呼ばれる完全に融ける境界によって囲まれている．固相線より下では，混合物は固体である．固相線と液相線の間では，混合物は部分的に融ける．液相線より上では，混合物は完全に液体となる．融解がある温度範囲にわたって起こるので，**部分融解**（partial melting）が起こり，固体から液体が分離される．ここで，私たちは地球の地殻の分離に関して，重要な結論に到達する．「部分融解物の組成は，全体の組成とは異なる．」部分融解による組成変化と，固体に対する液体の浮力のため，融解物は分離され，もとのマントルとは異なる地殻の層をつくる．この融解混合物の特徴は，温度−組成図によって定量的に図式化される．それは相図（コラム参照）と呼ばれる．

Column

岩石の融解

　融解に対する私たちの直感は，主に1気圧で一定の温度0℃で融ける氷に基づいている．しかし，複数の鉱物が存在するとき，融解はある温度範囲で起こる．岩石は多くの種類の鉱物からできているため，融解の詳細は，たいへん複雑である．その重要な原理は，2種類の鉱物の混合物を例にとって説明することができる．最初の例では，固体状態では互いに溶け合わない2種類の鉱物がある．しかし，液体では，すべての分子が混ざり合い，ひとつの溶液となる（氷と塩の混合物である塩水と同じ）．第二の例では，分子が混合して液相と固相の両方で溶液をつくり（合金のように），ひとつの固相だけが存在する．固体は，その成分分子の比率を変えることができる．岩石は，一定組成を持つ鉱物と，固溶体をつくる鉱物の両方からつくられる．

透輝石 - 灰長石の二元共晶相図における融解平衡

　2成分の共晶の相図（図7-9）には，固溶体をつくらない2つの異なる固相と，すべての分子が完全に混和した液相が存在する融解が描かれる．横軸は，混合物中のそれぞれの鉱物の比率を示す．純粋な鉱物は，横軸の両端にあり，単一の融点で融解する．軸上の他のすべての組成は，2つの鉱物の混合物である．温度は，縦軸に示され，上に向かうと高くなる．

　固相線の下側では，すべての混合物は固体である．液相線の上側では，すべての混合物は単一の液体となる．私たちに興味があるのは，これら2つの状態の間の遷移である．遷移をあきらかにするために，図の任意に選ばれた縦線上のある組成の混合物を考えよう．図7-9の縦線は，52％灰長石（anorthite, An），48％透輝石（diopside, Di）の組成を持つ．組成は，任意に選ぶことができる．どの組成を選んでも，混合物が完全に固体または液体のときには，その組成は最初とまったく同じである．

　この種類の系では，すべての混合物に対して，ひとつの最低融点が存在する．それは共融点（eutectic point，図の点 *E*）と呼ばれ，固相線を決定する．私たちが

196

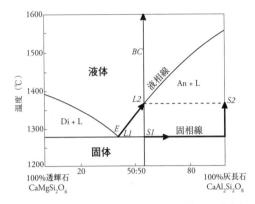

図 7-9：透輝石－灰長石の相図．2 つの鉱物は，融解した液相では混合するが，固相では分離したままであることを示す．点 E は，混合物の最低の融点であり，共融点と呼ばれる．BC は，任意に選ばれた全体の組成を示す．圧力は，1 気圧である．

選んだ組成の混合物を完全な固体状態から加熱していくと，固体混合物は点 $S1$ で固相線と交わる．ここで，混合物は融解しはじめる．最初の液体 $L1$ は，必ず共融点 E に現れる．共融点は，すべての混合物にとって，最も低い融点であるからだ．この例では，共融点の液体はもとの組成よりも透輝石に富むため，液体が生じると，固体では相対的に透輝石が減少する．その結果，固体の組成は横軸にそって $S1$ から灰長石の軸へ向かって移動する．透輝石と灰長石の両方がある限り，液体は $L1$（$= E$）から動かず，温度も一定である．固相の組成が灰長石の軸に達すると，透輝石の最後の結晶が融けおわり，系は組成 E の液体 80％と灰長石の固体 20％の混合物となる．残りの灰長石は，温度が上昇すると融解しはじめる．灰長石の融解は液体中の灰長石を豊富にし，液体の組成は図の線にそって $L1$ から $L2$ に移動する．温度が上昇するにつれ，固体組成（純粋な灰長石）は $S2$ へ進み，液体組成は $L2$ へ進む．液体組成がもとの組成に達すると，灰長石の最後の結晶が $S2$ で融解し，系は完全に液体となる．系が完全に液体になるまで（$L1$ から $L2$ まで）の液体の組成は，もとの組成とは異なることに注意しよう．融解は，ある温度範囲で起こる．この温度範囲において，部分融解が起こる．

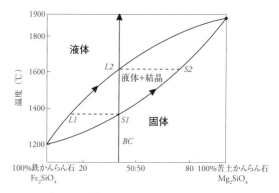

図 7-10：かんらん石の相図. 固溶体の原理を示す. かんらん石は, 地球のマントルに最も豊富に存在する鉱物である. *BC* は, 任意に選ばれた全体の組成を示す. 圧力は, 1 気圧である.

苦土かんらん石 - 鉄かんらん石の固溶体の相図

　固体と液体の両方が溶液として存在するとき, 単一の固相が存在し, さまざまな組成をとる. そのような**固溶体**（solid solution）のうち, 地球の上部マントルで最も一般的な鉱物は, かんらん石（olivine）である. これは, 純粋な苦土かんらん石（forsterite, Mg_2SiO_4）と純粋な鉄かんらん石（fayalite, Fe_2SiO_4）の固溶体である. 図 7-10 は, かんらん石の相図である. 融解の間, すべての固体の組成は固相線の上にあり, すべての液体の組成は液相線の上にある. 共存する固体と液体は, 常に同じ温度となる. 図に鉛直線 *BC* で示される任意の組成を考えよう. 固相線以下の温度では, 固体のかんらん石のみが存在する. 温度が上昇し, もとの組成の固溶体が固相線の *S1* に達すると, 組成 *L1* の最初の液体が現れる. 温度が上がると, 固体は *S1* から *S2* へと進み, 液体は *L1* から *L2* へと進む. 液体がもとの組成と同じになったとき, 系は完全に融解している. さらに温度が上がると, 液体は液相線の上の液相領域を上昇する. この系でも, ある温度範囲で部分融解が起こり, その間は, 液体の組成は常にもとの組成と異なることに注意しよう.

　コラムに示された相図は，1 気圧での実験データに基づいている．地球内部の圧力変化は著しいので，私たちは圧力の効果を注意深く考えなければならない．より高い圧力は，低密度の液体に比べて，高密度の固相を安定にする．そして，融解にはより高い温度が必要となる．地球では，一般に深さが約 3 km 増すと，圧力が 1,000 気圧（1 kbar = 0.1 GPa）上昇し，融点は 5〜10℃だけ上昇する．表面から 120 km 下では，圧力は約 40 kbar（4 GPa）となり，岩石の融点は地表に比べて約 400℃も高くなる！　この深さで完全に固体である岩石は，地表の低圧力下では固相線より十分に上にある．そのため，マントル物質は，上昇すると，圧力の低下により融点が低下し，融解する．この過程は，**圧力解放融解**（pressure release melting）と呼ばれる．

　地球の圧力解放は，マントル物質が上昇するとき必ず起こる．第 11 章で見るように，マントルはゆっくりと対流し，海嶺と海洋島の下では，マントルが深部から表面へ上昇している．マントルの一部が上昇すると，次第に上部の岩石の重量は小さくなり，圧力が低下する．ついには，圧力は十分に低くなり，マントル物質は固相線を越え（融解が始まる温度に達し），融けはじめる（図 7-11）．さらに上昇すると，マントル物質は固相線のますます上部に達し，部分融解の程度が増加する．融解物の割合は，固相線を越える深度からどれだけ上昇したかに依存する．このマントル融解の説明は，加熱と温度上昇による融解という私たちの経験に反している．私たちは，一定圧力下で生活しているからだ．なんと，マントル物質は融解するとき，冷えているのだ！　この融解は，温度上昇ではなく，圧力低下によって起こる．

　ここで，化学的に異なる地殻の層の分離について考えよう．マントルの部分融解物は，マントルそのものとは異なる組成を持つ．マントルのかんらん岩の組成は 45% SiO_2，40% MgO であるが，その部分融解物の組成はおよそ 50% SiO_2，15% MgO である．この融解物は，密度がマントルより 10% だけ低いため，融解領域から表面へ上昇し，玄武岩をつくる．マントルの部分融解が玄武岩をつくることは，海洋地殻の形成のメカニズムとなる．これは，第 12 章で詳しく論じる．

　大陸地殻の形成も同じ原理にしたがうが，その部分融解には複数の過程が含まれる．複数の過程が必要であるのは，大陸の花崗岩およびそのケイ素とカリ

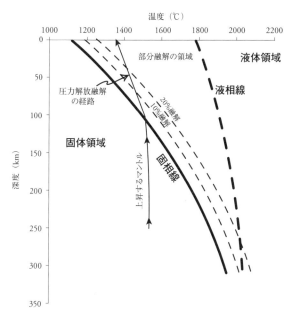

図 7-11：地球のマントルの圧力低下による融解を示す図解．マントル岩石（かんらん岩）の融解は，温度と圧力に依存する．融解が始まるところは，固相線と呼ばれる．それ以上の温度で完全に融解するところは，液相線と呼ばれる．これら 2 つの線の間の領域では，部分融解が起こる．それは，融解率の等高線で示されている．マントルが上昇するときの融解の経路は，固相線を越えると屈曲する．融解はエネルギーを消費し，そのため上昇するマントルの温度が低下するからである．(Solidus line after Hirschmann, Geochem. Geophys. Geosyst. 1 (2000), paper no. 2000GC000070; liquidus temperature after Katz et al., Geochem. Geophys. Geosyst. 4 (2003), no. 9).

ウムの高濃度は，マントルの一度の部分融解だけではつくることができないからである．大陸は，マグマの融解と冷却の繰り返しの最終産物である．マントルが融解すると，玄武岩がつくられる．次に玄武岩が融解すると，花崗岩がつくられる．また，花崗岩は，他の多くの過程によってもつくられる．花崗岩が融解すると，花崗岩がつくられる．苦鉄質の下部地殻が融解すると，より低密度の花崗岩マグマが生じ，地殻上部に上昇する．花崗岩あるいは玄武岩が侵食

され，堆積物となり，その堆積物が融解すると，花崗岩がつくられる．このように，花崗岩は，多くの融解と冷却の繰り返しの終点である．花崗岩は，密度が低いので，表面に残って，マントルの上に浮かび，海洋地殻より高い高度を占める．

　大陸は，繰り返される融解過程の究極的な終点であるため，親マグマ元素（固体より液体を好む）を著しく濃縮している．トリウム，ウラン，バリウム，ルビジウム，カリウム，ランタンのような微量元素は，地球の全量のかなりの割合が大陸地殻に含まれる．例えば，地球のルビジウムのおよそ45％が，地殻に濃縮されている．ルビジウムは，マグマの過程により効率的に表面へ蒸留されると言える．

　このように大陸形成の概略は確立しているが，最初の大陸地殻を形成した特定の物理過程，およびそれが起こった時期は，よくわかっていない．もし，玄武岩が表面に達し，次に融解して花崗岩をつくり，花崗岩の部分融解物と苦鉄質の固体残滓の両方が地殻に残ったとすれば，地殻全体の組成は変化せず，単に2つの層に分かれるだけだろう．これは，部分的には正しい．下部地殻は，上部地殻より苦鉄質である．しかし，大陸地殻の全体は，マントル融解物に比べて SiO_2 が多すぎ，FeO と MgO が少なすぎる（表7-3参照）．さらに，現在，火山岩および深成岩として大陸に付加されている物質は，大陸の平均組成に比べて苦鉄質であり，微量元素の組成が異なる．実験によれば，マントル融解物は，主に玄武岩である．また，観察によれば，大陸に付加される岩石は，主に玄武岩である．そうだとすれば，玄武岩はどのようにして私たちが住む大陸の大部分をなす花崗岩に変換されるのだろうか？

　この謎を説明するために，3つの仮説が提唱されている．第一の仮説は，地球の歴史の間に，過程が変わったことを提案する．太古の地球では，マントルは今より熱く，深部で玄武岩物質を繰り返し融解し，大陸をつくった．残滓は，マントルに残った．第二の仮説では，大陸は複数の過程によってつくられたとされる．最初に玄武岩の層がつくられ，次に苦鉄質の残滓が融解し，花崗岩の層を「はく離」（delaminates）したのち，マントルに戻ったというのである（図7-12）．第三の興味深い可能性は，大陸地殻の組成を決める上で，火成活動と同様に，風化作用が重要であるということである．現在，私たちの知るところで

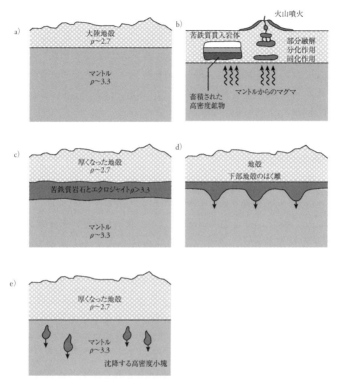

図7-12：大陸地殻のはく離に基づく大陸形成のモデルの図解．大陸の衝突と島弧の火成活動は地殻を厚くし，地殻が十分に厚くなると，深部で融解が起こる．花崗岩マグマは，表面に上昇する．高温の残滓は，十分に重いのでマントルへ沈降し，後にSiO₂濃度の高い地殻を残す．もうひとつの可能性は，マグマが地殻深部で鉄とマグネシウムに富む高密度の鉱物を結晶化し，その集合物がはく離されるというものである．

は，玄武岩をつくる苦鉄質鉱物は，花崗岩をつくる珪長質鉱物よりずっと速く風化される．したがって，風化作用は，苦鉄質元素を選択的に除いて，海洋へ輸送し，珪長質の大陸を後に残すだろう．

　どのようにつくられたとしても，花崗岩の大陸は，太古からの地球の特徴で

ある．現存する最古の大陸岩石の組成は，現在の大陸の平均組成とよく似ている．それは，大陸の形成が地球史を通して繰り返されてきた過程であることを示唆する．実際，最古の岩石は花崗岩であり，最古の堆積岩は花崗岩の風化によりつくられた．これらの岩石は，どちらも「初めて地表に出た」(juvenile) ものではありえない．その生成には，長い歴史が必要である．この事実が私たちに告げるように，花崗岩を形成する過程は，岩石記録が残っていない地球史の最初期にも働いていたに違いない．

大気と海洋の起源

上に述べた固体地球に関するシナリオは，地球の大気と海洋の起源にも深く関わっている．重要な揮発性物質である H_2O と CO_2 は，岩石をつくる鉱物の一部に固体状態で存在するので，地球に大量に集積された．化学式に揮発性物質を含まない鉱物でも，少量の揮発性物質を含むことがある．角閃石 (amphibole) や雲母 (mica) などの鉱物は，かなりの量の水を含む．石灰岩 (limestone, $CaCO_3$) は，地殻において最大の CO_2 のリザーバーである．これらの鉱物が加熱または融解によって分解しガスを放出すると，揮発性物質は地表に上昇する．この過程が，炭素，水素，窒素のような必須元素を生命に供給する．**脱ガス** (degassing) は，大気を形成した重要な過程である．地球の歴史において，大気はいつ形成されたのだろうか？

ふたたび，放射性起源同位体がこの疑問を解く鍵となる．ここでは別の珍しい元素キセノン (Xe) が使われる．キセノンのような希ガスは，大気の議論において重要な役割を果たす．希ガスは，非反応性であり，常に気体状態にある．希ガスは他の元素と反応して鉱物をつくらないので，地球の希ガスの大部分は大気にある．キセノンの同位体のひとつである ^{129}Xe は，ヨウ素の短寿命放射性核種 ^{129}I （半減期 1,600 万年）から生じる．キセノンは親気性であるが，ヨウ素は親石性である．したがって，ハフニウムとタングステンがコアとマントルの分離の証拠を与えるように，ヨウ素とキセノンはマントルと大気の分離の証拠を与える．

1983 年，クロード・アレグルと共同研究者は，海嶺火山岩のキセノン同位

体比を決定し，大気に比べて過剰の ^{129}Xe が存在することを示した．海洋海嶺玄武岩はマントルの部分融解に由来するので，上部マントルが ^{129}Xe 異常を持つと推論される．マントルと大気の分離が地球の集積から 1 億年以上後に起こったならば，すべての ^{129}I は崩壊しており，すべての地球のリザーバーは同じキセノン同位体比を持っていただろう．一方，地球史のごく初期に大気がマントルから分離されたならば，キセノンの大部分がマントルから除かれただろう．マントルに残ったヨウ素は，^{129}Xe をつくり続ける．マントルに残されたキセノンは少ないので，他の同位体に比べて過剰の ^{129}Xe が存在するようになるだろう．^{129}I からの束縛条件は，マントルと大気の分離が地球の集積から約 3,000 万年内に起こったことを示す．この時間枠は，ハフニウム－タングステン系から推定されるコア－マントルの分化の時間枠と似ている．この証拠は，コア，マントル，および大気という主な層の形成が地球史の最初の数千万年内に起こったという，首尾一貫した筋書きを与える．このように，大気と海洋は，均質集積とマントルの脱ガスによってつくられたと言える．

　しかし，大気については，その詳細に悩みの種がある．他の希ガスの同位体比は，地球内部からの脱ガスあるいはその後のガスの付加のどちらによっても簡単には説明できない．太陽系形成のモデルによれば彗星の衝突は必ずあったに違いないが，現在の彗星の希ガス同位体比の測定値は，地球の大気と海洋の測定値と異なっている．ジャイアントインパクト（第 8 章参照）あるいは太陽系の初期における激しい太陽風が，原始大気を吹きはらった可能性がある．地球の初期に，大気は何度も形成されたのかもしれない．地球の内部と外部の揮発性物質の存在量を説明するためには，揮発性物質の含有量が異なる物質の不均質集積を含む複雑な歴史が必要であると考えられる．これらの未解決の謎のため，地球の層形成のうちで，大気の形成は最も理解が進んでいない．

● まとめ

　一連のさまざまな過程が，地球を漸進的に層に分化した．層は，密度にしたがって並べられた．層の領域と組成はよく推定されているが，その誤差と不確かさは深度とともに大きくなる．最も内側の層は，鉄，ニッケル，および少量

のより軽い元素を含む高密度の固体コアである．液体の外核も，金属である．コアよりも密度がかなり低いマントルは，大部分が鉄－マグネシウムのケイ酸塩の固溶体である．マントルの融解は，脱ガスを起こし，海洋と大気をつくる．ケイ酸塩マグマの噴出は，地殻をつくる．高密度で玄武岩質の海洋地殻は，マントルの融解の結果であり，低密度で花崗岩質の大陸地殻より深いところに存在する．大陸地殻は，融解過程の繰り返しによってつくられる．

　短寿命放射性核種のハフニウム－タングステン系およびヨウ素－キセノン系は，コアと大気が地球の歴史の初期につくられたことを示す．もちろんこれらのリザーバーは，今でも分離されている．一方，地殻の形成と破壊は，進行中の過程である．海洋地殻の形成は，現在も観察されるマントル融解の直接的な結果である．すべての海洋地殻は若く，その年代は1億6,000万年未満である．大陸地殻は，幅広い年代を持つ．最も古い大陸の岩石でさえ，その前の長い歴史を示す．最も初期の地殻の分化は，証拠が残っていない．大陸地殻を形成した正確なメカニズムについて，さまざまな仮説が活発に検討されている．

　地球の層を形成した過程は，元素も著しく分離した．親鉄元素は，大部分がコアに残った．大きなイオンをつくる親石元素は，マントルと地殻に濃縮された．親マグマ元素は，効率的に地殻に濃縮された．揮発性の親マグマ元素は，脱ガスされ，最も低密度の層である海洋と大気をつくった．このような層の分化が，生命のための枠組みを整えた．生命は，表面に濃縮された分子に依存している．特に，CO_2，H_2O，および窒素は，惑星の分化によって表面に移動し，すべての生命分子の主要成分となった．親マグマ元素であるカリウム，ナトリウム，塩素，リンも，同じように表面に移動し，生命にとって重要な元素となった．第9章で見るように，CO_2とH_2O，およびそれらと地殻との相互作用は，生命の起源と進化を可能にした長期にわたる気候の安定性を確立する上でも重要な役割を果たしている．

第 8 章

近くの天体と争う

衛星，小惑星，彗星，衝突

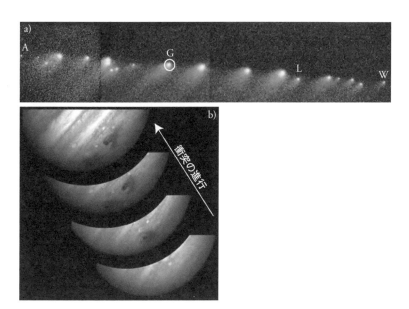

図 8-0：(a) 1994 年，木星に衝突する 4 か月前のシューメーカー・レヴィ第 9 彗星．ハッブル宇宙望遠鏡による写真．彗星は，分解して「真珠の首飾り」となり，最終的に木星に衝突した．(b) WFPC-2 の組写真は，木星の衝突点の変化を示す．彗星は，破片に分解し，複数の衝突点をつくった．ひとつの衝突の変化が，写真の右下から左上の順に観察される．2 つめの衝突による跡が，3 番目の写真に現れている．(Credit: (a) Courtesy of NASA; credit: H. Weaver (JHU), T. Smith (STScI). (b) R. Evans, J. Trauger, H. Hammel, and the HST Comet Science Team and NASA).

　私たちは，太陽系のなかでひとりぼっちではない．古代より，地球は恒星とは異なる隣人を持つことはあきらかだった．最もめだつのは，月と惑星である．それらは，明るく輝き，固有の軌道を持っている．ときおり，近くの天体が，地球に落下し，永住する．これらは，流星雨，隕石，あるいは彗星として地球表面に向かってやって来るのが観察される．特に太陽系の初期においては，近くの天体との相互作用が，地球の形成に大きな役割を担った．この作用は，その後の生命の進化にも大きな影響を与えただけでなく，今日でも，大災害をもたらす脅威である．ある意味では，地球は，そこにやって来て，永久にとどまることになった近くの天体の寄せ集めである．ひとつの微惑星が原始地球の種となり，**衝突**により次第に物質を蓄積し，やがて現在の地球にまで成長した．この過程は，現在も規模を縮小しながら続いている．それゆえ，きわめて実際的な意味で，私たちはかつての隣人である．

　初期の地球の歴史は，最も近い天体である**月**と密接な関係がある．月の岩石の年代は，ほとんどが30〜44億年の間にある．月は，最近の火山活動，風化を起こす大気，およびテクトニクス活動がないので，一種の「惑星の化石」である．月は，太陽系の初期に私たちのごく近くで起きた出来事を記録している．その時代の岩石は，地球には残っていない．月の岩石の研究により，月の歴史がわかるだけではなく，地球の初期の歴史について他の方法では得られないような重要な知見を得ることができる．現在，月の起源は，太陽系の形成から約5,000万年後に，火星サイズの惑星が地球に衝突した**ジャイアントインパクト**であると考えられている．その後の急速な集積で生じた熱により，月は内部まで大規模に融解し，**マグマオーシャン**を生じただろう．マグマオーシャンを浮遊する斜長石の結晶は，上昇し，月の明るい高地の主な岩石をつくった．その他の結晶は，分離して，月の内部に層構造を形成した．数億年後の融解が，より若い黒色の溶岩平原である月の海をつくった．熱学に基づけば，初期の地球も，大規模な融解により，マグマオーシャンを形成したと考えられる．その後，約38億年前，地球と月は，ともに隕石の**後期重爆撃**を経験した．これは，外惑星の軌道の再調整が，小惑星帯を不安定化し，内惑星に多くの大きな衝突を引きおこしたものである．そのため，後期重爆撃の年代は，地球の最も古い岩石の年代ときわめて近い．その後，ようやく生命は，地球表面に永続

的な足場を確立することができた．

　惑星や月を形成した主な過程であった衝突は，地球の歴史を通して続いており，生命に著しい影響をおよぼしてきた．6,500 万年前の恐竜の絶滅は，そのひとつである．歴史上有名な衝突の証拠は，木星への彗星の衝突（図 8-0 参照）や，地球に現存している若いクレーターから得られる．将来も，天体の衝突は避けられない．それは，小惑星帯から地球に接近する隕石かもしれない．あるいは，海王星より遠い太陽系外縁部にあり，彗星の巨大な貯蔵庫であるカイパーベルトやオールトの雲からやって来る彗星かもしれない．

はじめに

　私たちがまわりに見る世界をふと考えても，惑星の進化は孤立した状態では進まないことがわかる．惑星の進化は，大小さまざまな近くの天体と密接で多様な関係を持っている．地球は，太陽に比べるとはるかに小さい（図 8-1）．太陽によって，地球の軌道が決められ，エネルギーと光が供給される．また地球は，変動する太陽磁場の影響を受ける．月は，潮汐を引きおこし，地球のすべての海岸線と生態系に影響をおよぼす．木星も巨大である．その重力は，第 18 章で見るように，私たちの軌道に摂動を生じ，気候変動の要因のひとつとなる．また，木星などの外惑星は，太陽系を横切るすべての天体の軌道に影響をおよぼす．軌道を乱された一部の天体は，地球や他の惑星に隕石や彗星として衝突する．過去の巨大隕石の衝突は，生物の大量絶滅を引きおこし，生物進化に寄与した．これについては，第 17 章で学ぶ．そして将来，小惑星や彗星の衝突により，人類文明は最大級の災害に直面するかもしれない．私たちは，このような近くの天体との相互作用から影響を受け，それに依存している．エネルギー，気候，生命，および物質に関して，私たちは太陽系と結びついている．地球の生存可能性は，これらの隣人との関係から強い影響を受けてきた．

　また，地球の歴史とその生存可能性について，太陽系の隣人の研究から学ぶべきことがたくさんある．初期の地球の歴史は，直接に研究できない．地球上で最も古い岩石は約 40 億年前のものであり，30 億年より古い岩石は地球表面

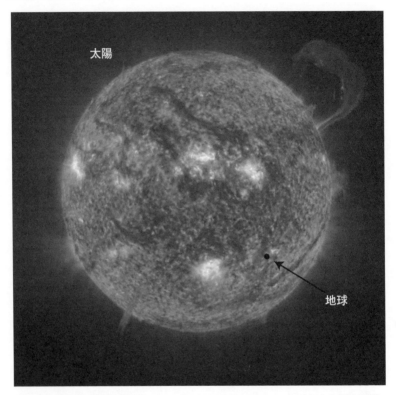

図8-1：極紫外線画像化望遠鏡（Extreme ultraviolet Imaging Telescope, EIT）による太陽の画像，および太陽と地球の相対サイズ．太陽の体積は，地球の体積の 100 万倍以上である．地球は，多くの太陽黒点より小さい．プロミネンスは，比較的低温，高密度のプラズマであり，太陽大気を脱出する高温で薄いコロナに突出している．コロナの内側に位置する彩層の上部の温度は，約 60,000 K である．この画像のあらゆる特徴は，磁場構造にしたがっている．最も熱い部分はほとんど白く，暗い部分は温度が低い．(Information and image courtesy of NASA).

の 1% 未満にしか存在しない．これらの岩石のほとんどは，もともと地球表面にあったわけではない．岩石は，地球表面に露出すれば，侵食と生物活動によって速やかに変質される．初期太陽系に関する情報は，地球表面にはほとんど残っていない．45.5〜38 億年前のデータの空白期間は，多細胞生物が出現し進化

した化石記録の残っている全期間よりも長い．それは，地球が最初に層を形成し，プレートテクトニクスが始まり，原始生命が誕生した時代である．地球の歴史におけるこの重大な欠損を，どのように埋められるだろうか？　私たちは，原始の情報を保存している太陽系の他の天体を調べることによって，私たちの住んでいる世界の最初期の歴史を知ることができる．

● 太陽系の天体の多様性

太陽系には，太陽と 8 つの惑星に加えて，多数の天体がある．これらのうち最もめだつのは，惑星をまわっている 150 個以上の**衛星**（moons）である．しかし，それだけではない．火星の軌道と木星の軌道との間には，太陽をまわる約 1,000 億個の**小惑星**（asteroids）がある．その大部分は直径が 1 m 以下だが，約 2,000 個は直径が 10 km を超える．ただひとつセレスのみは，直径が 1,000 km より大きい．木星と土星は，無数の小天体から成るリングを持つ．最後に，海王星の軌道の外側に，数兆個の**彗星**（comets）が，太陽をまわる軌道にあると考えられている．最近の研究によれば，彗星は約 46 億年前に太陽系が形成されたときの残滓と考えられる．彗星は，岩石のコアとそれを包む氷からできている．小惑星が岩石惑星のミニチュアであるように，彗星は巨大惑星（木星，土星，天王星，および海王星）のミニチュアである．有名な彗星の「尾」は，細長い楕円軌道をまわる彗星が熱い太陽に近づくときに発生する蒸気である．

太陽系の 8 個の惑星のうち 6 個が，衛星を持っている．図 8-2 に見られるように，4 個の外惑星は，すべて衛星を有する．外部太陽系の観測の解像度が上がるにつれて，ますます小さな天体が見えるようになるので，衛星の数はさらに増えるかもしれない．木星は 63 個の衛星を持っており，そのうち 4 個はガリレオによって発見された大きな衛星（イオ，エウロパ，ガニメデ，カリスト）である．そのうちの 2 つ（ガニメデ，カリスト）は，なんと惑星である水星よりも大きいのだ！　土星は，53 個の衛星を持っている．そのうちのひとつは，水星よりも大きい．天王星は 27 個，海王星は 13 個の衛星を有する．衛星を持つ岩石惑星は，地球と火星のみである．地球は，外惑星の衛星と同じくらいのサイズの月を持っている．火星は，2 つのきわめて小さい衛星を持っている．

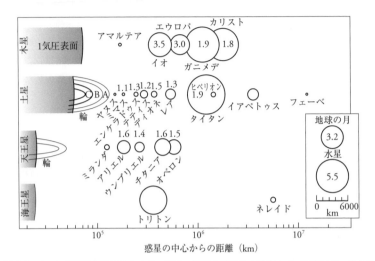

図 8-2：4 つの外惑星の衛星の大きさ．円は，衛星の相対サイズを示す．右下のボックスにスケールが示されている．中心の母惑星から衛星までの距離が，水平の軸に示されている．距離の目盛は，対数である．衛星が重なって見えるのは，距離の目盛に比べて大きさが誇張されているからである．図からわかるように，3 つの衛星は水星より大きく，5 つの衛星は地球の月より大きい．数字は，衛星の密度 (g/cm^3) である．イオとエウロパは，月に近い密度を持つ．他の衛星は，密度が低いので，主成分として氷を含むだろう．

　太陽系を観測するために地球から送られた宇宙探査機は，火星，木星，土星，天王星，および海王星の衛星を撮影した．これらの写真は，衛星がきわめて多様な固体天体であることを示した．多くの衛星には，火星や水星と同じように隕石の衝突によるクレーターが点在している（図 8-3）．その他の衛星は，クレーターをまったく持たず，表面の変化が激しいことを示す．イオは，きわめて活発な火山活動のため，表面がなめらかである（図 8-4a）．エウロパは，完全に氷で覆われている．その氷は移動し，変形する（図 8-4b）．これらの衛星のうち高密度のものは，ケイ酸塩岩石に近い密度を持つ．しかし，外惑星の衛星のほとんどは，もっと密度が低い．これは，外惑星が形成された低温環境と調和している．衛星の研究は，惑星科学の中でも急成長している分野である．特に，私たちが太陽系以外の惑星系にありそうな特徴を理解し，生存可能な環境の概

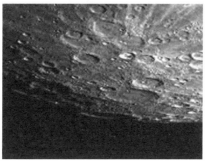

図 8-3：クレーターは，太陽系にあるほとんどすべての天体に共通の特徴である．ここには2つの例を示す．上の画像は，土星の衛星ミマスの表面の写真である．表面の主な特徴は，画像右上にある直径 130 km の巨大な衝突クレーターである．その縁の高さは，約 5 km である．衛星に対するクレーターの相対サイズは，地球に対するカナダくらいである．ミマスの反対側には割れめが発見されたが，それは衝突の衝撃波が惑星を伝わってつくられたらしい．下の画像は，水星の南極近くの表面である．他の衝突は，本章の多くの図に見られる．(Images courtesy of NASA).

212

図 8-4：木星の 4 つのガリレオ衛星（Galilean moons）．(a) イオの表面写真．ガリレオ衛星のうちで最も内側にある．でこぼこの表面は，激しい火山活動の結果である．火山活動は，絶えず表面を更新し，クレーターを破壊している．(b) エウロパの表面写真．クレーターがほとんどないのは，氷で覆われた表面が動いており，その年代が若いからである．(c, d) 外側の 2 つの衛星ガニメデとカリストは，岩石と氷でできており（密度は図 8-2 を参照），部分的にクレーターで覆われている．エウロパとイオのカラー写真は，口絵 4 と 5 を参照．(Images courtesy of NASA).

念を拡大するときには重要である．例えば，エウロパの表面は氷であるが，その密度は内部に岩石があることを示す．さらに，氷結した表面の下に，液体の大きな海が存在するという証拠がある．液体の水と岩石の基盤が，その海洋深層に生命の誕生をもたらすだろうか？　そんな好奇心を抱くのは，自然だろう．

外惑星をまわる一部の衛星の特徴は，それらが惑星を中心とした小さな太陽系のように形成されたことを示す．それらの衛星は，ふつうの「順行する」（prograde）軌道を持ち，惑星が太陽のまわりをまわるように，惑星のまわりを惑星の自転と同じ向きにまわる．また，惑星の赤道面に並んでいる．さらに，木星の大きな衛星は，木星から離れるにつれて，密度が規則的に減少する．これは，母惑星の形成と光度によって生じた凝結温度の勾配を示唆する（図 8-2，図 8-4）．密度が 3.0 より小さい衛星は，岩石惑星より揮発性元素に富み，大量の氷を含む．木星，土星，および天王星のまわりのミニチュア太陽系は，太陽のまわりの惑星の構成と同じように，内側には小さな衛星を，外側には大きな衛星を持っている．

第二のグループの衛星は，高い軌道傾斜角を持ち（惑星の赤道面をまわらない），しばしば「逆行する」（retrograde）軌道を持つ．これらの衛星は，太陽系

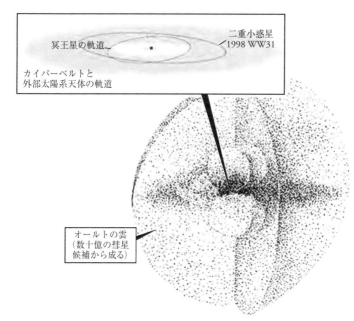

二重小惑星
1998 WW31

冥王星の軌道

カイパーベルトと
外部太陽系天体の軌道

オールトの雲
(数十億の彗星
候補から成る)

図 8-5：太陽系外縁部の 2 つの大きな特徴の図解．カイパーベルトは，海王星の軌道の外側にある天体の帯である．内部太陽系は小さな四角で表されることに注意．かつては惑星のひとつとされた冥王星は，カイパーベルトで最大の天体である．オールトの雲は，カイパーベルトをはるかに越えて広がっており，数十億もの天体を有している．その天体の一部は，近くを通過する恒星の重力により摂動を受け，内部太陽系に侵入し，彗星として観察される．(Courtesy of NASA; http://www.nasaimages.org/luna/servlet/detail/NVA2~8~8~13317~113858: Hubble-Hunts-Down-Binary-Objects-at).

の他の場所から来て，惑星に捕捉されたと考えられる．火星の 2 つの小さな衛星は，近くの**小惑星帯**（asteroid belt）から来て捕捉されたと容易に説明できる．しかし，小惑星帯は，外惑星の衛星の主な供給源ではなかっただろう．それらの衛星は，惑星のかなたの**カイパーベルト**（Kuiper Belt，図 8-5）と呼ばれる広大な領域から来たと考えられる．これまでに，海王星よりも遠い領域に，数百個のかなり大きな天体が発見されている．カイパーベルトは，100 km を超える大きさの天体を 7 万個以上も含むと推定されている．冥王星（Pluto）は，こ

れらの天体のうちで最も大きなもののひとつであり，大きな衛星カロンを持つことが知られている．海王星の最も大きな衛星であるトリトンは，逆行軌道を持ち，冥王星より18％ほど大きい．冥王星の軌道は，海王星の軌道を横切っている．現在，冥王星とトリトンは，どちらもカイパーベルトの最も大きく代表的な天体であると考えられている．その大きさと軌道傾斜角などを考慮して，冥王星は惑星のリストから外された．

　太陽系の最も外側にあるのは，**オールトの雲** (Oort Cloud) である（図8-5）．そこには，最も近い恒星までの距離のかなりの割合にまで達するようなきわめて大きな軌道の中に，数十億の未来の彗星の候補が存在する．近くを通過する恒星は，オールトの雲にある天体の軌道を乱すことがある．その結果，天体は彗星として内部太陽系に侵入し，ついには惑星のひとつに捕えられる．

　刺激的な新しい情報によれば，外部太陽系の衛星とその他の天体は，実に多様である．イオは，太陽系で最も火山活動の活発な天体である．その噴火には，液体の硫黄が重要な役割を果たしているらしい．エウロパは，氷の衛星である．内部に岩石があり，星全体が海に包まれ，その表面は完全に凍りついている．土星のタイタンは，メタンによって駆動される活発な気候を持つ．メタンは，その低温環境で固体であるが，川や湖をつくる．銀河系の他の場所には，さらに多様な環境と形態があるだろう．可能な惑星環境と，そこに住んでいるかもしれない生命の多様性について，私たちの概念はますます拡大している．

● 月の起源

　私たちの生存可能な惑星の起源を探究するとき，**月** (moon) は特に興味深い（図8-6）．月は，最も近い隣人であり，金星や火星に比べて百倍以上も近い．月は，私たちの近くで起こった太陽系の出来事をあきらかにする多くの可能性を秘めている．常に変化する地球表面には，その記録はもはや残っていない．

　地球－月の系について考えると，すぐに多くの奇妙な特徴があきらかになる．地球は，大きな衛星を持つ唯一の内惑星である．上で述べた太陽系の他の衛星と比べて，月は異常である．衛星とその惑星の大きさの比において，月は最大である．また，外惑星の衛星とは異なり，月は地球よりも密度が低い（3.1

図 8-6：地球の月の写真．海と呼ばれる暗い部分は，月の玄武岩流で満たされた表面である．高地と呼ばれる明るい部分は，もともとの斜長岩質の地殻である．クレーターの数の差は，海が高地より若いことを示す．(Courtesy of NASA).

g/cm³)．不思議なことに，月の密度は，「どの」内惑星の密度よりも低い．第5章の密度に関する議論を思い出そう．月は，ほとんど岩石でできており，大きなコアを持たないに違いない．他の惑星や隕石から得られた証拠によれば，惑星の分化は一般に岩石と金属を分離する．どうして内部太陽系に，月のように巨大な天体が金属コアを持たずに形成されたのだろうか？　月の円軌道も，不自然である．それは，誤差 1％以内の完全な円である．しかし，衛星の軌道は，一般に楕円である．例えば，木星の大きな衛星の軌道は，楕円率が 4〜15％で

ある.

　月の岩石の年代や化学組成を調べると,さらに不思議な特徴が見えてくる.月の岩石から得られたデータによると,月の年代は,44.3〜45.2億年である.この年代は,第6章で述べたコンドライトの年代より4,000万年から1億年以上も若い.太陽系星雲のモデルによれば,微惑星の集積がさかんに起こっていた時期は,太陽系の最初の2,000万年未満である.したがって,月の年代は謎である.何が月を形成したのだろうか?

　もうひとつの謎は,コンドライトに比べて,月の岩石は親鉄元素の濃度が低いことである.地球では,親鉄元素の枯渇はコアの形成によって説明される.月の低密度は,大きなコアを排除する.それでは,どのようにして月の親鉄元素は枯渇したのだろうか? また,月では揮発性元素も著しく少ない.あきらかに水 (H_2O) と大気がないだけではなく,カリウム (K),ナトリウム (Na),塩素 (Cl) などの比較的揮発しやすい元素も少ない.地球では,比較的揮発しやすいカリウムと揮発しにくいウランの比 (K/U比) は,12,000である.月では,K/U比は2,000である.この差は,月を形成した物質は,地球を形成した物質よりかなり高い温度にさらされたためと考えられる.地球に比べて,月はカリウムより揮発しやすいすべての元素に乏しい.

　月の起源に関するさらなる証拠は,酸素同位体の精密な測定により得られる.3つの酸素同位体 ^{16}O, ^{17}O, ^{18}O の相対存在度の精密な測定は,地球とさまざまな隕石との間で,その値にわずかな差があることをあきらかにした.しかし,月と地球の酸素同位体比はまったく一致しており,月と地球の起源が同じであることを示唆する.

　月の起源についての仮説は,これらのさまざまな観測結果を説明できなければならない.**捕獲仮説** (capture hypothesis) は,地球に近い軌道に集積した月が,地球の重力に捕らえられ,地球のまわりの軌道に入ったというものである.しかし,この仮説では,月のコアがないことを説明できない.また,月のように大きな天体を捕らえて,円軌道に入れることは力学的にとても難しい.

　分裂仮説 (fission hypothesis) は,地球のコアが形成された後に,月が地球から分裂したというものである.この仮説は,月の謎のほとんどを説明するので魅力的である.月にコアが存在しないにもかかわらず親鉄元素が少ないのは,分

裂より先に地球のコアの形成が起こったからである．酸素の同位体比が同じで
あるのも，もともと月と地球は一体であったからである．分裂が高温で起こっ
たとすれば，揮発性元素の損失も説明できる．しかし，分裂仮説には2つの難
点がある．第一は，月の年代の若さである．もし初期の地球が分裂を起こすほ
ど高速で回転していたならば，なぜ地球が誕生しコアが分離してからすぐに分
裂しなかったのだろうか？　第7章で学んだように，コアの分離は，地球が形
成されてから3,000万年未満のうちに起こった．もっと難しい問題は，マント
ルの一部が軌道に放出され，そこで月が形成されるためには，初期の地球は1
日が2時間という速さで自転していなければならないことだ．この仮説には，
地球が太陽系で観測されるすべての天体よりずっと速く自転していたという，
その場しのぎの仮定が必要である．さらに困難なことには，現在の地球と月の
全角運動量は，このような高速の自転速度と一致しない．大量の物質が宇宙に
失われたのでなければ，説明がつかない．

　ジャイアントインパクト仮説（giant impact hypothesis）によれば，火星ほどの
大きさの惑星が，地球にかすめるように衝突し，大量の物質がまわりの宇宙に
放出され，それらが凝結して月をつくった．ジャイアントインパクトは，月の
ほとんどの謎を解決する．それは，なぜ地球が他の内惑星が持っていないよう
な大きな衛星を持っているのかを説明できる．月の形成は惑星の主な集積の後
に起こったので，月の若い年代を説明できる．衝突は，2つの天体のコアが形
成された後に起こったのだろう．ジャイアントインパクトのモデルによれば，
高密度の2つの金属コアは地球で融合し，地球を取りまくケイ酸塩の破片の熱
い雲は親鉄元素に乏しくなった（図8-7）．高温での破片の凝結と集積が月を生
み，親鉄元素と揮発性元素を枯渇させたのだ．

　ジャイアントインパクト仮説に対する批判は，特異な出来事を前提とするこ
とである．しかし，惑星集積モデルの進歩により，ジャイアントインパクトは
初期の太陽系ではありそうなことであり，おそらくほとんどの惑星は最終的に
大きな原始惑星どうしの衝突から集積したことがわかった．ジャイアントイン
パクトは，なぜ水星が異常に大きいコアを持つのかを説明するためにも用いら
れる．大きな正面衝突は，ケイ酸塩マントルのほとんどを吹き飛ばしただろう．
また，最近の研究結果は，火星の2つの半球の大きな差も，ジャイアントイン

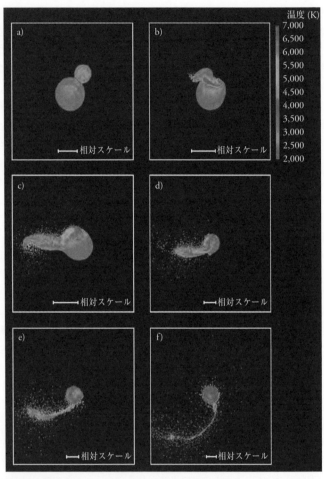

図8-7：月の形成のジャイアントインパクト仮説の数値モデル．このモデルは，テイアと呼ばれる火星サイズの天体が，時速4万キロメートルで45度の角度で原始地球に衝突した場合である．この衝撃により，物質が地球の軌道に放出され，高温のケイ酸塩の蒸気となる．それが冷えると，固体粒子の円盤がつくられ，そこから粒子が集積し，月が形成される．口絵6を参照．(Courtesy of Robin M. Canup, Southwest Research Institute).

パクトの結果であることを示唆している．金星の逆向きの自転や，天王星の自転軸が他の惑星と異なり公転面とほぼ平行であるという事実も，ジャイアントインパクトで説明することが提案されている．これらのさまざまな証拠は，ますます詳細になるモデルとともに，ジャイアントインパクトに圧倒的な説得力を与える．現在，ほとんどの惑星科学者は，月の形成に関するジャイアントインパクト仮説を支持するようになった．そして，惑星の集積や初期の太陽系の歴史におけるジャイアントインパクトの重要性が，より広く認識されるようになった．

　しかし，この仮説は決して証明できない．ジャイアントインパクト仮説の難点は，モデルによると，月は地球の物質ではなく主に衝突体の物質から形成されることである．酸素同位体の証拠と矛盾しないためには，衝突体が地球と同じ酸素同位体組成を持っていたのでなければならないが，ほんとうにそうであったかを確かめる方法はない．実際そうであったかもしれない．あるいは，将来のモデルは，地球自身から月の大部分を形成する方法を見つけるかもしれない．よって，ジャイアントインパクト仮説は，現在のデータに関して大きな問題はない．分裂仮説と捕獲仮説は，問題を抱えている．したがって，ジャイアントインパクト仮説は，現在支持されているが不確かな点があるので，私たちの理論評価では5〜6点である．

　ジャイアントインパクト仮説と分裂仮説は，多くの共通する特徴を持つ．どちらも，地球の物質を材料として，コアの形成後に，初期地球を取りまく高温の破片の雲から月が形成されたとする．月の形成機構について私たちの理解が進んでも，これらの共通の特徴は生き残るだろう．

● 衝突を用いて惑星表面の年代を決定する

　太陽系誕生から約1億年後に起こったジャイアントインパクトの後も，衝突は止まなかった．月を見上げると，表面がさまざまな大きさのクレーターであばたとなっているのが，肉眼でもわかる（図8-6）．クレーターの一部は，直径が1,000 kmを超えている．これらは，月が最初に層に分化した後にできたものである．硬い外部地殻がなければ，クレーターは保存されないからである．

かなり大きな衝突は，今なお続いている．

今日，クレーターは宇宙からの天体の衝突によって形成されたと考えられているが，そのような考え方は，古くから一般的であったわけではない．クレーターが衝突によって形成されたことを科学者に納得させる上で，最も問題となったのは，ほとんどのクレーターが円形であることだ．衝突は，どんな角度からも起こりうる．実験室で発射体を打ち込むという簡単な実験を行うと，低角度の衝突は楕円形のクレーターをつくり，円形のクレーターはできない．さらに，多くのクレーターには，衝突した天体に関する証拠がほとんどない．衝突体はどこにあるのだろうか？　また，しばしばクレーターの周囲には融解したケイ酸塩が大量にあり，それが火山過程によってつくられたことを暗示する．

クレーターの起源を理解するための突破口は，天体が 17～70 km/s という超高速で衝突することの認識であった．速度 70 km/s の隕石は，サンフランシスコからパリまで 2 分で行くことができ，月から地球へも 1 時間半で行くことができる．その速さは，弾丸より約 100 倍も速い．スーパーマンでも捕まえられないだろう．エネルギーは速度の二乗に比例するので，この超高速の弾丸は，通常の弾丸の 1 万倍以上の衝撃を与える．このような超高速では，衝突の圧力は巨大であり，衝突点から強力な衝撃波（shock wave）が発生する．衝突体そのものよりも，それによって引きおこされる衝撃が，衝突体の直径のおよそ 20 倍の大きさのクレーターをつくる（図 8-8）．また，衝突は高熱を生じ，隕石の大部分を蒸発させ，地表の岩石を融解する．そして，地表では決して見られないような高圧鉱物をつくる．スティショバイト（stishovite）と名付けられた，高圧で生成される石英の存在は，地球の非火山起源の円形クレーターが衝突起源であることの確かな証拠であると考えられている．太陽系のどこであっても，形態上の同じ特徴は，クレーターが衝突によってできたことを確信させる．

地球の大気は，衝突において重要な役割を果たす．大きな**隕石**（meteoroids）は，大気を突き抜け，その経路に真空を生む．真空は，噴出物の一部を宇宙へ放出する．小さな隕石は，大気によって減速される．隕石の多くは，進路の途中で燃えつき，**流星雨**（meteor showers）となる．一部の隕石は，大気の摩擦により大きく減速され，衝突のエネルギーをほとんど失い，隕石破片を後に残す．

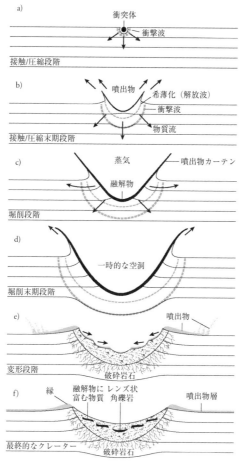

図 8-8：衝突クレーター形成の図解. 衝突体は 17〜70 km/s の「超高速」でやって来ること
に注意. このような高速では，衝突の圧力がきわめて大きく，衝突点から強力な衝撃波が発
生する. 衝突体そのものよりも衝撃波が，円形のクレーターをつくる. クレーターは，衝突
体の直径より約 20 倍も大きくなる. また，衝突は高温を生じ，隕石をほとんど蒸発させ，
地表の岩石を融解する. その結果，地表の他の場所では決して見られないような高圧鉱物が
つくられる.（Modified from B. French (1998). Traces of Catastrophe, Lunar and Planetary Institute
Contribution No. 954, with permission).

図 8-9：バリンジャー・クレーターの航空写真．このクレーターは，直径 1.2 km，深さ 170 m である．5 万年前，直径 50 m のキャニオン・ディアブロ隕石がアリゾナ砂漠に衝突してつくられた．

月は，より完全な衝突の記録を残すことができる．なぜなら，どんな大きさの隕石も，大気の干渉による変化を受けずに表面に到達するからである．

最近の観測は，衝突が今でも重要であることを示す．地球では流星雨はありふれており，太陽系物質の流入が続いていることがわかる．人類が地球に現れた後にも，かなり大きな衝突が起こったことはあきらかである．例えば，アリゾナ州のバリンジャー・クレーターがある．これは，約 5 万年前，直径 50 m のキャニオン・ディアブロ隕石がアリゾナ砂漠に落下し，幅 1.2 km のクレーターをつくったものである（図 8-9）．20 世紀初めには，シベリアのツングースカ上空で彗星が爆発し，広範囲に惨害をもたらした．また，1994 年，シューメーカー・レヴィ彗星が木星と壮観な衝突を起こした（図 8-0 参照）．2009 年には，直径 1 km ほどの別の彗星が木星に衝突した．

大きな岩石天体の衝突の証拠は，テクタイト（tektites）と呼ばれる珍しいガラス状岩石によって示される（図 8-10）．その流線形状と表面組織に基づいて，テクタイトは地球大気上空で液体からガラスに固化し，大気を通って地球表面に落下する際にアブレーションにより変成されたと考えられている．科学者は，大きな衝突が物質を地球の表面から大気上空にまき散らしたときに，これらの物体がつくられたと確信している．テクタイトが最も豊富に見いだされるのは，

図 8-10：テクタイトの写真．黒色のガラス状物質．その形状と表面組織は，高速で大気を通過したことを示す．隕石あるいは彗星の衝突により融解した物質が，大気上部にまで飛び散らされて，これらの物質をつくった．(Courtesy of Harvard Museum of Natural History).

東南アジアとオーストラリアの土壌，河床，およびその周辺の海洋堆積物である．これらのテクタイトは，すべて 70 万年前の年代を持つので，単一の大衝突でつくられたようである．テクタイトの他のグループには，北アメリカで見つかった 3,000 万年前のもの，中央ヨーロッパで見つかった 1,300 万年前のもの，アフリカのコートジボワールで見つかった 110 万年前のものがある．

ヨーロッパのテクタイトの場合，実際の衝突クレーターはドイツにあったと考えられている．このクレーターは，1,300 万年にわたる侵食により一部が消失しているが，衝突によって変成を受けた堆積岩中のスティショバイトによって，その起源が衝突であると証明された．以上のさまざまな証拠は，多くの種類の天体の衝突が歴史を通して起こり，地質学的につい最近にも起こったことを示す．惑星の集積は現在も続いているのだ．

衝突は数十億年も続いているので，表面のクレーターの状態は，表面の年代についての情報を与える．地球は，表面が侵食，造山活動，および火山活動により絶え間なく更新されているため，衝突クレーターが少ない．一方，最も古い惑星表面には多くのクレーターがあり，その表面はクレーターで「飽和」している．表面全体がクレーターで覆われているため，新しいクレーターは古いクレーターを破壊する．中くらいの年代の表面は，中くらいの数のクレーターを持つ．この単純な原理により，衛星と惑星の表面の相対年代を見積もることができる．クレーターで飽和している表面でさえ，地質関係を注意深く見れば，クレーターの相対年代スケールを構築できる．すでにあるクレーターの底に生じるクレーター，あるいは前からあるクレーターの縁を破壊するクレーターは若い．また，衝撃によりまき散らされた塵の光条 (rays) は，古いクレーターの上に重なるので，相対年代を与える．その底に隕石衝突が少ないクレーターは，隕石衝突が多いものに比べて若いだろう（図 8-11）．衝突の放射年代を測定し，相対年代スケールと組み合わせることで，クレーター生成の歴史が構築される．

月の表面は，さまざまなサイズのクレーターであばたとなっている．直径 1,000 km の大きなクレーターから，塵で生じたごく微小なクレーターまでである（月に小さなクレーターが存在するのは，月には大気がないため，惑星破片が大気によって減速されたり，燃えつきたりしないからである．また，風化がないため，

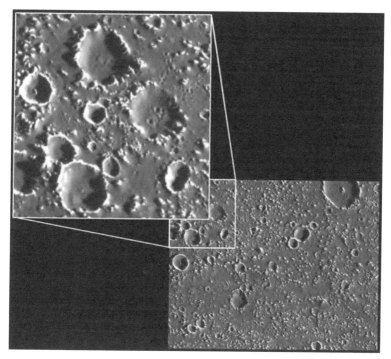

図 8-11：木星の衛星カリストのクレーターの写真．クレーター生成の程度から，衛星と惑星の表面の相対年代が見積もられる．クレーターで飽和した表面でも，地質関係を注意深く観察すれば，クレーターの相対年代スケールを構築できる．すでにあるクレーターの底に生じたか，またはすでにあるクレーターの縁を破壊したクレーターはより若い．衝突による塵の光条も，古いクレーターの上に重なるので，相対的な年代を与える．底の衝突が少ないクレーターは，衝突が多いものに比べてより若いだろう．衝突の放射年代を決定し，相対年代スケールと組み合わせれば，クレーター生成の歴史が復元できる．(Courtesy of NASA).

クレーターはそのまま保存される）．このことから，月の表面は非常に古いことがわかる．水星は月と同じように完全にあばた状であり，その表面は古いと考えられる．火星の 2 つの半球は，クレーターに関して対照的な特徴を有している（図 8-12）．南半球の高地には多くのクレーターがあり，その表面が古いことを示す．北半球の平原にはクレーターが少なく，表面が若いことを示す．そ

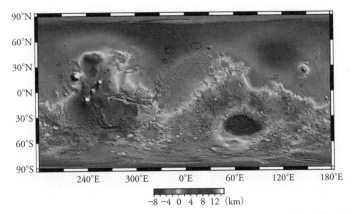

図 8-12：火星の全球地形図．マーズ・グローバル・サーベイヤー（MGS）探査機の機器の
ひとつである火星軌道レーザー高度計（MOLA）は，初めて火星地形の全球高分解能測定を
行った．地形モデルは，火星表面をかたちづくった全球規模の過程の定量的解析を可能にし
た．図からわかるように，火星の 2 つの半球は，対照的なクレーターの特徴を持つ．南半球
には多くのクレーターがあり，古い表面であることを示す．一方，北半球の平原はクレーター
がずっと少なく，より若い表面であることを示す．口絵 7 を参照．(From Smith et al., Science
284 (May 28, 1999): 1495–1503; http://photojournal.jpl.NASA.gov/jpeg/PIA02031.jpg.).

れでも地球に比べれば，クレーターははるかに多い．金星は，表面にほとんど
クレーターを持たない．金星のエクステリアは歴史を通して更新されていると
考えられる．このように，クレーター形成の強度は，惑星様天体の相対的な歴
史と活動について，多くの情報を与える．

● 月の内部構造の形成

月が生まれた後，内部の変化が起こり，地球と同様に主に密度差によって支
配された異なる層が形成された．月は，2 つの天体の内部を比較できるような
唯一の直接的証拠を提供する．結論から言えば，月と地球の分化の過程と最終
的な結果には，重要な類似点と，重要な相違点がある．

類似点は，月が金属コア（metallic core）を持つことである．相違点は，月の

コアがとても小さいことである．これは，月の密度が低いことから推論され，宇宙飛行士が月に残してきた機器を用いて実証された．機器は，月震の記録を無線で送信した．その結果は，月が小さなコアを持つことを示した（全質量の約 2%）．月のコアは，地球と同様に不混和性により形成されたが，月の金属量が小さかったため，きわめて小さくなったと考えられる．

　月は，大気や海洋を持たない．その理由は，月の重力がとても弱いため，気体分子が月の表面から容易に散逸するからである．ここで私たちは，生存可能性のための必要条件のひとつを認める．惑星は，小さ過ぎると，大気も海洋も保持することができないのである．

　月の地殻 (lunar crust) は，月の進化をあきらかにする複雑な物語を秘めている．月の表面の詳細な調査により，表面の衝突の密度は一様ではないことがわかった．私たちがふだん見ている月の表側は，年代の異なる 2 つの地域に分けられる．黒い部分は，その表面のなめらかさゆえに，初期の観察者によって**月の海** (lunar maria, ラテン語で海) と名付けられた．白い部分は，大きなクレーターで埋めつくされた平原で，クレーターはあまりに多すぎて重なり合っている．月の白い部分は，標高が高いので，**月の高地** (lunar highlands) と呼ばれる（図 8-6 参照）．月の裏側は，完全に高地でできている．相対的なクレーター年代に基づく月の起源の推論は，1960 年代のアポロ計画とルナ計画によって高地と海から持ち帰られた岩石を用いて確認された．これらの岩石の研究に基づいて，月の地殻の 2 つの主な地域がどのように形成されたかが，より詳しく調べられた．そして，月の初期の歴史のきわめて詳細なモデルがつくられた．

　月の岩石の年代から，暗い月の海は主に 31〜39 億年前の玄武岩でできていることがわかった（図 8-13）．明るい高地の岩石は，より古く，44 億年前につくられた．最近 30 億年には，月ではほとんど，もしくはまったく火山活動が起きなかった．30 億年前以降，月は「死んだ惑星」なのだ．マントルをかき混ぜる対流セルは存在しない．表面のプレート衝突もない．また，火山が噴火することもない．月と地球には，なぜこのような大きな違いがあるのだろうか？これも，月のサイズが小さいことが原因である．月は，小さいので表面積 / 体積の比が大きく，熱を外に逃がしやすい．さらに，月の重力は小さいので，圧力は深度とともにきわめてゆるやかに増加する．そのため，マグマオーシャン

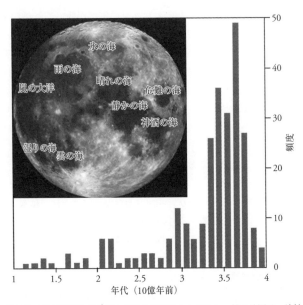

図 8-13：月の海のさまざまな玄武岩の年代分布のヒストグラム．月の地図は，試料の採取位置を示す．月の海の玄武岩は，月の形成から約 10 億年の間に生成のピークを示すことに注意．最近の月表面の高解像度写真により，微小量の若い溶岩流があることがわかった．その年代は，クレーター生成密度に基づいて，約 13 億年前と推定される．(Modified after Hiesinger et al., J. Geophys. Res. 105 (2000), no. E12: 29, 239–75, and 108 (2003): 1–27).

の融解は地下深くまでおよび，内部の熱を表面へ運んだだろう．現在の月では，冷たく硬い内部状態のため，大きな対流セルが熱を内部からマントル上部へ運ぶことはない．

　月の海は，地球の玄武岩と見かけの似た岩石で構成されている．月の高地は，地球の花崗岩と似た岩石で構成されている．高地の斜長岩（anorthosites）は，主に長石（feldspar）グループの斜長石（plagioclase）でできている．長石は，地球の地殻にも最も多く含まれる鉱物である．しかし，月では揮発性のナトリウムが枯渇しているため，月の長石はよりカルシウム（Ca）に富む．さらに詳細な調査により，地球の地殻と月の地殻が似ているという見方は崩れさった．

　第 7 章で見たように，地球の大陸地殻は多様な鉱物を含む花崗岩 (granite) である．それは，水の存在下において，もとの岩石の最低温度融解物 (minimum temperature melt) である．もとの岩石は，堆積物，変成岩，玄武岩，あるいは先に存在していた花崗岩である．これらの花崗岩融解物は，結晶化して石英，長石，およびその他の鉱物を生成する．また，地球の花崗岩は，地球のマントルに比べて，親マグマ元素を 100 倍も濃縮している．しかし，月の高地は，そうではない．月の高地の岩石は，主に一種類の鉱物，斜長石のカルシウムに富む端成分である灰長石 (anorthite) から成り，親マグマ元素の濃度はしばしば非常に低い．前章の二元相図を調べると，「複合」鉱物物質の融解は，「単一」鉱物組成の液体を生じないことがわかる．月の高地の地殻は，内部のどのような物質の部分融解物の組成とも異なるので，あきらかに地球の大陸地殻とはまったく異なる過程で形成されたものである．

　月の海の玄武岩 (mare basalts) も，地球の玄武岩とは異なる奇妙な化学組成を持つことがわかった．地球の玄武岩は，一般に 1〜4 wt％の二酸化チタン (TiO_2) を含み，TiO_2 含量の高い溶岩はまれである．しかし，多くの月の玄武岩は，10 wt％以上の TiO_2 を含むが，一部の月の玄武岩では，TiO_2 濃度は 0.5 wt％未満である．あきらかに，月の高地と海をつくった過程は，どちらも地球の地殻をつくった過程とは大きく異なる．これらの新しいデータは，地球科学者が仮説をつくる創造力に挑戦した．火成岩岩石学のよく理解されている原理は，月の地殻の異常な組成の形成を理解するために役立つだろうか？

　重要なさらなる手がかりは，月の岩石の微量元素，特に希土類元素 (rare earth elements，REE) の濃度から得られた．REE は，ランタノイド収縮系列を示すことで知られている．周期表の中央下部を占め (図 4-1 参照)，きわめて有用な地球化学的特徴を持つ．これらの元素は，追加の電子を外殻ではなく内殻に入れるため，共通の外殻電子構造を持つ．このため火成過程において，よく似た地球化学的ふるまいをする．しかし，原子核の陽子数が増加するにつれて，REE のイオンの大きさは，15 元素すべてを通して規則的に減少する．鉱物は電荷と大きさに基づいて元素を分別するため，大きさのみが変化する REE の場合，化学分別は段階的でなめらかとなる．この性質により，鉱物に特徴的な**希土類元素パターン** (REE patterns) が生じる．これは，岩石の生成にどの鉱物

が含まれたかを考える手がかりを与える.

　ひとつの元素を除いて，すべての REE は通常 +3 価の酸化数をとる. 月で異なる酸化数をとる元素は，ランタノイド系列の中央にあるユウロピウム (Eu) のみである. ユウロピウムは，+2 価と +3 価の 2 つの酸化数をとることができる. そのため, 他の REE と重要な点で異なる挙動を示す. この挙動の違いは, 斜長石グループの鉱物である灰長石で著しい. 灰長石 $CaAl_2Si_2O_8$ は +2 価イオンのサイトにカルシウムを持つが, サイズがちょうどよいため Eu^{2+} は Ca^{2+} をたやすく置換する. 一方, 他の +3 価の REE は, この鉱物のアルミニウム (Al^{3+}) を置換するには大きすぎる. このため, 斜長石は, 他の REE に比べてユウロピウムをより多く取り込み, ユウロピウムの濃度に著しい正の異常がある REE パターンを示す. 岩石の REE パターンがユウロピウムの正の異常を示す場合, その岩石の生成に斜長石が重要であることがわかる. 斜長石を蓄積した岩石は, ユウロピウムの正の異常を持つ. 一方, 斜長石を欠く岩石は, ユウロピウムの負の異常を示す.

　月の高地の岩石の REE パターンは, ユウロピウムの著しい正の異常を持ち (図 8-14), この岩石が斜長石鉱物の蓄積によってつくられたことを示す. これは, この岩石が単一鉱物の特徴を持つことと調和している. どのようにしてか, 斜長石鉱物が選択的に蓄積され, 月の高地を形成したのである. 一方, 月の海の玄武岩は, ユウロピウムの強い負の異常を示す (図 8-14)! この文に感嘆符がふさわしいのは, これらの岩石には斜長石がまったく存在しないからである. また, 実験によって, 月の玄武岩の化学組成は, どんな圧力でも斜長石として結晶化しないことがわかった. もし, 月の玄武岩から斜長石が取り除かれたのではないならば, ユウロピウムの異常はどのようにしてできたのだろうか? その答えは, 融解して月の玄武岩をつくった原料物質が, すでに斜長石を分離していたからである. その原料の領域は, 斜長石に乏しく, ユウロピウムの負の異常を持っていた. その融解物は, ユウロピウムの負の異常を受け継いでおり, ほとんど斜長石を含まなかったため, 冷却されても斜長石を結晶化しなかったのだ.

　以上の証拠をまとめると, 厚さ 30 km の古い高地の地殻は, 斜長岩から成り, ユウロピウムの強い正の異常を持ち, 斜長石の蓄積を示す. 海の玄武岩は, 斜

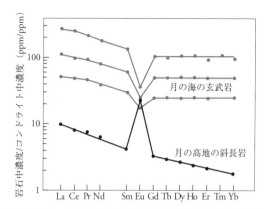

図 8-14：アポロ 17 号によって持ち帰られた月の海の玄武岩と高地の斜長岩の希土類元素パターン．月の海の玄武岩の REE パターンは，強い負のユウロピウム異常を示すことに注意．この岩石をつくった地域は，すでに斜長石の分離を受けていた．一方，月の高地の斜長岩は正のユウロピウム異常で特徴づけられ，その岩石が斜長石鉱物の蓄積によってできたことを示す．(Adapted from P. H. Warren, The Moon, in Andrew M. Davis, ed., Meteorites, Comets, and Planets, vol. 1 of Treatise on Geochemistry (Oxford: Elsevier Ltd., 2005)).

長岩形成の数億年後に生じ，大きな衝突クレーターを埋めた．玄武岩は，ユウロピウムの負の異常を持つが，岩石から斜長石が除かれた証拠はない．さらに，月の玄武岩は，その組成が多様であり，TiO_2 濃度に大きな幅がある．

　これらの証拠に基づいて，月はその歴史の初期において巨大な**マグマオーシャン**（magma ocean）を持っていたというモデルによる，まったく新しい説明がなされた（図 8-15）．ジャイアントインパクト後の月の集積は，高温を生じ，月の大部分を融解し，マグマオーシャンを形成した．最初に結晶化した鉱物のひとつは，斜長石であっただろう．密度測定の結果により，斜長石の固体はマグマオーシャンのマグマより軽いことがわかっている．なぜならマグマオーシャンは，高濃度の酸化鉄（FeO）を含んでいたからである（鉄原子は 56 個の陽子・中性子を含む）．斜長石を構成するすべての元素は，鉄より原子番号が低い．厚さ数百キロメートルのマグマオーシャンから結晶化した斜長石は，表面に浮上し，斜長岩質の厚い地殻を形成した．この斜長石の結晶は，マグマオーシャ

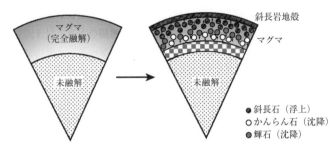

図 8-15：月のマグマオーシャン仮説の概念図．ジャイアントインパクト後の月の集積は，巨大な熱量を生じ，初期の月をほとんど完全に融解し，マグマオーシャンをつくった．深さ数百キロメートルのマグマオーシャンから結晶化した斜長石は，表面に浮上し，厚い斜長岩質の地殻を形成した．かんらん石，輝石のような苦鉄質鉱物，およびチタンに富む鉱物であるイルミナイトは，他の層に蓄積した．

ンからユウロピウムを選択的に濃縮した．その結果，月の地殻の REE は，ユウロピウムの正の異常を持つようになった．斜長石が分離されたマグマオーシャンの液相では，ユウロピウムの負の異常が生じた．その後に結晶化したすべての鉱物は，斜長岩質の地殻の分離によるユウロピウムの負の異常を受け継ぐことになった．かんらん石や輝石のような苦鉄質鉱物は，他の層に蓄積された．これらの鉱物は TiO_2 をほとんど含まないので，チタンに乏しい原料の領域ができた．結晶化の系列のずっと後の方で，チタンに富む高密度鉱物であるイルメナイト（ilmenite, $FeTiO_3$）が結晶化した．この鉱物の蓄積により，チタンに富む原料の領域ができた．このように，マグマオーシャンの固化により，チタンに富む領域からチタンに乏しい領域までの幅が生じた．これらの領域は，すべてユウロピウムの負の異常で特徴づけられる．マグマオーシャンの固化後，放射性崩壊や他の過程によって生じた熱により月の内部が加熱され，上昇し，融解し，十億年後までに月の海のさまざまな組成の玄武岩をつくった．この融解が終わった後，月は冷たくなり，さらなる融解は起こらなくなった．

この簡単なシナリオは，月の地殻の主な特徴，その組成，および月の岩石の年代を説明できる．しかし，このシナリオは，ごく少数の月の試料に基づいている．研究に利用できる月の岩石は，たった約 390 kg であり，月の表面の限

られた地域から採取されたものである．月の裏側の全体と極地で採取された試料は，まったくない．月の地殻の形成について，このような全体的なモデルがつくられたことは，地球化学および月科学者の想像力のすばらしさを示す証拠である．しかし，より完全な試料の採取が，このシナリオに重要な修正を加えるだろう．月のマグマオーシャン仮説は，私たちの理論評価において4〜5点である．月の岩石の新しい試料が採取されたとき，興奮に満ちた科学的発見があるだろう．

太陽系における衝突の歴史

私たちは，太陽系の歴史を通して，衝突が続いてきたことを知っている．衝突の頻度が時間とともにどのように変化したかを推定できるだろうか？　現在の地球への衝突のフラックスから，束縛条件を与えることができる．毎年約4万トンの物質が，宇宙から地表に落下する．その全体積は，大学の理学部の建物くらいである．この物質のほとんどは塵であり，地球全体にばらまかれる．しかし，10,000 km² あたり（大都市の大きさくらい），1年に1度ほど20 g以上の隕石が飛来する．このような隕石の破片のほとんどは，発見されず，採取されない（図8-16）．手に取れるほどの大きさの新しく落下した隕石は，だいたい毎年1個発見され，採取される．隕石は風化によって速やかに破壊されるので，「すべての」採取された隕石は，ごく最近に落下したものである．

現在の隕石落下の頻度が数十億年続けば，今の大きさの地球ができるだろうか？　答えは否である．現在の集積速度が45億年続いても，質量は地球の1,000万分の1に足りないだろう．太陽系の初期には，衝突ははるかに大規模かつ高頻度であったに違いない．衝突の歴史に関する自然な予想と第一仮説は，衝突が指数関数的に減少したとするものである．惑星や衛星は，軌道をまわるたびに，その軌道と交差する軌道を持つ天体の一部と衝突し，巨大な重力掃除機のように天体破片を太陽系から次第に除いていく．例えば，地球の軌道を横切る小惑星の数の半減期（half-life）を仮定すれば，時間の経過とともに，小惑星の数とその衝突回数は指数関数的に減少するだろう．それは，放射性同位体の崩壊と似ている（図6-2参照）．現在の衝突頻度は，束縛条件のひとつとなる．ま

図8-16：2007年,ペルーに落下したカランカス隕石のクレーターの写真.カランカス隕石は,ペルーの人里離れた地域に大きさ約14 mのクレーターをつくった.この隕石による死傷者は,知られてない.このように小さな衝突でも,人の多い地域で起こったならば,数百人の犠牲者が出るだろう.このような事件の多くは,人のいない地域 (海洋,高地など) で起こる. (Image courtesy of Michael Farmer).

た,私たちは,月のクレーター生成頻度を用いて過去の点を推定し,半減期を決定できる.しかし,この単純なシナリオは,物語の一部に過ぎないことがわかった.

クレーター生成の指数関数的減少仮説の検証は,アポロ計画で採取された月の試料の年代測定によって可能となった.衝突角礫岩 (impact breccias, 衝突によってつくられた岩石) が,クレーター形成の年代をあきらかにするために用いられた.しかし,驚くべきことに,クレーターは単純に古い年代ほど多いのではなく,衝突角礫岩の年代分布は39～38億年前にピークがあることがわかった.地球で発見された月隕石中の衝突融解物も,同じ年代分布を与えた.39～38億年前に,300 km 以上の大きさの数十の衝突クレーターが形成されたようで

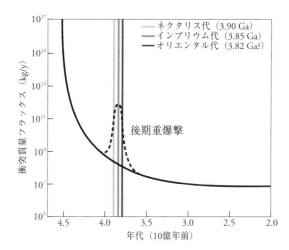

図 8-17：太陽系の歴史における衝突数の変化を示す図．クレーター生成頻度は，全体として指数関数的に減少した．約 38 億年前，強烈な衝突の時代があった．それは，後期重爆撃（LHB）と呼ばれる．この結果は，初期太陽系において衝突がきわめて重要であったことを示す．LHB は，初期の惑星表面の生存可能性に対して，広範囲にわたる影響をおよぼした．(Adapted from Koeberl, Elements 2 (2006), no. 4: 211-16).

ある．これらの観測を説明するために，**末期大変動**（terminal cataclysm）すなわち**後期重爆撃**（late heavy bombardment，LHB）が提唱された．その説によれば，クレーター生成頻度は，この短期間に著しく増加した．

　そのような遅い時期の衝突のメカニズムを推測するのが困難であったため，後期重爆撃は論争の的となった．惑星が漸進的に軌道を掃除したならば，惑星の形成から 7 億年も経った後に，何が衝突体の大きなフラックスの源となったのだろうか？　どのような事変が，地球と月の軌道を横切る天体の数を変化させたのだろうか？　太陽系の惑星がその軌道をごく初期に確立したならば，どうしてそのようなことが起きたのだろうか？　太陽系の初期史のモデルが洗練されて，ひとつのメカニズムが浮かび上がった．そのモデルによれば，太陽系の初期に，惑星は軌道を変化させた．軌道が変化したとき，小惑星帯の一部が不安定となり，内部太陽系に天体が送りこまれた．外惑星の動きは，小惑星帯

を大きく混乱させる．特に，木星と土星が1：2共鳴条件を通過するとき，その影響は大きい．それは，木星の公転周期が土星のちょうど半分になるときである．もし，これが39億年前に起きたならば，地球と月を横切る天体の新しいフラックスを生ずるメカニズムとなっただろう．小惑星帯における小惑星の分布に関する最近の研究により，初期太陽系の外惑星の移動について強力な証拠が得られた．また，珍しい火星隕石からの証拠によれば，同じ時代に火星でも大きな加熱事変があったらしい．月，月隕石，火星，小惑星帯，および太陽系のモデルから得られた証拠を総合すると，後期重爆撃仮説は信憑性が高く，受け入れられる．

図8-17は，太陽系の歴史における衝突頻度の変化を示している．全体的なクレーター生成の指数関数的減少は，38億年前の大規模爆撃で乱されている．これらの結果から，初期太陽系における衝突の圧倒的な重要性がわかる．衝突は，初期の惑星表面の生存可能性に対して広範囲にわたる影響をおよぼしただろう．

● 地球への影響

月の研究は，初期太陽系における重要な出来事の多くをあきらかにした．それらは，地球のみの研究では，わからなかった．これらの出来事は，地球の初期の歴史にも重大な影響をおよぼした．

ジャイアントインパクト仮説が正しいならば，地球の最初の形成から間もなく，巨大な惑星サイズの天体の衝突という大災害が起こり，物質が放出され，月が形成されたことになる．この衝突のエネルギーは，ふたたび惑星規模の融解を引きおこした．その後の固化によって初期の地殻が形成され，おそらくマントルの成層が生じた．地球は非常に熱くなり，ケイ酸塩ガスの大気を持ったという説もある．マグマオーシャンは急速に冷却された．あるモデルによれば，それはマントルを成層化した．しかし，現在，マントルが高度に成層しているという証拠は，ほとんどない．対流は，マントルをふたたび均質にしただろう．しかし，私たちは，マントル最下層の直接的な試料を持っていない．マグマオーシャン以来，マントルの成層はいくらか残っていると主張する科学者もいる．

ジャイアントインパクトの地球への影響についての議論は，ほぼ完全にモデルに基づいている．この規模のモデルは，境界条件に関する知識がなければ，仮定や想像を含まざるを得ない．地球の初期史とその後の進化に対するジャイアントインパクトの影響について，巧みな計算がもっともらしい議論を支えている．しかし，真実は，いまだ不確実さに覆いかくされている．

　約45億年前の地球がマグマオーシャンを持ったとすれば，なぜ斜長岩質の大きな地殻が形成されなかったのだろうか？　月のマグマオーシャンが厚さ30 kmの軽い斜長岩質の地殻を残したならば，地球のマグマオーシャンも同じように厚さ数百キロメートルの斜長岩質の地殻をつくったのではないか？　いや，灰長石の圧力安定性には限界があるので，地球は斜長岩質の大きな地殻を形成しなかっただろう．すべての鉱物は，安定に存在する温度と圧力の範囲が限られている．地球と月の間の鍵となる差は，月は重力が小さいため，深度による圧力の増加が小さいことである．月面の重力が小さいため，宇宙飛行士は，月面でとても高く，遠くへ跳ぶことができる．月では，岩石の重さが地球より小さいため，圧力は深さとともにゆるやかに上昇する．灰長石が安定である最大の圧力は，約12キロバール（12 kbar＝1.2 GPa）である（図8-18）．月では，深さ1,200 kmの中心でも圧力は47 kbar（4.7 GPa）に過ぎず，灰長石は深さ300 kmまで安定である．この深さまでに存在する鉱物の10%が斜長石であり，それが結晶化すれば，厚さ30 kmの斜長岩質の地殻となる．しかし，地球では，圧力が深さ3 kmあたり1 kbar（0.1 GPa）増加するので，灰長石が安定な深さはたった36 kmまでである！　この条件でできる斜長岩質の地殻は，数kmの厚さしかない．斜長岩質の地殻は形成されたとしても，その後の衝突や火成活動により簡単に破壊されただろう．また，地球は深度による圧力上昇が急激であるため，マグマオーシャンをつくりにくい．なぜなら融解温度が，圧力とともに急に上昇するからである．月が深さ600 kmのマグマオーシャンを形成するのと同じ温度で，地球は深さ60 kmまでしか融解しない．この深さは，地球のマントルの深さ3,600 kmに比べればとるに足らない．

　月であきらかなように，初期の地球も非常に活発なクレーター生成を経験しただろう．月が末期大変動にさらされたならば，地球は，より大きな半径とより強い重力場のため，より多くの衝突を受けただろう．半径だけを考えても，

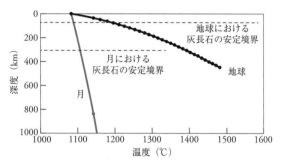

図 8-18：地球と月の深度−温度曲線と斜長石グループ灰長石の安定領域．地球では深度につれて圧力が急激に増加するので，地球と月の曲線は異なる．すべての鉱物は，温度と圧力の限られた範囲で安定に存在する．灰長石は，約 1.2 GPa（12 kbar）まで安定である．月は総質量が小さいため重力場が弱く，岩石の重さが地球に比べてずっと小さい．月では，灰長石は深さ 300 km まで安定である．この深度までの鉱物の 10 % が斜長石であり，それが結晶化したとすると，厚さ 30 km の斜長岩質地殻を生ずる．しかし，地球の圧力は，深さ 3 km ごとに 0.1 GPa（1 kbar）増加する．灰長石の安定性の限界である 1.2 GPa は，地球ではほんの 36 km の深さである．これより深いところでは，斜長石は結晶化しない．それゆえ，初期の地球で厚い斜長岩質の地殻が蓄積することはなかった．地球が深部まで融解するには，より高い温度が必要である．

地球は少なくとも月の 10 倍の数の隕石を受けただろう．地球の重力の強さを考えれば，その数はさらに大きくなるだろう．デイビッド・クリングと共同研究者は，地球では，20 km のクレーターは 1,000 年ごとにひとつ，1,000 km のクレーターは 100 万年ごとにひとつ生じたと見積もった．このような規模の衝突は，地球表面に生物が生まれていたとしても，そのすべてを死滅させただろう．地球には，後期重爆撃が起こった 38 億年前より以前の岩石はほとんどない．これは，地球の後期重爆撃の自然な結果だろう．後期重爆撃が終わってから，ようやく表面が安定となり，大陸のかけらが生き残るようになった．したがって，後期重爆撃は，太陽系の歴史の重要な年代を反映している．その後，地球の表面の状態はより安定となり，岩石記録が保存されるようになった．衝突による表面の滅菌の脅威もやわらいだ．以上の全体の枠組みは，地球−月の系について，初期の年代記を与える（表 8-1）．これは，地球のみの研究では得られなかっただろう．

表 8-1：冥王代の歴史：地球史の最初の 10 億年

現在からの年代 （Ma）	ゼロ年からの経過時間 （百万年）	事件
4,566	0.00	太陽系における最初の固体物質の凝結
4,565	1	微惑星の形成
4,555	11	微惑星における火成活動
4,532	34	コアの分離の完了
4,500	66	ジャイアントインパクトによる月の形成
4,450	116	脱ガスがほぼ完了
4,404	162	最古のジルコン
3,980	586	最古の岩石
3,900〜3,800	〜800	後期重爆撃
3,500	1,066	生命の証拠

　月が実際にどのように形成されたかについて，科学者たちは，長い間，潮汐摩擦（tidal friction）と呼ばれる過程を通して考えてきた．潮汐摩擦は，地球の自転エネルギーが徐々に月に輸送されるという現象である．月が得た余分のエネルギーは，月が地球をまわる速度を増し，月をより離れた軌道に移動させる．また，潮汐摩擦は，地球の自転を遅くする．アポロ計画のおかげで，計算による推論が実証された．月を訪れた宇宙飛行士の任務のひとつは，反射鏡を設置することだった．それは，地球から発射されたレーザー光を地球に反射する精密な点となった．レーザー光のパルスが月で反射され，地球に戻るまでの時間を正確に測定することにより，地球の 1 点から月の 1 点までの距離を約 1 cm の精度で決定できる．この測定は，数十年間にわたり規則的に繰り返された．その結果，月が地球から 1 年あたり 38 mm の速度で離れつつあることが確かめられた．

　潮汐摩擦による地球の自転の変化を証明するには，ずっと長い時間スケールの測定が必要である．それは，地質記録を用いてのみ評価できる．コーネル大学の古生物学者ジョン・ウェルスは，現生のサンゴに縞模様があることに気づいた．最もめだつ縞は 1 年ごとのものであるが，サンゴが生成する炭酸カルシウムの多孔性は，季節ごとにもわずかに変化する．この変化は，サンゴ頂部の切断面の X 線写真に見ることができる（図 8-19）．季節変化の縞に加えて，ウェ

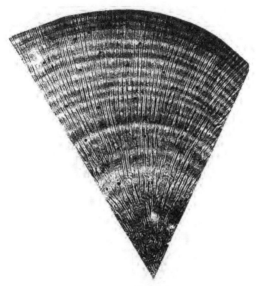

図 8-19：サンゴ断片の X 線写真．毎年の成長輪が，はっきりと見える．暗い帯は，夏季の成長を表している．サンゴ頂部の最もめだつ成長縞が，炭酸カルシウムの形成の季節変化によるという証拠は，エニウェトク環礁でのサンゴの研究から得られた．1954 年，この環礁で行われた初期型の水爆の実験により，膨大な量の放射性降下物が局所的に生じた．そのため，環礁の水は，核分裂生成物の放射性ストロンチウム ^{90}Sr によって一時的に著しく汚染された．ストロンチウムはサンゴによってつくられる $CaCO_3$ のカルシウムを容易に置換するので，1954 年の成長縞は ^{90}Sr で「標識」された．それから 10 年以上経過した後に採取されたサンゴを分析すると，1954 年から 1 年ごとにひとつの成長縞が認められた．こうして，1954 年の ^{90}Sr の標識は，縞が毎年の成長を示すという仮説を実証した．(Courtesy of Richard Cember, Lamont-Doherty Earth Observatory).

ルスは弱い縞も見いだした．彼は，弱い縞がほぼ 1 か月の潮汐サイクルおよび 1 日の昼夜サイクルと関係していることを示した．

　月が 1 年に 4 cm くらい後退しているならば，数億年前の 1 年には，より多くの日数とより多くの月数（月の公転に基づく）があったに違いない．ウェルスは，約 3 億 6,000 万年前のサンゴの化石から，1 年ごとの層の中に 400 日分の縞があることを見つけた．地球が太陽をまわる公転に要する時間が大きく変化

したと考える理由はないので，これらの結果は，過去の 1 日が現在より短かったことを示す．つまり，地球はより速く自転していたのである．ウェルスが発見した日数の変化は，3 億 6,000 万年前，月は現在より 1.2×10^4 km だけ地球に近かったことを意味する．サンゴの化石の記録が正確に読まれているならば，地球の歴史の最後の 7% では，月の平均後退速度は 1 年あたり 4 cm であった．これは，最近数十年間に測定された速度と同じである．9 億年前の 1 日の長さは，約 19 時間と見積もられる．同様にして地球史の初期にまでさかのぼると，1 日は 10 時間くらいの短さであり，1 年の日数はさらに多かった．月はもっと地球に近く，軌道をより早くまわったので，1 か月はより短かった．このことは，初期の地球の表面環境に多くの点で重要な影響をおよぼした．潮汐がずっと大きかったので，海岸線と潮汐環境は，はるかに活動的だっただろう．夜空の月は，今より 2 倍も大きかっただろう．

● 将来の衝突

　衝突は，太陽系の歴史を通して重要な意味を持っていた．6,500 万年前の恐竜の大量絶滅は，隕石の衝突の結果であると認識されている（第 17 章参照）．したがって，現在起こりうる衝突の可能性と危険性，その地球や人類文明への影響について疑問を持つのは自然だろう．

　20 世紀初めにシベリアに大きな隕石が落下し，原子爆弾に匹敵するほどのエネルギーを放出したことは有名である．もし，今日そのような落下が人口密集地域か海で起こったならば，大地への直接衝突または大津波の発生により，大災害が起こり，多くの命が失われるだろう．

　衝突体は，地球の軌道を横切る必要がある．このような軌道の天体は，太陽系に 3 つの起源を持つ．第一は小惑星であり，地球近傍天体（near-Earth objects，NEO）と呼ばれる．系統的マッピング計画により，最大級の NEO の 1,000 個が同定された．これらの天体が近い将来に地球に衝突することはありそうにない．ただし，NEO の軌道の多くはカオス的であり，時間とともに不確かさが著しく増すことに注意しよう．

　衝突体の他の 2 つの起源は，太陽系外縁部にある（図 8-5 参照）．海王星の軌

道の外側に，カイパーベルトが存在する．その中で最大の天体が，冥王星である．これまでに 1,000 個を超えるカイパーベルトの天体が，観測されている．大きさが 100 km を超える天体は，7 万個以上と見積もられている．オールトの雲は，太陽からさらに遠い場所にある．その軌道の最も遠いところは，太陽から 1 光年または地球−太陽の距離の 5 万倍にまで達する．そこでは，太陽系の大量の破片が，太陽をまわる大きく歪んだ楕円形軌道に打ちこまれる．オールトの雲は，太陽系の最外部である．そこは太陽からきわめて遠いので，天体の軌道は近くの恒星や天の川銀河そのものによって乱される．軌道を乱された天体は，内部太陽系に侵入する．例えば，ハレー彗星は，大部分の時間をオールトの雲で過ごしている．1994 年，それまで知られていなかったシューメーカー・レヴィ彗星が，木星に衝突し，壮観な結果をもたらした（図 8-0 参照）．さらに最近では 2009 年 7 月に，偶然にアマチュア天文学者が，未知の彗星の木星への衝突を観測した．

　長い歴史を通して，惑星の軌道を横切るような天体が太陽系からほとんど除かれたにもかかわらず，衝突がこのように頻繁に続いているのは驚くべきことだろう．現在のほとんどの衝突は，最近その軌道を乱された天体が原因である．カイパーベルトやオールトの雲の数十億の天体は，冷たい貯蔵庫にあり，そのような摂動を受ける．彗星は，これらの領域に存在した天体が，最近，摂動を受け，内部太陽系めがけて送られたものである．その一部は，たちまち天体に衝突し，捕獲される．一部は，内部太陽系から追い出される．残りのものは，ハレー彗星のように，周期的に内部太陽系を訪れる．しかし，周回のたびに少しずつ質量を失うので，彗星の寿命は数百万年ほどである．すなわち，現在の彗星は，地球を横切る軌道にあった初期の天体の残存物ではない．彗星は，つい最近に摂動を受けた天体である．海王星の軌道の外側に数十億もの彗星になりうる天体が存在し，外部太陽系では周期的に軌道の摂動が起こるので，潜在的な衝突体の定常的な供給があることは確かである．

　ある人は，ハリウッド映画のように，核弾頭を搭載したロケットを打ち込んで，侵入してくる天体を破壊できると考えるかもしれない．ミサイルは，地表から高さ約 1,000 km まで飛ぶ．侵入する彗星は，速度 50 km/s であれば，その高さを衝突の 20 秒前に通過する．彗星は，いかなる迎撃ミサイルよりも速い．

仮にミサイルが彗星を近くで爆破できたとしても，衝突体は破片となって，広範な被害を与えるだろう．地球近傍天体はマッピングでき，衝突の何年も前に警告を出すことができる．カイパーベルトやオールトの雲のほとんどの天体はマッピングできないので，警告は難しいだろう．シューメーカー・レヴィ彗星は，木星に衝突するほんの 1 か月前に発見された．彗星の衝突に対して有効な防御策はない．そして，将来いつか地球への衝突が起こることは確実である．

● まとめ

　初期の太陽系星雲にあったすべての材料が惑星に集積されたわけではない．100 個を超える衛星が，主に外惑星をまわる軌道に存在する．それらの衛星は，惑星の集積と形態の著しい多様性をあきらかにし，太陽系の歴史を通しての天体衝突の重要性を示す．惑星や微惑星の形成が起こった主な段階の後でさえ，衝突は初期の太陽系の歴史において中心的な役割を果たした．地球の月は，太陽系では例外的な存在である．月は，内惑星で唯一の大きな衛星である．たいへん大きく，母惑星に比べて密度が低く，大きなコアを持たず，親鉄元素が枯渇している．月が生じた原因は，ジャイアントインパクトと考えられている．地球の形成からおよそ 5,000 万年から 1 億年後，ジャイアントインパクトは，初期地球を大規模に融解した．月の研究は，初期惑星の分化の重要性と規模をあきらかにした．同じ過程は，最初期の地球の歴史にも影響をおよぼしたらしい．しかし，地球のマグマオーシャンについての現存する証拠は，ずっと不確かである．その後，衝突は次第に減少したが，39～38 億年前，外惑星の移動が小惑星帯を不安定化し，後期重爆撃が起こった．その年代は，地球に存在する最も古い岩石と同じである．この後，地球環境はより安定になり，穏やかな気候が持続するようになり，生命は繁栄する可能性を得た．

　太陽系には，膨大な量の破片が残っている．それらは，小惑星帯の岩石天体から，外部太陽系のカイパーベルトやオールトの雲に存在する数十億の氷の天体まで，さまざまである．これらの天体の一部は，外惑星や通過する恒星によって重力の摂動を受ける．摂動を受けた天体の一部は，内部太陽系に侵入し，最終的には惑星や衛星に捕えられ衝突を起こす．太陽系からの衝突体は，地球の

生命の進化に重大な影響をおよぼした．この過程は，いまだに続いており，い
つか将来，人類文明に破局的結果をもたらす可能性がある．

参考図書

Neil McBride and Iain Gilmour, eds. 2004. An Introduction to the Solar System. Cambridge: Cambridge University Press,.

William K. Hartmann. 2005. Moons and Planets, 5th ed. Pacific Grove, CA: Thomson Brooks/Cole.

Robin M. Canup and Kevin Righter, eds. 2000. Origin of the Earth and Moon. Tucson: University of Arizona Press.

第 9 章

環境を快適にする

流水，温度制御，日よけ

図9-0：アンセル・アダムスによる嵐のシュア岬の風景写真．地球は，少なくとも38億年前からずっと液体の海を湛えてきた．(Photo by Ansel Adams. Collection Center for Creative Photography, University of Arizona, © The Ansel Adams Publishing Rights Trust, with permission).

太陽系には，太陽コロナの数百万度から，惑星間空間の絶対零度近くまで，極端な温度差がある．月は，夜と昼の間で約300℃の温度変動を示す．金星は，サイズおよび全体的な組成が地球とほぼ等しいが，その地表は地球より450℃も熱い．火星は，地球より80℃も冷たい．これらのどの環境も，生命に不可欠な**液体の水**（H_2O）を持つことはできない．対照的に，地球は「ちょうどよい」（goldilocks）温度を持つ．岩石記録によれば，全歴史を通して表面に液体の水が存在した．この間に太陽の光度は，水素燃料の消費によりおよそ30％も増加した．地球の穏やかな気候は，どのようにして生じたのか？　それはいつ始まったのか？　どのように維持されてきたのか？

　地球気候の安定性は，**揮発性物質**に依存している．惑星の揮発性物質の量は，惑星の集積の歴史，全体の組成，衝突と太陽風による揮発性物質の宇宙への損失，および惑星の内部と表面の間の揮発性元素の循環に依存する．集積から数千万年後にコアが形成されると，地球は太陽風を偏向させる磁場を発達させ，太陽風の大気への影響を小さくし，生命に有害な電離放射線から表面を守った．液体の水は，地球史のごく初期から存在した．水から沈殿する堆積物，および水と接触して凝固した枕状溶岩は，38億年前の最古の岩石に存在する．さらに古い液体の水の証拠は，44億年前の微小なジルコン結晶から得られる．気候の安定性は，地球環境の長年の特徴である．

　惑星の表面温度は，恒星の光度と恒星からの距離に依存する．また，表面の反射率と，3つ以上の原子を含むガス（CO_2，H_2O，CH_4など）による**温室効果**に依存する．地球と金星は，温室効果の重要性を示すよい例である．金星の炭素のほとんどは，大気中に二酸化炭素（CO_2）として存在し，強力な保温効果を持つ毛布をつくっている．一方，地球の炭素は，ほとんどすべて炭酸塩鉱物および有機物として堆積物に蓄えられている．何らかのフィードバックが，大気中の温室効果ガスを調節し，気候の長期安定性を保ってきたと考えられる．最もありそうなフィードバックは，**テクトニック・サーモスタット**である．これは，CO_2の沈み込みと火山による脱ガスを，風化の変化に関係づける．高濃度のCO_2あるいは高温は，風化を促進し，海洋へカルシウムイオン（Ca^{2+}）をもたらす．Ca^{2+}はCO_2を炭酸カルシウム（$CaCO_3$）として除去し，寒冷化を引きおこす．低濃度

の CO_2 あるいは低温は，火山から放出される CO_2 が大気に蓄積すること
を許し，温暖化を引きおこす．風化は，プレートの動きと山脈の形成に影
響される．したがって，地球の気候は，太陽，プレートテクトニクス，お
よび表面の生物地球化学サイクルの間の連鎖の結果として，液体の水が存
在する安定性を提供している．テクトニック・サーモスタットは，海洋と
大陸の共存の上に成立する．地球表面は，このバランスを保つのにちょう
どよい量の水を有している．これが幸運な偶然なのか，あるいは惑星史の
初期のフィードバックの結果であるのかは，いまだに謎のままである．

● はじめに

　私たちは，生物にとって最も重要な惑星の特徴をまだ考えていない．それは，
表面に水 (H_2O) がある安定した気候である．何が水の供給を決めるのか？
何が表面温度を定めるのか？　何が大陸と海洋の幸運な共存を可能にしている
のか？　要するに，何が私たちの惑星を生存可能にしているのか？

　もちろん，これらの疑問に対する簡単な答えはない．これまでの章で，私た
ちは，過去の星雲の遺産が，惑星のサイズ，軌道，自転，および全体の化学組
成を決め，生存可能性に影響をおよぼしたことを見た．生存可能性は，惑星の
内部と地殻の進化にも依存する．さらに，本章で学ぶように，生存可能性は，
惑星の集積後に **揮発性物質** (volatiles) に起こったこと，および惑星過程におい
て揮発性物質がどのように循環するかにも依存している．

● 惑星の揮発性物質の収支

　惑星で発達するどんな生物にとっても，豊富な水が欠かせない．水は，私た
ちの知るすべての生物に必須である．水は，細胞の過程を可能にする物質の輸
送と化学的コミュニケーションの基礎となる媒体である．生きている細胞は，
重量でおよそ 70 ％の水を含む．平均的な人間は，60 ％が水でできている（スイ
カは，90 ％以上が水である）．生命における水の重要さは，水の利用可能性に
よって地域ごとの景観に大きな差があることからもあきらかである．降雨が豊

かであれば，青々とした森林が育ち，あらゆる種類の生物で満たされる．雨が少ないところは，生物のまばらな砂漠となる．雪だけが降るところは，不毛の氷帽に覆われる．表面の70％が水で覆われている惑星にあって，これだけの差異が現れるのだ！

炭素 (C) も，生存可能性には欠くことができない．炭素は，生物をつくるすべての有機分子 (C-H 結合を持つ分子) の中心元素である．また，この章の後半で見るように，炭素を含む二酸化炭素 (CO_2) は，気候の安定性にも重要な分子であり，その大気中濃度は表面温度を支配する要因のひとつである．**炭素サイクル** (carbon cycle) は，有機物，大気，海洋，マントル，および石灰岩 ($CaCO_3$) に含まれる炭素のバランスを保ち，生命とそれに必須の気候の両方を支えている．生存可能な惑星には，適切な量の H_2O と CO_2 がともに重要なのだ．

H_2O と CO_2 の重要性から考えて，生存可能性の第一要件は，惑星が十分な量の揮発性物質 (大きな海洋をつくるに足る水を含む) を持つことである．ケイ酸塩の地球は，全体として H_2O と CO_2 をほんの少量しか含まない．H_2O 濃度は約 700 ppm (0.07 wt.%)，CO_2 濃度は約 200 ppm (0.02 wt.%) である．H_2O については，地球を形成した物質に含まれていた水分子のうち 300 万分の 1 だけが残ったことになる．星雲中の炭素は，ほとんどメタンガス (CH_4) のかたちである．しかし，どのようにしてか，地球は 3,000 分の 1 の炭素原子を残している．これらの数値は，太陽系星雲に比べて，地球がいかに揮発性物質に乏しいかを示す．奇妙なことに，ケイ酸塩地球の H_2O/CO_2 比は約 3.5 であり，コンドライトの比 (1.5 未満) より有意に高い．ひとつの答えは，地球の揮発性物質の多くが，高い H_2O/CO_2 比を持つ彗星によりもたらされたというものである．あるいは，炭素はコアに取り込まれたのかもしれない．H_2O と CO_2 は，岩石記録以前の大気と海洋の起源に関するパズルを完成するために必要なピースである．

地球全体の揮発性物質が少ないので，生存可能性のためには第二の要件が必要になる．すなわち，揮発性物質は表面に濃縮されねばならない．地球表面では揮発性物質の枯渇は見られないので，これは実際に起こったことである．大気，海洋，および地殻を合わせると，H_2O と CO_2 の割合はかなり高い (H_2O は 7.2

wt.%，CO_2 は 1.5 wt.% である）．これらの値は，惑星全体に比べて約 100 倍の濃縮を示す．それは，生命に資する大きな液体の海洋と気候の安定性を実現するのにちょうどよい量である．鉄（Fe）のコアが形成されたときの高温条件において，広範な融解と活発な対流は，マントルの岩石を循環させ表面に運んだ．その際，H_2O と CO_2 は，気体として大気に輸送されただろう．鉄がコアに移動するとき，H_2O と CO_2 は表面に移動しただろう．また，微惑星の衝突により，揮発性物質が脱ガスされ，表面に選択的に蓄積された可能性も考えられる．

　しかし，表面に十分な量の揮発性物質があることは，生存可能性に必要なすべてではない．表面の水は，液体でなければならない．生命の誕生に必須である液体の水が初めにいつ現れたかを，どうにかして確かめられるだろうか？この問題に対する答えは，第 13 章で議論される生命の起源に決定的である．それは，生命の誕生につながる過程全体の時間を限定する．例えば，もし生命と液体の水が同時に現れたとしたら，生命の起源は地質学的に瞬時であると言える．もし，水が初めから存在したとすれば，生命は誕生までにおよそ 10 億年を要したことになる．どちらが真実だろうか？

40 億年前の水の証拠

　いくつかの最古の岩石は，**堆積岩**（sedimentary rocks）である．ほとんどの堆積物は，液体の水による風化，輸送，および沈殿によって形成される．最古の化石の証拠は，35 億年前の岩石から見いだされる．最古の堆積物は，グリーンランドの 38 億年前のイスア地層である．これらの岩石は，チャート（cherts），炭酸塩岩（carbonates），および縞状鉄鉱床（banded iron formations）を含む．これらすべての岩石は，生成に液体の水が必要である．私たちは，同じ種類の岩石が水の存在下で生じることを知っている．したがって，最古の堆積岩は，遅くとも 38 億年前に水が存在したことの証拠である．

　さらに，ある驚くべき物質から得られる証拠によれば，液体の水の存在はもっと過去にさかのぼる．その物質は，最も高温で生成し，最も安定な鉱物**ジルコン**（zircon，$ZrSiO_4$）である．ジルコンは，岩石中の存在度は低いが（ふつう 0.02 %以下），たいへんありふれている．事実上すべての花崗岩と砂岩が，ジルコン

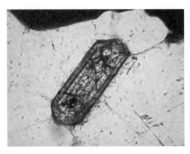

図 9-1：ジルコンの画像．左：黒雲母中のひとつのジルコン結晶．結晶は，長さ約 100 ミクロン（1/10 mm）．右：カソードルミネセンスによるジルコンの画像．そのゾーニングと成長の歴史がわかる．ウラン－鉛法を用いると，ジルコンの各点の正確な年代測定が可能である（図 9-2 参照）．このジルコンは，複雑な歴史を持つ．特に侵食されている古い内核は，その周囲に成長したより若いジルコンに包まれている．内核は，44 億年前の年代を持ち，地上のいかなる物質よりも古い．(Photograph courtesy of John Valley).

粒子を含む．ジルコンはきわめて安定な鉱物で，変質や溶解をほとんど起こさない．高い化学的耐久性のため，ジルコンは風化と堆積物の輸送を経ても生き残る．ジルコンは，きわめて頑丈であるので，しばしばたび重なる融解もくぐり抜け，異なった時代に形成された鉱物を含む結晶を生ずる（図 9-1）．

　ジルコンは，もうひとつ重要な特徴を持つ．個々の鉱物粒子の年代測定が可能であることだ．ジルコンは，生成時に親核種のウラン（U）を濃縮するが，最終的な娘核種である鉛（Pb）は排除する．これは年代測定にうってつけである．さらに，^{238}U と ^{235}U は異なる崩壊定数を持ち，それぞれ ^{206}Pb と ^{207}Pb に崩壊するので，独立に 2 つの年代を計算できる．異なる崩壊定数のため，初めは ^{207}Pb がより多く生じ，後には ^{206}Pb が増加する．後の地質過程で鉛が失われた場合には，すべての鉛同位体が比例的に失われ，2 つの年代は一致しない．2 つの年代が一致するときは，その年代は確かであり，ジルコンは「調和的」（concordant）であると言われる（図 9-2）．このように，ジルコンはその生成の年代を記録し，その後の化学変化に耐えるので，過去からのたいへん有用な使者である．

　これらの特徴のため，太古のジルコンは，初期地球で生成したのち変化して

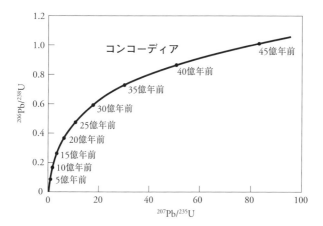

図 9-2：ウラン−鉛法がジルコンに適用可能であることを示すコンコーディア（concordia，年代一致曲線）．ジルコンはもともと鉛を含まないので，この図のすべての鉛はウランの 2 つの同位体の放射性崩壊によって生じた．^{235}U の半減期はずっと短いので，古い岩石は若い岩石に比べてより多くの ^{207}Pb を含む．鉛を失っていない試料は，コンコーディア上にプロットされ，その年代は 2 つの独立な方法で一致する．鉛の損失が起こると，データは原点に向かって移動する．この特徴は，鉱物が最初につくられた年代と，鉛が失われた変成の年代の両方を限定するのに用いられる．

いない最古の地球鉱物である．最も古いジルコンは，始生代の堆積岩に保存されている．これらの岩石は周囲の火成岩と同じくらい古いが，堆積岩，とりわけ砂岩は，さらに以前の火成作用によって生成され，風化を生き残り，その後堆積岩に入り込んだジルコンを保存している．そのような太古のジルコンが見つかる最も有名な場所は，オーストラリアのジャック・ヒル地層（Jack Hills formation）と呼ばれる一見これといった特徴のない堆積岩帯である．この地層は，徹底的に研究された．そのジルコンは 44 億年前の調和的な年代を記録していることがわかった．これは，信頼できる年代の与えられている最古の岩石（約 40 億年前のアカスタ片麻岩）よりもずっと古い．この小さな鉱物は，太古の水について，私たちに何を教えてくれるだろうか？

　ジルコンは，2 つの詳細な証拠によって，初期の水の存在を証明する．水は，凝固点降下に強い効果を持ち，地球の物質を低温で融かす．ケイ酸塩の最低温

度融解物は，花崗岩マグマである．それは，玄武岩，堆積物，および他の花崗岩が水の存在下で融解するときに生じる．より高温のマグマも，水の存在下で結晶化するとき，花崗岩の組成に分化する．花崗岩は，水の存在を意味する．ジルコンは無水の苦鉄質岩石にも見いだされるが，それはまれである．ジルコンは，含水花崗岩に広く分布する．ジャック・ヒル地層にジルコンが一般的に存在することは，花崗岩のマグマ，したがって水が存在したことを示す．しかし，ジルコンは高温の無水マグマに生じることもあるので，これは完全な証明ではない．

さらなる証拠は，ジルコンの微量元素組成から得られる．チタン (Ti) は，ジルコニウム (Zr) と同じ +4 価の酸化数をとるので，微量元素としてジルコンに取り込まれる．ブルース・ワトソンとマーク・ハリソンは，ジルコンに取り込まれるチタン量が温度に強く依存することを示した．ジャック・ヒルのジルコンのチタン濃度は，それらが約 750℃ で生成されたことを示す．それは，無水のマントル由来マグマではなく，含水の花崗岩マグマの温度である．つまり，そのジルコンは，低温の花崗岩起源であり，水が存在していたことの証拠となる．また，花崗岩は大陸に特徴的な岩石であることから，このデータは当時すでに大陸が存在したことを示唆する．

安定同位体の分別

ジルコンの最後の証拠を見る前に，**安定同位体の分別** (stable isotope fractionation) の概念を説明しなければならない．これまでの章で，私たちは放射性崩壊によって生じる同位体比の変動を議論した．酸素は放射性崩壊の生成物ではなく，すべての酸素同位体が同じ電子殻構造を持つが，その同位体比は変化するのだろうか？　低温では，いろいろな過程が質量に基づいて同じ元素の同位体をわずかに分別することがわかった．酸素同位体比の変動はきわめて小さいので，標準物質に対する千分率（パーミル，per mil）で表される．酸素の同位体分別のひとつの結果は，大陸に降る雨は同位体的に重いことである．すなわち，雨水はわずかに高い $^{18}O/^{16}O$ 比を持つ．安定同位体比の変動は，数値をより直感的にするために，重い同位体を分子，軽い同位体を分母として，よ

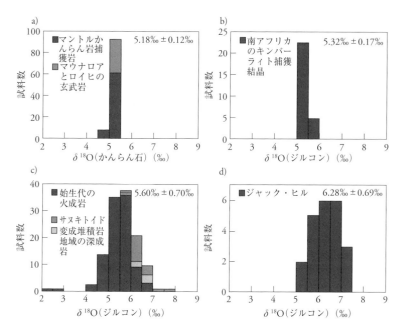

図 9-3：さまざまな岩石と，ジャック・ヒル地層の太古のジルコンの酸素同位体比データ．上の 2 つのパネル（a と b）は，水サイクルとまったく関係のなかったマントル由来マグマのデータであり，δ^{18}O の平均値は 5.2〜5.3‰である．下左のパネル c によれば，始生代の火成岩はマントルと似た値をとるが，水サイクルと相互作用した堆積物起源の岩石は高い値をとる．パネル d のジャック・ヒルのジルコンは δ^{18}O 値が高く，その起源の岩石が低温の水サイクルの影響を受けたことを示す．(Modified from J. Valley, Reviews in Mineralogy and Geochemistry, v. 53, no. 1, 343–385).

く知られた標準物質に対する差をパーミル（‰）で表す．酸素の標準物質は，平均海水（mean seawater）である．同位体比はδ^{18}O で表され，海水のδ^{18}O は 0‰である．海水よりも ^{18}O/^{16}O 比が高い，すなわち「重い」酸素は，正のδ^{18}O 値を持つ（例えば，10‰は，海水よりも 1% 重いことを意味する）．

図 9-3a と図 9-3b のマントル物質の測定値に示されるように，マントルのδ^{18}O は，約 5‰である．

蒸発と降雨（すなわち液体の海洋が存在する気候）を含む低温の**水サイクル**

（water cycle）の影響を受けた岩石は，$\delta^{18}O$ が 5‰以上の重い酸素を持つ．酸素を重くする相互作用は，融解して岩石になる前の堆積作用，または雨を起源として地殻を移動する水との反応である．どちらの場合も，低温の水サイクルが関係している．私たちは，水サイクルと関係した岩石のデータを調べることで，水サイクルの証拠を得ることができる．例えば，ある火成岩は，水サイクルによってつくられた堆積物から生じたことが知られている．その一例は図 9-3c の「変成堆積岩地域の深成岩」であり，その$\delta^{18}O$ 値は 6〜7‰である．それでは，ジャック・ヒルのジルコンは堆積物起源なのか，あるいはマントル起源なのか？ ジャック・ヒルのジルコンは，同位体的に重く，現代の大陸のジルコンとよく似ている．重い酸素は，ジャック・ヒル地層が形成されたとき，低温の水サイクルが活発であったことを示す．そうでなければ，酸素同位体は分別されなかっただろう．

　ジルコンの証拠は，44 億年前の地球に力強い水サイクルと液体の水が存在したことを示唆する．岩石において最も小さく微量な鉱物粒子が，水の存在を示す決定的な手がかりを秘めており，生命の起源にふさわしい条件の決定的な証拠を提供する．これは，地質学探偵がなし遂げた美しい仕事のひとつである．

● 表面の揮発性物質の制御

　地球の歴史を通した生存可能性のためには，表面の水と炭素の量の長期にわたる制御を考えなければならない．揮発性物質が，数千年の間にどのように表面を循環するかではなく，数億年以上にわたってどのように地球の内部と外部の間を循環するかが問題である．

　微惑星の衝突による**脱ガス**（degassing），あるいはコアの形成による大規模な地球内部の脱ガスが起こり，初期地球の表面に揮発性物質が濃縮されたとすれば，その頃かなり大きな海洋が存在したことを示す，これまでに述べた証拠と調和する．初期の脱ガスがきわめて効率的であったとすれば，地球の揮発性物質は初めから大気と海洋にあったと考えられる．歴史を通して続く火山活動は，さらに多くの揮発性物質を表面に加え，地球の揮発性物質の多くを大気と海洋にもたらした．しかし，驚くべきことに，相当量の H_2O と CO_2 が，今も地球

内部に残っている．今日でも火山は揮発性物質を噴出しており，それはマントルの揮発性物質の濃度を推定する助けとなる．マントル中の CO_2 と H_2O の濃度は低いが，マントルの体積は地殻に比べてはるかに大きいので，地球の CO_2 と H_2O の約半分は，まだ内部に残っている．つまり，もうひとつの全海洋に相当する量の水が，固体地球に捕らえられているのである．さらに，現在の火山活動が全海洋の水を放出するには 20〜30 億年を要するが，すでに見たように海洋は 40 億年以上前に形成されていた．海洋は，どのようにして大きくなったのだろうか？

　大陸地殻の岩石の研究は，平均海面が地球史を通してほぼ一定であったことを示す．それは，海洋そして表面の水の量がほとんど一定であったことを意味する．H_2O を含む揮発性物質が地球内部から定常的に供給されたとすれば，表面の H_2O の体積はどのようにして狭い範囲に保たれたのだろうか？　そして，脱ガスが地球の初期史と引きつづく火山活動の避けられない結果であるとすれば，どうして多くの揮発性物質が地球内部に残ったのだろうか？

　これらの疑問に答えるためには，表面の揮発性物質の収支を考えなければならない．それは，累積的な脱ガスだけではなく，地球のリザーバーと宇宙の間のフラックスを含む動的な過程である．表面の H_2O と CO_2 は，宇宙への散逸，および地球のプレートの循環にともなう内部への帰還によって除かれる．

宇宙への大気の散逸

　表面では，どの揮発性物質も宇宙に逃げるチャンスがある．最もよく知られているメカニズムは，**熱的散逸**（thermal escape）である．十分な速度を持つ宇宙船が地球の重力場から脱出できるように，個々の原子または分子も，その速度が十分に速ければ，宇宙へ散逸する．分子運動の速度は，温度が高くなる，あるいは原子量が小さくなると増加する．地球の表面温度は約 300 K であるが，大気上部の温度は約 1,500 K である．大気上部の高温は，分子が散逸する可能性を著しく大きくする．

　脱出に必要な温度は，惑星の重力場と分子の質量に依存する．その依存性は，きわめて強い．脱出速度は，木星では 60 km/s，地球では 11.2 km/s，月では

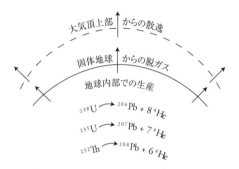

$$^{238}U \longrightarrow {}^{206}Pb + 8\,{}^{4}He$$

$$^{235}U \longrightarrow {}^{207}Pb + 7\,{}^{4}He$$

$$^{232}Th \longrightarrow {}^{208}Pb + 6\,{}^{4}He$$

図 9-4：ヘリウム原子の地球史．ヘリウムの主な同位体 ^{4}He は，地球の地殻とマントルでウランとトリウムの放射性崩壊により生じる．地球から放出される熱を測定すると，どれだけのウランとトリウムが地球に存在するかをかなり正確に推定できる．したがって，^{4}He の生産速度がわかる．ヘリウム原子は，平均しておよそ 10 億年のあいだ固体地球に捕らえられた後，表面に達し，そこで 100 万年を過ごし，大気頂上部から宇宙に散逸する．地球内部の放射性崩壊によって生じたすべてのヘリウム原子は，最後には宇宙に失われる．

2.4 km/s である．小さな惑星では，脱出速度はずっと小さくなり，ガスは容易に散逸する．また，散逸は，ガス分子の質量に強く依存する．2 倍の質量差は，脱出可能性に数桁の差を生ずる．地球と金星は，十分に重く，最も軽いガスを除いてほとんどのガスの散逸を妨げる．一方，月は，重力が弱いため，最も重いガスをとどめることもできない．したがって，地球と金星は相当量の大気を持つが，月はまったく大気を持たない．木星は，脱出速度がきわめて大きいので，水素やヘリウム（He）のような最も軽いガスも逃さない．惑星のサイズと大気を保持する能力は，生存可能性にとって決定的である．

　大気の散逸は，他のメカニズムでも起こる．太陽風の粒子は，きわめて高速なので，外部大気からガスをはぎ取る．天体の衝突は，大気分子の運動速度を増し，ガスを散逸させる．また，もし惑星が恒星にごく近ければ，惑星は高温となり，大気を散逸させるさまざまな効果が起こる．大気の散逸過程の多様性と，それが時間とともにどのように変化するかは，太陽系の惑星大気の多様性と組成を説明する助けとなるだろう．

　私たちは，どのくらいの量の H_2O と CO_2 が地球から失われたかを推定しなければならない．ヘリウムの証拠を用いれば，これらの重いガスの散逸量を推

表 9-1：現在の地球大気の組成*

ガス	化学式	体積百分率（%）
窒素	N_2	78.08
酸素	O_2	20.95
アルゴン	Ar	0.93
二酸化炭素**	CO_2	0.039
ネオン	Ne	0.0018
ヘリウム	He	0.00052
クリプトン	Kr	0.00011
キセノン	Xe	0.00009
水素	H_2	0.00005
メタン**	CH_4	0.0002
亜酸化窒素**	N_2O	0.00005

*この他に，大気は量の変動する水蒸気（H_2O）を含む（暖かい空気の 2% から，非常に冷たい成層圏の空気の数 ppm まで）．水蒸気も，温室効果ガスである．
**温室効果ガス．

定できる．この方法は，大気中のヘリウム原子の総量と，地球内部から毎年大気に漏れ出ているヘリウム原子の量を比べることに基づいている（図 9-4）．大気中の総量は，大気の質量とヘリウムの濃度から見積もられる．海洋海嶺（ocean ridges）におけるヘリウムの生産量は，海洋玄武岩，深海の海底熱水（第 12 章で詳しく議論する），および海水のヘリウム濃度の測定値から決定できる．ヘリウムは，大部分が質量数 4 の同位体 ^{4}He である。^{4}He は，^{238}U，^{235}U，および ^{232}Th の放射性崩壊によって生じる．これらの元素の大陸岩石中濃度ならびに放射性崩壊による大陸の熱流量から，毎年どれだけの量のヘリウムが大陸から脱ガスされるかを推定できる．毎年大気に供給されるヘリウムの量は，現在大気に存在する総量のおよそ 100 万分の 1 である．このことは，ヘリウム原子は，大気から宇宙に散逸するまでに平均して 100 万年の間，大気に滞留することを意味する．このヘリウムの散逸時間を用いると，気体分子運動論に基づいて，他のガスの散逸時間を推定できる．原子量 20 のネオン（Ne），分子量 28 の窒素（N_2），分子量 32 の酸素（O_2），および分子量 44 の CO_2 は，散逸時間がとても長いので，地球の歴史を通して散逸は無視できる．

　分子量 18 の水は，ネオンとほぼ同じ重さであるので，大気から散逸しない．

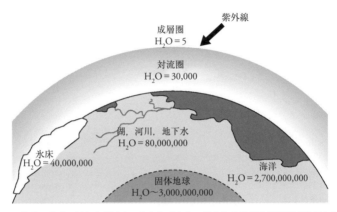

図9-5：地球の水素のほとんどは水のかたちであり，そのおよそ半分は海洋に存在する．残りの水の大部分は，マントルや地殻をつくる固体に捕らえられている．地球の淡水（湖，河川，地下水など）は，地球表面の水の3%を占めるに過ぎない．氷床は，1.5%に過ぎない．きわめて小さな割合の水が，常に蒸気として大気に存在する．大気中の水の存在は，ほとんど大気圏下部のよく混合された領域（対流圏）に限られる．成層圏には，水分子10億個あたり2個だけが存在する．これが重要であるのは，成層圏に存在する水のみが紫外線によって分解されるからである．破線は，地球の内部と外部を区分する．数値は相対分子数を表す．

しかし，水分子の構成成分である水素は話が異なる．水素の単体である水素分子（H_2）は，ヘリウムの半分の重さしかないので，その散逸時間は100万年よりもずっと短い．幸いにも，H_2は私たちの大気ではごく微量なガスである（表9-1）．

今日，土壌の細菌によってつくられるH_2分子は，大気中で数年のうちに水に変換される（$2 H_2 + O_2 \rightarrow 2 H_2O$）．しかし，惑星が水素とそして水を失うもうひとつの過程がある．大気上部で，太陽の紫外線はH_2O分子を分解し，水素原子を生ずる．この水素原子は，きわめて散逸しやすい．残った酸素原子は，究極的に鉄，硫黄（S），または炭素と反応する．この過程は，金星がほとんどの水を失ったメカニズムであると考えられる．

この過程が地球の水リザーバーを滅ぼさなかった理由は，大気が「水トラップ」（water trap）を持つことである．それは，ほとんどすべての水を大気の下部に保ち，水が失われる高度にまで運ばれるのを妨げる．図9-5に示されてい

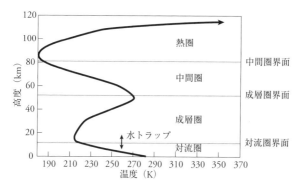

図 9-6：地球大気の温度の鉛直分布．天候は，すべて対流圏で起こる．対流圏の上端では，温度が非常に低いため，すべての水が凝結して氷になる．水は，それより上の層には移動しない．上の層では，もし水が存在すれば，紫外線によって分解され，水素原子が宇宙に散逸する．

るように，私たちの水の大部分は海洋，陸水，および氷に存在する．大気の H_2O 分子の量は，常に海洋の 100,000 分の 1 に過ぎない．大気下部は，**対流圏**（troposphere）と呼ばれる．私たちがよく経験するように，対流圏の温度は，海面から高度が増すにつれて低くなる（図 9-6）．高度にともなう温度低下は，水蒸気を氷の結晶として凝結させ，雲と雪を生ずる．暖かい晴天のカリフォルニアのロサンジェルスやフランスのニースでも，近くの数千メートルの高さの山では雪が降る．航空機が飛行する高度 10,000 m は，夏でも −60℃ である．対流圏の上端では，温度がとても低いので（−60℃，図 9-6），水蒸気は存在しない．きわめて乾燥した空気のみが，その上の大気の層である**成層圏**（stratosphere）に移動する．この地球の属性が，水素の脱出ハッチを非常に狭くしている．岩石記録と液体の水の証拠がある最近 40 億年の間，私たちの水素は，ほんのわずかしか失われなかったのだ！

　もちろん，地球史の最も初期に起こったことはよくわからない．初期地球では O_2 は存在せず，おそらく細菌が水素をメタンに変換した（$4H_2 + CO_2 \rightarrow CH_4 + 2H_2O$）．メタンは，現在の大気ではきわめて低濃度であるが，初期地球ではもっと豊富であった可能性がある．メタンには水の場合のような冷却トラップ

はないので，メタンは大気上部まで上昇し，分解されて，水素を失ったかも知れない．また，巨大衝突が，より重い分子も含めた大気の損失を引きおこした可能性もある．特に，月を形成した衝突による高温は，大気に重大な影響をおよぼしただろう．地球が大量の水素を失ったかどうかを決定する別の方法はないのだろうか？

ここでまた安定同位体比の変動が，重要な証拠を与える．水素には 2 つの安定同位体，^1H（H と表される）と ^2H（重水素，deuterium，D と表される）があり，その質量比は 2 倍である．このため，H は D に比べてずっと容易に散逸する．しかし，地球の D/H 比はコンドライトとほぼ同じであり，水素の損失がほとんどなかったことを示唆する．やはり，地球は水をとどめることができたのである．

したがって，以上すべての証拠は，地球の大気頂上部からの H_2O の損失がほとんどなかったことを示す．特に，安定した気候が到来し，巨大衝突が終わった 38 億年前以降はそうである．次に，私たちは，表面の揮発性物質の長期にわたる収支を理解するために，目を下方に向けなければならない．

地球の表面と内部の間の揮発性物質の循環

揮発性物質の宇宙への散逸は，時間を通して表面の水の量が一定であったことを説明できない．その謎を解く鍵は，表面から内部への揮発性物質の再循環にあると考えられる．揮発性物質の内部への再循環は，現在，マントルに大量の揮発性物質が存在することも説明できる．

揮発性物質の再循環の過程は，**地球のプレートの沈み込み**（subduction of Earth's tectonic plate）である（口絵 22 参照）．それは，第 10 章と第 12 章で詳しく議論される．海洋海嶺で形成された新しい海洋地殻は，地殻の割れめを通した海水のさかんな循環を引きおこす．岩石と水の相互作用は，地殻を変質し，固相に H_2O と CO_2 を含む新しい鉱物をつくる（層状ケイ酸塩，炭酸カルシウムなど）．

拡大するプレートが海嶺から移動するにつれて，さらに変質が起こる．また同時に，海の中を降ってきた堆積物が，揮発性物質を豊富に含む鉱物から成る

粘土と炭酸塩の厚い堆積層をつくる．プレートが沈み込み帯に達すると，この揮発性物質に富む荷物は，マントルに「沈み込み」(subducted)，揮発性物質を内部に戻す．このメカニズムによって，表面から内部へのフラックスが，火山から大気へのフラックスとつり合いを保つ．

　海洋地殻全体を貫く掘削孔はまだなく，深さ 1 km 以上の掘削孔も少ししかないので，下向きのフラックスの正確な見積もりは難しい．海洋の広大さと海洋地殻の環境の多様性を考えると，変質した海洋地殻の平均組成についての私たちの知識はごく限られている．存在するデータによれば，海洋地殻は十分な量の H_2O と CO_2 を含んでおり，火山の脱ガスを容易に埋めあわせ，地球内部に存在する多量の H_2O と CO_2 を説明できる．実際，きわめて大量の H_2O が沈み込むので，そのすべてが深部に残ったらならば，海洋はそのうち消えてしまうだろう！

　不思議なことに，表面の水の量は地球史を通して狭い範囲に保たれてきたらしい．これは，脱ガスされる水と沈み込む水の量の間にバランスがあることを意味する．この謎に対するありそうな答えは，沈み込んだ水のほとんどが沈み込み帯で処理され，そこで起こる火山活動によって表面に戻るということである．第 12 章で見るように，沈み込むプレートの揮発性物質を含む鉱物は，地球内部の高圧・高温の条件で分解され，揮発性物質を放出する．放出された揮発性物質は，火山活動を引きおこし，表面に水を輸送する．多かれ少なかれ水が沈み込めば，多かれ少なかれ脱ガスが起こる．そのため，地球の内部および外部への水の正味のフラックスは十分に小さくなり，表面の水の全量はほとんど変動しないのだろう．

　CO_2 の収支は，もっと不確かである．水については平均海面の変化が収支の情報を与えるが，表面の CO_2 量については地球史を通した明白な地質指標がない．沈み込むプレートの炭酸塩鉱物は含水鉱物よりも安定なので，CO_2 の相当量は，炭酸塩として沈み込み帯のフィルターを通り抜け，マントルに戻るだろう．脱ガスと沈み込みが関係する CO_2 の全体の収支は，わからないことが多く残っている．

● 表面温度

　地球の歴史を通して，表面の H_2O は本質的に液体であったので，表面温度は狭い範囲に保たれてきたに違いない．水は，巨大な氷床に捕らえられれば，ほとんど生命の役に立たない．水がすべて蒸気として大気にあったとしても，役に立たない．また，もし温度が氷点近くから沸点近くまで変動したら，やはり生命は生存できない．地球の表面温度は，どのようにして数十億年にわたって，液体の水に適した狭い範囲に保たれたのだろうか？

　惑星の温度は，受ける太陽光の量だけではなく，表面の反射率，および大気の温室効果ガスの濃度に依存する．もし，惑星が**黒体**（blackbody）と同じ表面特性を持つならば，温度は表面に届く太陽光の量のみによって決定される．黒体であるためには，物体の表面は非反射でなければならない．すなわち，到達したすべての太陽光が吸収され，赤外線として再放射されねばならない（図9-7）．また，放射される赤外線を吸収する温室効果ガスが，大気中にあってはならない．もし，地球が黒体であるならば，平均表面温度は約5℃となるだろう（表9-2）．

　しかし，私たちの知る惑星は，完全な黒体ではない．すべての惑星は，光の反射率を示す**アルベド**（albedo）を持つ．アルベドが高くなると，より多くの光が反射され，惑星は冷たくなる．惑星の反射率は，水の量と状態に大きく依存する．海洋の水は，反射率が低い．氷と雲は，高い反射率を持つ．植物の葉はほとんどすべての光を吸収するので，森の反射率は低い．一方，裸の土壌は，到達する光のほぼ半分を反射する．すでに指摘したように，植被の程度は，降雨の分布に依存する．地球では，雲，氷，および土壌が，太陽光の相当の割合を反射し，およそ0.3のアルベドを生ずる．すなわち，太陽光の30％は宇宙に反射され，地球表面を加熱しない．これが理想的な黒体からの唯一の逸脱であるならば，地球の表面温度は約−20℃となり，すべての水は凍るだろう．高いアルベドは，惑星の温度を低くする．

　アルベドの効果を相殺し，惑星を暖めるのは，大気中の特定の分子による**温室効果**（greenhouse effect）である．3つ以上の原子を含む分子は，**温室効果ガス**（greenhouse gases）となる．そのような分子は，分子の振動および回転によって，

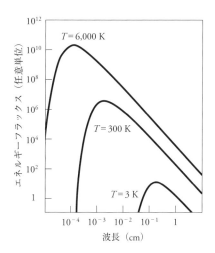

図 9-7：3 つの異なる温度の黒体から放射される光．物体が熱くなると，より多くのエネルギーが放射される（6,000 K の物体が放出する単位面積あたりのエネルギーは，300 K の物体の約 10,000 倍，3 K の物体の約 1 億倍である）．エネルギー放射のピーク波長は，表面温度 6,000 K の恒星では可視領域にある．表面温度 300 K の惑星では赤外領域にあり，宇宙の背景光の3 K ではマイクロ波領域にある．地球の大気は，太陽放射の短い波長に対しては透明であるが，地球が反射する光のエネルギーの一部を吸収する．

表 9-2：地球型惑星の表面温度に影響する要因のまとめ

	大気の質量 (kg/cm^2)	太陽からの距離 $(10^6 km)$	受ける太陽エネルギー $(10^6 W/m^2)$	黒体温度 (℃)	太陽光の反射率	反射による冷却 (℃)	温室効果による加熱 (℃)	実際の表面温度 (℃)
水星	0	58	9,126	175	0.068	−8	0	167
金星	115 *	108	2,614	55	0.90	−144	553	464
現在の地球	1.03 **	150	1,368	5	0.30	−25	35	15
初期の地球		150	958	−26	0.30 (?)	−21	62 (?)	15 (?)
火星	0.016 *	228	589	−47	0.25	−16	3	−60
月	0	150	1368	5	0.11	−7	0	−160〜 +130

* 主に CO_2
** 主に $N_2 + O_2$

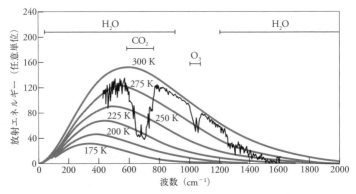

図9-8：地球光の吸収．ぎざぎざの曲線は，グアム島上空の大気頂上部で実測された地球光のスペクトルを示す．比較のため，なめらかな曲線は，温室効果ガスのない黒体の放射スペクトルである．いくつかの温度の黒体のスペクトルが示されている．グアムに相当するのは，300 Kより少し低い温度と考えられる．実測の曲線のぎざぎざと深いくぼみは，大気中の水，二酸化炭素，およびオゾンによる吸収の結果である．水は，$400 \sim 600 \text{ cm}^{-1}$の領域を大きく低下させる．$CO_2$によるくぼみが，特に顕著である．波数（$\text{cm}^{-1}$）は，放射の振動数の指標である．

赤外線（infrared light）の光のエネルギーを吸収する（図9-8）．入射する太陽光は，波長が短く，温室効果ガスによって吸収されないので，そのエネルギーは大気を通過して地表に達する．しかし，およそ300 Kの惑星表面から光が放射されるとき，温度に対応して，光の波長は主に赤外領域となる．この波長の光は，温室効果ガスによって効果的に吸収される．地球大気の主な温室効果ガスは，水蒸気，二酸化炭素，メタン，亜酸化窒素（N_2O），およびオゾン（O_3）である．これらのガスによる地球光の捕捉は，高い保温効果を持つ毛布として働き，惑星を暖かく保つ．地球の温室効果は，反射による冷却を上まわる効果を現す．地球の平均表面温度（15℃）は，地球が完全な黒体であると仮定したときより，10℃だけ暖かい（表9-2）．

他の惑星の表面温度を推定するためには，受ける太陽光の量，表面の反射率，および大気に含まれる赤外線吸収ガスの量がどれだけかを知らねばならない．太陽放射の受光量は，太陽からの距離の簡単な関数である．アルベドは，宇宙から測定できる．温室効果は，大気の組成がわかれば推定できる．表9-2は，

太陽放射，アルベド，および温室効果の組み合わせがどのように惑星の表面温度を決めるかを示している．地球では，温室効果による加温が反射による冷却より十分に大きい．あきらかに，このことが生存可能性に強く影響している．

　また，表 9-2 は，惑星の黒体温度に対する太陽エネルギーの重要性を示している．それは，惑星の温度のベースラインとなる．太陽エネルギーは，歴史を通して一定だったのだろうか？　私たちは，太陽から来るエネルギーの長期間にわたる直接測定のデータを持っていない．しかし，銀河系のさまざまな段階にある他の恒星から得られる証拠は，恒星のエネルギーが時間とともにどのように変化するかを教えてくれる．太陽のような恒星は，内部の水素燃料がヘリウムに変換されるにつれて，重力収縮とつり合うように温度が上昇するので，時間とともにエネルギー出力を増す．天文学者の推定によれば，冥王代の太陽が発生した熱は，現在より約 30 ％だけ低かった．この光度を用いると，地球の初期の黒体表面温度を推定できる．その結果を表 9-2 および図 9-9 に示す．

　初期地球の黒体温度の計算によれば，現在の 70 ％の光度の太陽によるベースライン（黒体）温度は，−26 ℃に過ぎない．地球のアルベドが現在と同じで，温室効果がなかったとすれば，温度は現在の火星と同じ極寒の −47 ℃だったことになる！　温室効果が現在と同じ程度であったとしても，温度はまだ氷点下である．これは，地球史を通して液体の水が豊富であったという証拠と矛盾する．この謎は，「暗く若い太陽のパラドックス」(faint young sun paradox) と呼ばれる．その答えは，水星や月と同じようなアルベドのため，冷却がかなり弱かったか，あるいはおよそ 55 ℃の加温を生ずるほど温室効果が強かったかである．このように強い温室効果には，より高濃度の温室効果ガスが必要である．提唱された仮説は，ずっと高濃度の CO_2 または相当量のメタンを含む大気である．それは，O_2 のない大気であれば可能である．さらに注目すべきは，数十億年にわたり太陽光度が徐々に変化したにもかかわらず，地球表面の温度が狭い範囲に保たれてきたことである（図 9-9）．太陽の光度は時間とともに増加したが，地球大気は的確に適応し，安定した表面温度を保ってきた．この事実は，敏感なフィードバック・メカニズムを示唆する．それは，外部強制力の変化に対応して表面温度を一定に保つ，地球のサーモスタットである．そのよう

266

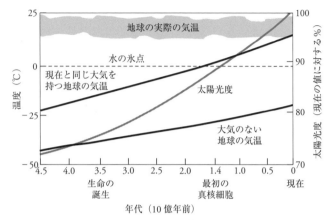

図 9-9：地球史を通した太陽光度の変化と，その影響を示す図解．現在の太陽の放射は，冥王代より 30％ も強い．温室効果がまったくなければ，地球はずっと凍ったままであっただろう．現在の大気が初めからずっと維持されていたとすれば，地球は 20 億年前まで凍っていたはずである．しかし，地球の岩石は，少なくとも 40 億年前以降は液体の水が常に存在したという証拠を示す．したがって，初期の地球には，強い温室効果と低いアルベドの何らかの組み合わせがあったに違いない．(Figure modified from Kasting et al. 1988, Sci. Amer. 256: 90-97.)

な安定性を生む詳細なメカニズムは何だろうか？　このメカニズムは，なぜ他の惑星では働かなかったのだろうか？

● 地球の長期のサーモスタット

　太陽光度の変化，大陸移動，全球のほとんどが氷河で覆われた氷河時代，爬虫類が極地でも栄えた温暖期，生命の進化，大気中酸素量の著しい変化などにもかかわらず，地球の温度は地質時代のほとんどを通して，0〜100℃ の間の快適な範囲に保たれてきた．条件の大きな変化にかかわらず，この定常状態を可能にしたメカニズムを探究しよう．

　二酸化炭素は，惑星表面の温度を決める上できわめて重要な役割を果たす．地球の大気において，CO_2 は水の次に大きな温室効果を持つ．しかし，大気

中の炭素の量は，表面の炭素の膨大な総量に比べるとごくわずかである（表16-1 参照）．炭素のほとんどは，炭酸カルシウム（地質学者に**石灰岩**（limestone）と呼ばれる），および有機物残渣（**ケロジェン**（kerogen）と呼ばれる）の成分として，堆積物に存在する．幸い，現在，炭素のほんの小さな割合（およそ 100 万原子あたり 60 原子）が，CO_2 として大気中に存在する．もし，地球のすべての炭素が気体の CO_2 であったなら，その量は N_2 と O_2 の量の 100 倍を超える．この CO_2 によって生じる気圧は，100 気圧にも達する（深度 1 km に潜航する原子力潜水艦の外殻が受ける圧力と等しい）．CO_2 は温室効果において中心的な役割を果たすので，固体の $CaCO_3$ と気体の CO_2 の間の分配が，気候の安定性に重要であるに違いない．

　地球の気候がどのように液体の水が安定である条件に保たれてきたかについて，大気の CO_2 と $CaCO_3$ を含む炭素サイクルに基づく，たいへん興味深い議論がある．長期の気候サーモスタットは，固体地球の地球化学サイクル，風化，大気の組成，および海水の組成の間を結びつけなければならない．気候の制御は，単なる天気ではないのだ！

　雨が岩石や土壌の上に降ると，**風化**（weathering）の化学反応が起こり，化学物質を放出する．河川水は，放出された元素を海に運ぶ．鉄はすぐに沈殿し，マグネシウムとナトリウムの多くは海洋地殻に取り込まれる．アルミニウムは粘土鉱物に残り，かなり不活性である．このため，カルシウム（Ca）とケイ素（Si）が，重要な元素となる．驚くにはあたらないが，これら両元素は，現在の**生物地球化学サイクル**（biogeochemical cycles）に深く関与している．さまざまな海洋生物の殻をつくり，その沈殿物はチャート（cherts，SiO_2）および炭酸塩岩（carbonates，$CaCO_3$）となる．循環するカルシウムとケイ素のほとんどは，大陸地殻に一般的な長石，輝石，およびその他の苦鉄質鉱物の分解によって生じる．気候において主要なプレーヤーはカルシウムとケイ素であるので，化学式 $CaSiO_3$ で表されるケイ灰石（wollastonite）の分解に議論を簡単化できる．この鉱物は，土壌中の H_2O および CO_2 と反応して，カルシウムイオン，炭酸水素イオンおよび電気的に中性のケイ酸を生じ水に溶ける．

$$3\ H_2O + 2\ CO_2 + CaSiO_3 \rightarrow Ca^{2+} + 2\ HCO_3^{-} + H_4SiO_4^{0}$$

右辺の化学種は，土壌に浸透し，川を経て，最後には海に達する．現在の海洋では，生物がこれらの成分を使って殻をつくる．殻をつくる生物が進化する以前は，炭酸カルシウムは海水から無機化学反応により直接沈殿しただろう．どちらの場合も，反応式は次のように表される．

$$Ca^{2+} + 2\,HCO_3^- \rightarrow CaCO_3 + H_2O + CO_2$$

ケイ素も，次の反応によってオパールとして沈殿する．

$$H_4SiO_4^0 \rightarrow SiO_2 + 2\,H_2O$$

生物の硬組織をつくる方解石（calcite，$CaCO_3$）とオパール（opal，SiO_2）は，海底に沈降し，海洋プレート上に堆積物として蓄積される．海洋プレートは動いてゆき，収束境界で沈み込む．第12章で述べるように，地球内部の高温・高圧は，**変成作用**（metamorphism）と呼ばれる過程で鉱物を分解する．カルシウムとケイ素に限れば，方解石とオパールが反応して，ケイ灰石と二酸化炭素を生ずる．

$$SiO_2 + CaCO_3 \rightarrow CaSiO_3 + CO_2$$

ケイ酸カルシウム（ケイ灰石）は，マントルに戻される．マントルで融解が起こると，カルシウムとケイ素は，表面に上昇するマグマに取り込まれる．マグマに溶けたCO_2は，表面に上昇すると溶解度が減少し，収束境界の火山から大気に放出される（図9-10）．

　以上が，基礎知識である．このサイクルの興味深いところは，大気中のCO_2量との相互作用である．このサイクルの基本的な駆動力は，堆積物を地球表面から内部に運び，CO_2を放出するプレートの運動である．沈み込むプレート上の炭酸塩堆積物の量によって，CO_2が大気‐海洋システムに戻される速度が決まる．もし，CO_2が大気‐海洋リザーバーに付加されるのと同じ速さで方解石の埋没によって海洋から除かれなければ，大気のCO_2濃度は徐々に増加するだろう．一方，もし生物が海洋から方解石をきわめて速やかに除くなら，大気のCO_2濃度は徐々に減少するだろう．どうにかして，大気‐海洋リザーバーへのCO_2の供給と除去が均衡されねばならない．このバランスの鍵

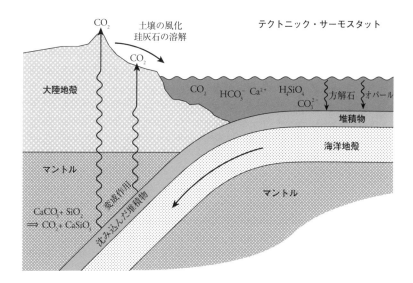

図 9-10：大陸の下へ沈み込む海洋地殻は，積もった堆積物の一部を地球のマントルへ運ぶ．堆積物は，そこで加熱され，変成される．この過程の間に，堆積物中の炭酸塩鉱物は分解され，CO_2 を放出する．CO_2 は地球表面に戻り，ふたたび大気−海洋リザーバーに加わる．最終的に，CO_2 はカルシウムと再結合し，方解石となる．方解石は，海洋底に埋没し，沈み込み帯への新しい旅を始める．

は，方解石をつくるのに必要な材料にある．生物には，CO_2 に加えてカルシウムが必要である．地球内部から漏れ出した CO_2 は，地殻から溶解した酸化カルシウム（CaO）と結びついて，CaO CO_2（すなわち $CaCO_3$）をつくる．したがって，大陸土壌で起こる化学反応によってカルシウムが利用可能となる以上の速さで，方解石が海洋堆積物に蓄積することはない．土壌の化学反応の速度は，土壌の温度（化学反応は，反応物が加熱されると速くなる），水の酸性度（pH が低くなると，鉱物はより速く分解される），および降雨（より多くの水が土壌を流れれば，より多くのカルシウムが運ばれる）に依存する．

　さて，このサイクルのフィードバックを考えよう（図 9-11）．方解石が深海堆積物に沈殿するよりも速く CO_2 が大気に加えられると，大気の CO_2 濃度は

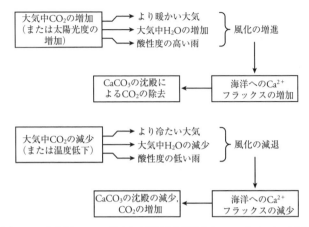

図 9-11：地球大気の CO_2 濃度と表面温度を制御するフィードバックの図式.

増加するだろう．これは惑星を暖かく（温室効果の毛布が増すため），湿潤にする（暖かい空気はより多くの水蒸気を含み，より多くの雨を降らせる）．また，高濃度の CO_2 は，水を酸性にする．したがって，大気の CO_2 濃度の増加は，大陸からカルシウムが溶解する速度を増し，方解石をより速く海洋堆積物に蓄積させる．最終的に，方解石の生産速度は十分に高くなり，CO_2 が加えられるのと同じくらいに速く大気 - 海洋システムから CO_2 を除去できるようになるだろう．こうして，大気中の CO_2 の蓄積は，くい止められる．

　フィードバックは，反対向きにも働く．何らかの理由で大気の温度が著しく低くなれば，風化は遅くなり，海洋へのカルシウムの供給と炭酸塩の沈殿は減少する．その結果，大気中の CO_2 は増加する．あるいは，もし大気中の CO_2 濃度が低くなりすぎると，温度，降雨，および酸性度が減少し，カルシウムの供給が断たれて，システムからの CO_2 の除去が制限される．風化，堆積，および沈み込みは遅い過程であるので，このフィードバックが働くには長い時間を要する．これが地球の**テクトニック・サーモスタット**（tectonic thermostat）である．その時間スケールは，$10^5 \sim 10^7$ 年以上である．

　テクトニック・サーモスタット仮説は，たいへん魅力的である．なぜなら，

太陽光度の大きな変化，および巨大な火山噴出，隕石の衝突，スノーボールアース（後で議論する）のような破局的な長期影響をおよぼす事変が起こったにもかかわらず，数十億年以上にわたって気候の安定性を保つには，強力なフィードバック・メカニズムが必要であるからだ．しかし，この仮説を直接検証することはできない．大気の CO_2 濃度に依存した風化速度の変化を定量的に見積もることは難しい．また，沈み込みにおける炭酸塩の運命にはさまざまな議論があり，いまだ決着を見ていない．地球史を通した大気と海洋の化学組成の変化は，よくわかっていない．さらに，地球内部の熱的進化が，沈み込むプレートの変成反応に影響をおよぼしたかも知れない．テクトニック・サーモスタット仮説は，有力な対抗仮説がないので，広く受け入れられている．しかし，その確からしさの評価は，せいぜい 6 点である．

金星に学ぶ

　地球の CO_2 の状況が今とまったく異なったかも知れないという劇的な警告がある．それは，金星である．金星はほとんど完全に CO_2 から成る重い大気を持ち，表面気圧は地球の 90 倍である．この CO_2 の大気による温室効果は，464℃ という灼熱の表面温度を生ずる．金星と地球は，ほとんど同じ大きさと密度を持つので，同じような揮発性物質の蓄えを持って生まれたと考えられる．実際，その証拠に，金星大気の CO_2 の炭素量は，地球表面の石灰岩とケロジェンに固定されている炭素の量とほぼ等しい[1]．したがって，もし石灰岩とケロジェンに固定されているすべての炭素が CO_2 として大気に放出されれば，地球も金星と似た状況になるだろう．

　しかし，地球と金星を比べると，水に関する問題が浮かび上がる．もし，金星が地球と同じ揮発性物質の組成を持って生まれたのならば，かなり大きな海洋を持ってしかるべきである（あるいは，もっとありそうなのは，高温のため，水

---

1)　金星は非常に熱いので，確かに生命は存在せず，ケロジェンもない．また，この条件では $CaCO_3$ は分解し，炭素を CO_2 として放出する．したがって，金星表面のほぼすべての炭素は，大気中に CO_2 として存在する．

蒸気を主成分とする大気を持つはずである)[2]. しかし, 金星の大気は, 水蒸気で満ちているどころか, かろうじて検出されるくらいの濃度の水蒸気しか含んでいない.

多くの科学者は, 金星に初めに水として存在した水素は, 宇宙に散逸したと信じている. 非常に熱い金星大気では, 水蒸気は効果的に大気の「頂上部」に運ばれた. そこで, 水は紫外線によって分解され, 水素原子を生じ, 宇宙に散逸した.「後に残された」酸素原子は, 大気のかくはんによって惑星表面に戻され, 熱い地殻の FeO を徐々に Fe_2O_3 に変換したというのである. この仮説の証拠は, アメリカの無人探査機が金星大気に突入したときに得られた. この探査機は, 高温のために動作不能となる前に, 金星大気に存在する微量の水の同位体組成を測定し, データを地球に送信した. 驚くべきことに, 金星の水の重水素 (^2H) と ^1H の比は, 地球の水の $^2H/^1H$ 比の 100 倍以上であった. 重水素原子は, 質量が水素原子の 2 倍であるので, 脱出確率がずっと低い. すなわち, 金星から水素が散逸した結果, 残った水は重水素に富むようになったと考えられる. 金星がかつて地球と同じだけの量の水を持っていたかどうかはわからないが, 観測された重水素の 100 倍の濃縮を説明するには, 金星は少なくとも現在の 1,000 倍の量の水を持っていたはずである!

したがって, 金星と地球がほぼ同量の揮発性成分を持って生まれた可能性はきわめて高い. 地球は, ある理由のため, 炭素を堆積物に安全に固定するように進化し, 温室効果による温暖化の暴走という破滅的な結果を避けることができた. 一方, 金星は, どこかの点でこの道筋からすべり落ちて, 大気中に CO_2 を蓄積した. この蓄積が高温を招き, 生命を停止させた (仮に生命が金星に足がかりを得ていたとしても). いったんこのような高温状態となった惑星が冷却される可能性は, ほとんど考えられない.

私たちは, 金星の歴史をほとんど知らない. 宇宙飛行士が金星の表面を歩きまわることはないだろう. ロシアとアメリカは, 無人探査機を高温の金星表面に着陸させた. これらの探査機は過酷な環境をしばらく生きのびて, 温度, 圧力, 大気の組成, および着陸地点の岩石表面のカリウム/ウラン比の情報を地

---

2) 仮に, 海洋が完全に蒸気になるまで地球が加熱されたならば, 水蒸気は現在の地球大気の約 270 倍の圧力を生ずる.

球に送信した（第 5 章参照）．金星表面ではね返されたレーダービームによれば，金星には大きな地形的特徴があり，表面は若く，大きな衝突クレーターはない．表面が若いため，金星がもっと地球に似た初期の歴史を持っていたかどうかはわからない．初期太陽系では太陽の光度が現在より約 30 ％も低かったので，金星は太陽系の中で生命に好ましい位置にあったと思われる．いずれにせよ，温室効果の暴走後，生命の発達を可能にする条件は二度と現れなかった．金星は，地球よりも太陽に近いため，太陽光度の上昇に対応できず，気候の暴走を招いたのかも知れない．それは，金星の自転が地球より 100 倍も遅いためだろうか？　金星には生命が誕生しなかったからだろうか？　金星の最初の水の量が，地球よりずっと少なかったからだろうか？　いずれにせよ，金星の存在は，気候の安定性が保証されていないことを私たちに思い起こさせる．惑星の気候は，コースから破局的に外れる可能性があるのだ．

スノーボールアース

　これまでに述べた基礎知識を心に留めて，もし地球の海洋が凍ったらどうなるかを考えてみよう．そこでは，方解石をつくる海洋生物は生きられず，無機的に炭酸塩を沈殿させる水もない．化学的侵食もない．この条件では，地球の熱い内部から放出された CO_2 は大気にどんどん蓄積し，やがて気温を上昇させ，氷を融かす．この脱出ハッチの秘密は，CO_2 の脱ガスが地球内部の熱によって駆動され，表面温度にはほとんど影響されないことにある．このようなシナリオが実際に起こった地球史のエピソードは，テクトニック・サーモスタットの有用な検証となるだろう．

　ごく最近まで，地球が完全に凍ったことはなかったと信じられていた．しかし，ハーバードの二人の地質学者ポール・ホフマンとダン・シュラグは，1992 年にカリフォルニア工科大学のジョー・カーシュヴィンクが発表した仮説に注目した．それは，7 億 5,000 万年前から 5 億 8,000 万年前の新原生代の氷河期には，地球が完全に凍りついたというものである．カーシュヴィンクは，このエピソードを**スノーボール・カタストロフィー**（snowball catastrophes）と呼んだ．

　この説を決定的にした観察事実は，次のようである．この時期の氷河によっ

図 9-12：キングストンピーク上部のダイアミクタイト（diamictite）と呼ばれる氷河堆積物（SM）の上に横たわるヌーンデイ・キャップカーボネイト（CD）．この露頭は，カリフォルニア州デスヴァレーのパナミント山脈にある．崖の高さは，およそ 300 m．氷河時代を示す厚い氷河堆積物と，暖かい条件を示す炭酸塩岩層の間の急激な遷移に注意．(Courtesy of Paul Hoffman; www.snowballearth.org).

て形成された堆積物は，海洋堆積物と混じっている．言いかえれば，氷河は平均海面にまで達していたに違いない．古地磁気測定によれば，これらの堆積物は広範囲の緯度に分布していた．さらに重要なことに，氷河のいくつかは赤道近くで平均海面の高度に存在しており，地球全体が凍結していたという可能性を示す．そのような状況は，海洋が極地を覆っていれば，より起こりやすいだろう．なぜなら，海氷は大陸の氷床よりずっと速く成長するからである．極地の氷が成長すれば，地球のアルベドが増し，より多くの太陽光が宇宙に反射される．氷が臨界面積を超えると，アルベドは大気の温度を下げ，正のフィードバックが起こり，海氷はより大きくなり，赤道域まで達しうる．

ホフマンとシュラグの考えの鍵となったのは，氷河堆積物の上に厚い炭酸カルシウムの地層が存在するという観察結果である（図 9-12）．炭酸塩岩はふつう暖かい海で沈殿するので，なぜそれが氷河堆積物のすぐ上に存在するのかは謎であった．これらのいわゆるキャップカーボネイト（cap carbonates）は，地質

記録のどの石灰岩とも異なるきめを持つ．きめが異なるだけではなく，炭素の同位体組成も異なる．その同位体組成は，「ふつうの」石灰岩とはかけ離れており，むしろ平均地球の炭素に近い（図 16-2 参照）．

　ホフマンとシュラグは，テクトニック・サーモスタットに基づいて，以上の観察を説明する興味深い仮説をつくった．海洋が凍りつき，大陸氷河が海岸まで達すると，化学的侵食は止んだ．カルシウムは河川によって海洋に供給されず（いくらかは熱水噴出孔から供給された），炭酸カルシウムと有機物残渣の堆積は劇的に減少した．しかし，プレートテクトニクスは動きつづけたので，CO_2 は氷を融かした火山を通して地球内部から逃げつづけた．CO_2 を除去するメカニズムは何もなかったので，海洋と大気の CO_2 濃度は上昇した．100% 氷結のアルベドはきわめて高かったが，地球は次第に暖められた．1,000 万年くらいで CO_2 の温室効果は十分大きくなり，氷が融けはじめた．氷の融解は，温暖化を加速した．高反射率の氷と雪が低反射率の海と陸で置き換えられ，太陽光の反射は減少し，さらなる融解を引きおこす正のフィードバックが働いた．やがて侵食が激しく再開され，CO_2 に富む海洋にカルシウムを供給した．もちろん，これは，大量の炭酸カルシウムの堆積を引きおこした．CO_2 が使いつくされると，惑星表面はふつうの温度にまで冷やされた．

● 日よけ

　惑星表面が生命の起源と長期の進化に資するようになるには，最後にもうひとつの因子が必要である．太陽は，紫外線，および超高速の荷電粒子の太陽風を放射する．特に初期地球においては，太陽風は原始大気をはぎ取るように作用し，気候の安定性と生命に必要な揮発性物質を失わせた．同時に，遠くの恒星からやって来る銀河宇宙線も，生命に有害な放射線をもたらす可能性を持つ．私たちが知るように，これらの放射線の強い放射能は，生命にとって危険である．太陽は生存可能性の究極の源であるが，宇宙放射に対する日よけは不可欠である．

　地球の日よけは，大気と磁場である．現在の大気では，オゾンが太陽の紫外線の多くを吸収し，地上の生物を紫外線の影響から守っている．大気の酸素濃

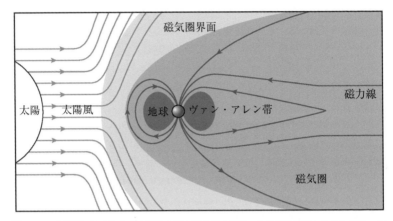

図 9-13：太陽風に対する地球の磁場の日よけを示す図解．太陽風は地球からそらされ，大気と表面が守られる．

度が十分に高くなり，オゾン層の遮へいが有効になった後，肉眼で見える生物が進化し，大陸表面を占拠するようになったのは偶然ではない．

　宇宙線と太陽風に対しては，基本的な保護は地球の**磁場** (magnetic field) による．私たちは，コンパスとその航行における重要性を通して，地球の磁場をよく知っている．磁場は，宇宙線に含まれる荷電粒子に力をおよぼす．太陽からの荷電粒子のほとんどは，地球の磁場のため，進路を惑星からそらされる（図9-13）．

　地球は，地球型惑星のうちで最大の磁場を持つ．その磁場は，液体の外部コアの対流によって生みだされる．地球は初期の集積から冷えつづけているので，液体のコアは初期の地球にも存在し，磁場による日よけは初期の生存可能性と生命の起源にも貢献したと考えられる．

● まとめ

　地球の生存可能性は，十分な量の揮発性物質，海洋と大陸，液体の水，および数十億年にわたり狭い範囲に保たれた温度などの表面環境に決定的に依存し

ている．地球は全体として揮発性物質が少ないので，海洋と大気を生むために
は，地球史の初期に揮発性物質が表面に濃縮される必要があった．惑星の十分
な質量による重力，および大気下部の「水トラップ」が，ヘリウムを除くすべ
ての揮発性物質を地球にとどめた．惑星の表面温度は，太陽放射の量，アルベ
ド，および温室効果によって決まる．太古のジルコンの証拠は，40 億年前以
前に液体の水を含む活発な水サイクルが表面に存在したことを示す．堆積岩の
記録は，それ以来，地球表面に水が存在しつづけたことを示す．驚くべきこと
に，太陽の光度は数十億年間に 30 ％も増加したにもかかわらず，地球は安定
した気候を保った．この事実は，頑丈なフィードバック・メカニズムが初期地
球において強い温室効果を発揮したことを示唆する．炭素サイクルを含むテク
トニック・サーモスタットは，気候制御の最もありそうなメカニズムである．
高濃度の CO_2 を含む暖かい大気は，風化を促進し，より多くの CO_2 を炭酸塩
岩として固定する．このメカニズムの有効性は，金星と比べるとあきらかであ
る．金星では，CO_2 は炭酸塩として固定されず，強力な温室効果と，惑星の
水の損失を引きおこし，惑星を生存不可能にした．また，生命に適した地球の
表面は，磁場によって保護されている．地球の液体の外部コアは，地球型惑星
で最大の磁場をつくる．磁場は，初期地球において大気の損失を防ぐのにも役
立ち，数十億年にわたって惑星を死の宇宙線から守り，地球に自前の日よけを
提供してきた．

参考図書

Kevin J. Zahnle and David C. Catling. 2009. Our planet's leaky atmosphere. Scientific American, May 11: 29.

James Callan and Gray Walker. 1977. Evolution of the Atmosphere. New York: Macmillan.

James F. Kasting and David Catling. 2003. Evolution of a habitable planet. Annu. Rev. Astron. Astrophys. 41: 429–63.

第10章

循環を確立する

プレートテクニクス

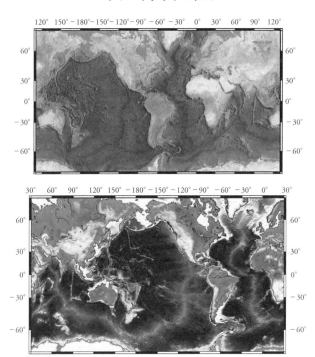

図 10-0：2 つの海洋底地図．上：ブルース・ヘーゼンとマリー・サープによる海洋海嶺系の地図．詳細なように見えるが，実際はかなり簡略化されている．ヘーゼンとサープは，少数の地点のデータのみを持っており，内挿と推定により連続的な地図をつくった．(Base map reprinted by permission from World Ocean Floor by Bruce C. Heezen and Marie Tharp, copyright 1977). 下：現代のより詳細な海洋底の地図．測深データと衛星によって得られた全球の重力データに基づく．口絵 8 を参照．(Map provided by David Sandwell, Scripps Institution of Oceanography).

　数十億年前，惑星の分化は，地球の大きな層構造をつくった．それは，今なお存在する．コア，マントル，地殻，および揮発性物質に富むエクステリアは，地球，金星，および火星に共通の遺産である．これらの層が固定された，動かないものであるという概念は，私たちの日々の経験に深く染みついている．岩石は，固体であり，分解されるが，流れない．ミズーリ州は海からはるかに遠く，アイルランドは島である．これらの事実は，確かな観察に基づく常識である．したがって，20世紀初めにアルフレッド・ヴェーゲナーが，アフリカと南アメリカはかつてひとつであった，大陸は地球の表面を移動すると提唱したとき，その考えは地質学界の大部分から疑われ，激しく批判され，あざ笑われさえした．第二次世界大戦後，新しい世代の地球科学者たちが，海洋を調査しはじめた．新しいデータは，大西洋の驚くべき対称性をあきらかにした．大西洋中央海嶺を中心軸から下っていくと，海洋底の深さと堆積物の厚さは，**海嶺**から両側の大陸に向けて規則的に増加した．対称性は，磁気異常のパターンにも認められた．それは，地上で観察された地球磁場の周期的な逆転と関連づけられた．これらすべての事実は，**海洋底拡大**によって説明できた．新しい海洋地殻は，海嶺でつくられ，時間とともに両側に拡がって離れていく．この仮説は，実際の試料によって確かめられた．海嶺軸では若い火山岩が採取され，海嶺から遠く離れた大陸縁辺では最も古い堆積物が採取された．次に，全球の地震学が，海嶺での海洋底の形成を補完した．海洋地殻は，**海溝**でマントルに沈み込む．そのようすは，次第に深くなる地震の分布によって詳細に描きだされた．これは，**和達－ベニオフ帯**と呼ばれ，日本などに位置している．**プレートテクトニクス**の新理論は，絶えず動いている剛体のプレートが地球の表面を形成していると提唱し，以上の観測結果をよく説明した．プレートは，海嶺でつくられ，沈み込み帯で破壊される．プレートは，壊れやすい**リソスフェア**から成り，流動性の**アセノスフェア**の上に浮かんでいる．大陸は，ヴェーゲナーが暗示したように海をかき分けて進むのではなく，まわりの海洋でつくられ破壊されるプレートの上に浮かぶ軽いいかだのようである．大陸は，軽すぎるのでマントルへリサイクルされない．そのため，常にリサイクルされる海洋底に比べて，大陸は，はるかに長い地球の歴史をとどめている．**造山帯**は，プレートが衝突するところに形成される．地震と火山は，プレートどうしが離れていく，収束する，または

横にずれ動く**プレート境界**で起こる．1960 年代半ばの数年間に，私たちの地球観は，固定され孤立した大陸と海洋から成る静的な表面から，20 cm/y もの速度で移動するプレートへと一新された．海洋底の起源，地震，火山，および造山帯のような地質学の長年の問題は，プレート運動の簡単な結果として解決された．プレート運動の最新の測定は，汎地球測位システム（GPS）を用いている．その結果は，磁気異常から推定される速度とよく一致しており，プレートテクトニクスにめざましい確証を与えた．プレートテクトニクスの地位は，仮説から観測事実に高められた．

● はじめに

　地球は，歴史の初めに，コアに向かって密度が増加する層構造を形成した．この過程は，地球型惑星に共通であると考えられる（第 7 章参照）．層の主な分化は 40 億年以上前に起こり，その後は，層の間の動きは小さく，層と層は効果的に隔離されたので，静的な惑星の印象を与えるかもしれない．月は，まさにその通りである．地球では，海洋と大気の活発な運動はあきらかである．そして，これからの 2 つの章で見るように，地球の表面と内部もまた常に動いている．実際，これらの運動は循環，リサイクル，および層の間の交換を引きおこし，生存可能性には欠かせないものであると思われる．地球の表面が動いている証拠は何だろうか？　その動きの特徴，速度，駆動力は何だろうか？　なぜこの動きは，地球の循環やその歴史において重要なのだろうか？

● 静的な地球という観点

　地球のすべての部分の絶え間ない運動は，私たち人間にとって把握しやすいものではなく，最近数十年間に，ようやく地球科学の専門家に知られるようになった．私たちは地震や火山活動の破壊的な地域影響を見るが，地球の主な特徴は静的であると信じている．サンフランシスコは港であり，100 年前に購入されたウォーターフロントの地所は，今日でもウォーターフロントにある．南極大陸は南極にあり，氷で覆われている．これらは，何度も検証された確かな

観察である．したがって，この種の一般化を事実として受け入れるのは無理も
ない．地球が絶えず変化するダイナミックな環境であるという理解がなかなか
進まず，なお発展の途上にあることは，驚くにあたらない．

　第6章で見たように，人間には，地球のタイムスケールを完全に把握するこ
とは難しい．動いている地球を把握することは，さらに困難である．19世紀，
地球の地質時間スケールが理解され始めたときでさえ，地球の固体の層は静的
で，変化しないと見なされていた．20世紀の地質学者は，数十億年の地球史
を認識した．火山噴火は，次第に大きな構造をつくりあげた．侵食は，高い山々
をすり減らし，海岸線を変化させた．過去には，氷河時代があった．現在観察
できる過程が，時代を通して働き，地球のすべての物理的特徴をつくった．た
だし，大陸が動くという観測事実はなかったので，大陸と海洋は固定されてい
ると見なされた．しかし，地質学者は，惑星に関してだれもが抱く次のような
疑問に，よい答えを与えることができなかった．

- なぜ**造山帯**（mountain belts）があるのか？　なぜそれらは大陸の縁にあ
  るのか？　すべてではないがほとんどの山脈は，大陸の縁にある．一
  方，アルプス山脈やヒマラヤ山脈は，険しく高いが，大陸内部に位置し
  ている．アパラチア山脈は，低くゆるやかな起伏であり，北アメリ
  カ大陸の東端に位置している．南アメリカ大陸の東岸には山脈はない
  が，西岸には高いアンデス山脈がそびえている．
- なぜ地球の表面は，大陸と海洋に分かれており，特徴的な高度分布を
  示すのか？　海洋は深く，平均水深は約4,000 mである．海洋底は，
  火山岩の玄武岩でつくられ，堆積物に覆われている．大陸はほとんど
  平均海面より高いところにあり，平均高度は1,000 m未満である．中
  間の高度に存在する地表は，わずかである（図10-1）．
- 地震と火山は，なぜそこで起こるのか？　カリフォルニアとアラスカ
  ではしばしば大地震が起こるが，ニューヨークとフロリダではめった
  にない．西ヨーロッパは地震がないが，日本は10年に1度くらい大
  きな損害を被る．
- アフリカ大陸と南アメリカ大陸は，なぜジグソーパズルのピースのよ

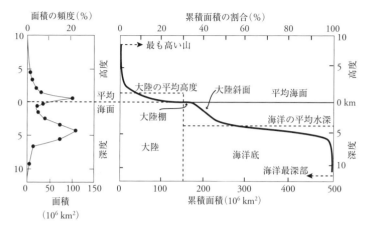

図 10-1：地球の高度のふたこぶ分布．ピークのひとつは，平均海面の少し上にあり，大陸に相当する．もうひとつのピークは，平均海面下約 4,000 m にあり，海洋底に相当する．(Adapted from Wylie (1972), The Dynamic Earth, John Wiley & Son).

うにぴったり合うのか？　なぜ北アメリカと南アメリカは合わないのか？

- 海洋と大陸が固定されているとしたら，なぜ海洋の堆積物は薄いのか？　斉一説の原理にしたがって，数十億年にわたり大陸侵食物の堆積速度が続いたならば，その堆積物はきわめて厚くなるはずである．

- なぜ大西洋は中央部が浅く，大陸縁辺に向かって次第に深くなるのか？

- いくつかの大陸の動物は，なぜ互いに似ているのか？　一方，なぜオーストラリアはまったく異なる生物種を有するのか？

これらの重要な疑問は，地球の理解を通して答えられるべきものであるが，20 世紀前半には明確な答えがなかった．プレートテクトニクス以前の静的な地球という観点では，これらの問題を正しく完全に考えることはできなかった．

● 大陸移動説

　1620 年，フランシス・ベーコンは，大西洋の両側の大陸がぴったり合うことに気づいた．20 世紀初め，気候学者アルフレッド・ヴェーゲナーは，海岸線ではなく，水面下の大陸縁辺部に着目して，かたちの適合性をより詳しく調べた．適合性は，さらに改善された．ヴェーゲナーは，南アフリカのいくつかの特徴的な地層がブラジルの岩石とよく似ていることを見いだした．また，シダのような熱帯に典型的な化石が，現在では熱帯からずっと北にあるスピッツベルゲン島で見られることに気づいた．アフリカと南アメリカで見つかった氷河堆積物は，さらなる鍵を与えた．もし，かつて大陸が地続きであったとすれば，ひとつの大陸氷河がそれらの堆積物を説明できる．彼は，大陸が移動したことを確信して，1912 年に**大陸移動** (continental drift) 仮説を支持する多くの証拠を整理した（図 10-2)．

　地質学の門外漢によるこのアイディアは，特に北アメリカの地質学者から激しく反論され，さんざん嘲笑された．最終的に 1928 年の会議を受けて，その当時の議論の状態をまとめた本が出版された．批判者は，ヴェーゲナーの仮説の基本的な欠陥を強調した．それは，大陸が海洋底地殻を横切って動くメカニズムがなかった点である．このような動きは海洋底を強く変形するに違いないが，大陸近くの海洋底はなめらかである．さらに，膨大な質量の大陸が地球表面をあちこち動きまわることを可能にするような力は知られていないし，ヴェーゲナーが推定した力は不十分だった．地球内部は固体の岩石であると見なされていたので，それを通して大陸が動くことは物理的に不可能であった（図 10-2d)．大陸移動は，地質学の大問題のひとつにうまく答えることができた．それは，アルプスやヒマラヤのような山脈は，大陸が他の大陸に衝突することで生じるということである．しかし，この説明は，より大きな問題を生み出した．何が大陸を動かすのか？　ヴェーゲナーは，1930 年グリーンランドの科学調査の途上，50 才で死亡した．ヴェーゲナーの仮説は，粘り強い擁護者もないまま残された．大陸移動は，気の狂ったようなアイディアとして，北半球の地質学者から捨て去られた．地質学の教科書では，脚注程度にしか扱われなかった．1960 年代初めに刊行された入門書でさえ，その可能性を以下のよう

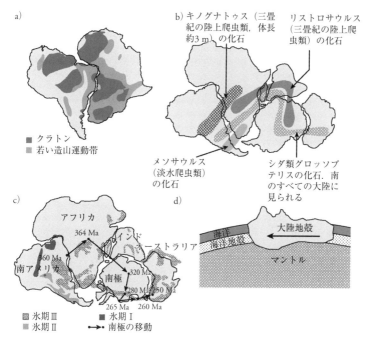

図 10-2：(a) 大陸の組み合わせと，岩層の対応．アルフレッド・ヴェーゲナーが大陸移動説を提唱するもととなった．(b) 現在は離れている大陸間での化石の対応．(credit: Image from U.S. Geological Survey's This Dynamic Earth, http://pubs.usgs.gov/gip/dynamic/dynamic.html).　(c) 古代の氷河堆積物の対応と，かつての南極の位置．現在の赤道付近の氷河堆積物は，もともと南半球の高緯度でつくられた．(from Late Paleozoic Glacial Events and Postglacial Transgressions in Gondwana. Boulder, CO: Geological Society of America, 2010).　(d) ヴェーゲナーの仮説に対する主な批判．厚い大陸が，どうして海洋地殻とマントルをかき分けて進めるのか？

にほんのわずかに記述しただけであった．

　　大陸移動説に関する議論を記述するには，多くのページが必要である．その仮説を棄却した人々（おそらく英語圏の国々のほとんどの地質学者）は，2つの理由を挙げた．第一に，大陸の部分の間の類似性は，それらがかつて合体していたと仮定しなくても説明できること．第二に，堅い大陸プレー

トが玄武岩の海洋底を横切って移動することは，物理的に不可能であること．[1]

しかし，この仮説は，1950年代の海洋底調査で得られた新しい観測結果の力により，劇的によみがえった．1960年代末には，プレートテクトニクス理論は，ほとんどすべての地質学者に受け入れられるようになった．

● 海洋底からの新しいデータ

　海洋底の情報を得るのが難しいのは，海底の岩石は数キロメートルの水の下に隠されており，海洋の最深部の圧力は数百気圧にも達するからである．私たちは，水を通して見ることができない．生身ではせいぜい深さ60mまでしか潜れず，海軍の潜水艦も深度数百メートルまでしか潜航できない．したがって，海底の調査は，宇宙の調査よりも技術的に困難である．小さな宇宙探査機は，火星をまわって，火星の全表面の高解像度地図を地球に送信できる．しかし，海水が遮へい物となる海洋では，そのような広い視野は得られない．初期の海洋底調査では，データを得る唯一の方法は，船からその航路にそって観測することであった．観測を自動化し，データを蓄えるコンピュータはなかったので，チャート紙に記録されたデータが商売道具だった．この情報を複数の研究機関の間で共有することは難しく，ひとつの場所で大量のデータを収集し，整理することが必要だった．第二次世界大戦後，コロンビア大学ラモント・ドハティ地質学研究所の科学者たちは，世界の海洋でほとんど酔歩のような研究航海を開始した．ラモントの研究船ヴェマは，時速約10ノット（19 km/h）で航行しながら，数秒ごとに音波を海底に発射し，その音がどのくらいの時間で戻ってくるかを計測して，ひとつの点の水深を決定した（図10-3）．また，船は磁力計を曳航して，磁場の変動を測定した．爆薬を投下して，地震波の反射を調べた．さらに，18時間ごとに停船し，海底までケーブルを下ろして，試料を採取した．1か月の航海で，数千キロメートルの航跡のデータが収集された．地

---

1) Arthur N. Strahler, The Earth Sciences, Harper's Geoscience Series, Carey Croneis, ed. (New York: Harper & Row, 1963), pp. 420‒21 (QE 26 S87).

図 10-3：研究船ヴェマによって収集された水深図の例．このような数千枚の水深図が時速約 10 ノットで集められ，次第に海洋底の水深分布をあきらかにした．(Research Vessel Vema expedition, Lamont-Doherty Earth Observatory).

方の小さな池や川でさえ，その底について私たちが知っていることはほんのわずかで，それを測定しようとすればたいへんな苦労があるだろう．地球の 3 分の 2 は海洋で覆われているので，問題はその雄大なサイズである．実際，今日の研究航海でも，いまだに新しい特徴が発見されている．

　長年にわたってデータが蓄積されると，ラモントの二人の科学者マリー・サープとブルース・ヘーゼンは，記録された水深のデータをひとつにまとめた．最初に彼らが確認したのは，19 世紀のチャレンジャー号による先駆的航海で報告された事実，すなわち大西洋の中央には巨大な海嶺があり，大西洋の南端から北端まで連なっていることである．この海嶺の中央にはくぼみがあり，大西洋中央海嶺中軸谷（Mid-Atlantic Ridge rift valley）と名付けられた．この海嶺の延長は，やや不鮮明な部分もあるが，全球におよび，すべての海盆を横切っていた（図 10-0 参照）．この全球的な**海洋海嶺**（ocean ridges）の発見は，精力的な海洋観測の成果であり，のべ数百人の調査員による 1 日 24 時間，1 週 7 日間の労働の賜物であった．これは，地理学上の最もすばらしい成果のひとつである．人類の歴史において，全球規模の地形が発見されたことが，何度あっただろうか？

海洋海嶺の発見は，海洋底全体の地形が系統的に対称であることをあきらかにした．海嶺から遠ざかると，海洋の水深は徐々に増加する．深さの増加は海嶺近くで最も急で，海嶺から遠いところでは，**海溝** (ocean trench) に達するまでゆるやかである．海溝はしばしば大陸近くにあり，ここで水深は急に大きくなり海洋底の最深部に至る．水深の分布は，海洋底におけるただひとつの対称性ではない．中軸谷中心部でドレッジを行うと，新鮮な火山岩が採取される．海嶺から離れると，海洋底には堆積物のみが見られる．地震波の記録に基づけば，海嶺からの距離が増すにつれて，堆積物は次第に厚くなり，その下の岩石は硬くなる．以上のような系統的特徴には，説明がぜひ必要だ！

● 古地磁気からの証拠

海洋から新しく得られたデータで，科学者たちをさらに困惑させたことは，磁場の強さの変動も海洋海嶺に関して対称に並んでいたことであった．船が海嶺軸に対して垂直に航行すれば，海嶺の両側の磁気変動はほとんど鏡像となった．磁気強度の高低の対称な帯は，世界のすべての海嶺軸に共通していた．

地上で働く別の研究者は，大陸岩石に記録された地球の磁場の時間変化を調べていた．ほとんどすべての岩石は，磁性鉱物，特に磁鉄鉱を含んでいる．これらは，地球の磁場の方向を記録する小さなコンパスとして働く．年代のわかっている堆積岩や火山岩の地層の磁気を測定した結果，最も若い岩石の鉱物の N 極は北を指すが，750,000 年前より古い鉱物の N 極は南を指すことがわかった！　さらに年代をさかのぼって調べると，約 100 万年ごとに磁化の方角が交互に変わったことがわかった．この**磁気逆転** (magnetic reversals) は，地球磁場の極が逆転したと仮定しなければ，説明できない．磁気逆転は，地球磁場の源である液体の外部コアにおける流れの定量的モデルによって説明される．その変動は，完全に規則的ではない．ある期間は 200 万年におよび，ある期間は 10 万年に満たない．時間を横軸にとり，正常と逆転の極性を白と黒に塗り分ければ，磁気逆転のパターンは「バーコード」のようになる．それは，磁場の「正常期」と「逆転期」の異なる時間間隔をあきらかにする．

1960 年代に発表された一連の論文において，海洋のデータと大陸の磁気逆

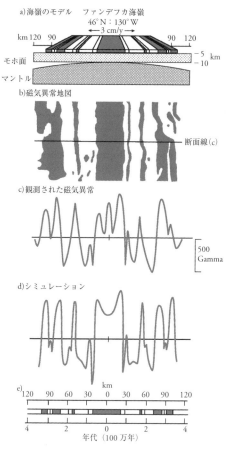

図 10-4：海で測定された磁気変動（磁気異常）のパターンによる海洋底拡大の証拠. 黒と白の交互の帯は, 磁気強度の高低を示す. 黒い帯は, パネル (c) の水平線より高い強度を示す. これは「正常」期にあたり, 地磁気の S 極が現在のように北半球にあるときである. 白い帯は, パネル (c) の水平線より低い強度を示す. これは「逆転」期にあたり, 地磁気の S 極が南半球にあったときである. パネル (d) の曲線は, 磁気強度のモデル計算の結果である. パネル (e) の年代は, 陸上の古地磁気学研究により決定された. 陸上では, 磁気逆転のタイムスケールがよく確立されている. 海洋の磁気強度の高低の「縞」の幅は, 陸上で決定された磁気逆転の時間間隔と一致する. (Modified after Vine, Science 154 (1966), no. 3755: 1405–15, 1966).

転との関係が，海洋底拡大と大陸移動の仮説の「決定的証拠」となった．海洋底の磁気強度の高低を磁気逆転のバーコードと並べてプロットすると，完全に一致したのである（図10-4）．当初は特にはっきりした目的もなく記録された海洋底磁気強度における謎の「ぴくぴく」に対する自然な説明は，地球磁場の逆転によって生じたというものであった．

　磁気強度の変動は，次のように説明される．中軸谷中央の最も若い岩石では，すべての磁性鉱物のN極は北を指している．磁性を帯びた岩石は，現在の地磁気と同じ方向に磁場を加えるので，全体の磁場強度は相対的に高くなる．地磁気が南向きであった時代につくられた古い岩石では，磁性鉱物は現在の地磁気と反対の向きであり，地磁気による磁場を弱めて，低い磁場強度となる．海洋海嶺周辺の磁気が強いところと弱いところの相対的な幅は，陸上岩石から決定された磁気逆転の相対的な時間幅とぴったり一致した．これが，「決定的証拠」となった．この規則性は，さまざまな場所で，時間をさかのぼって拡張された．現在つくられている新しい地殻は，まさに大西洋中央海嶺中軸谷の裂けめにある．北アメリカ東岸およびアフリカ西岸のすぐ沖の地殻は，およそ1億4,000万年前に海嶺でつくられたものである．大西洋の海洋底は，中央の海嶺から大陸縁辺部へ向けて規則的に年代が増す．このデータは，海洋底拡大の新しいモデルによって説明される．海盆は，海洋海嶺から両側に対称的に拡がっていく巨大なベルトコンベアのように形成される．海洋海嶺は，**拡大中心**（spreading centers）であり，地球内部からの火山活動によって新しい海洋地殻が生みだされる．磁気異常を年代と較正することにより，海洋から集められたすべての磁気データが解釈され，海洋底の年代を示す地図が得られた．それは，すべての海洋海嶺で，対称的な年代分布を表した（図10-5）．

　海洋底拡大のアイディアは，まもなく始まった深海掘削計画によってさらに検証された．この計画では，特別に設計された掘削船が，堆積物層を貫いて，その下の玄武岩基盤まで掘削した．その柱状試料に含まれる化石から，堆積物の年代が決定された．海嶺軸からの距離が異なる複数の地点での掘削調査の結果，海嶺から遠いほど，玄武岩直上の堆積物の年代は古いことがわかった（図10-6）．海嶺軸には，堆積物は存在しない．海嶺軸近くでは，堆積物は常に薄く，その最も古い堆積物もごく若い．海嶺軸からの距離が増すにつれ，堆積物の厚

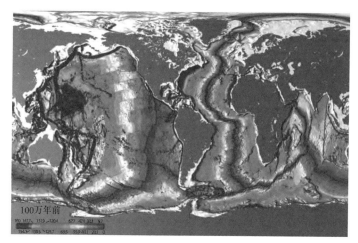

図 10-5：海洋リソスフェアの年代. 太平洋の帯は, 大西洋の帯より太いことに注意. これは, 太平洋の速い拡大速度を反映している. 口絵 9 を参照. (From Müller et al., Geophys. Res. 102 (1997), no. 82: 3211–14).

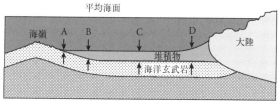

地点	堆積物 の厚さ	堆積年代	
		表面	基部
A	1〜5 m	最近	10^6年前
B	10〜100 m	最近	10×10^6年前
C	500 m〜1 km	最近	75×10^6年前
D	1〜3 km	最近	130×10^6年前

図 10-6：海洋底拡大説を検証するために, 堆積物がいかに使われたかを表す図. 海嶺近く (地点 A) では, 堆積物はとても薄く, 火成岩の海洋地殻直上にある最古の堆積物の年代はわずか 100 万年前である. 海嶺から遠ざかるにつれて, 次第に堆積物は厚くなり, 基部の堆積物は古くなる.

さと最古の年代は徐々に増加する．大陸縁辺部では，最も古い堆積物が採取される．古典的な地質学技術によるこれらの観測は，古地磁気学に基づく難解な推論を補強し，海洋海嶺は新しい地殻がつくられている活動的な場所であることを実証した．

世界の海嶺の拡大速度は，海嶺からの距離を，磁気異常から決定された年代で割ることで求められる．**拡大速度**（spreading rate）は，1年あたり 1〜20 cm である．そのような速度は，私たちの目には見えないが，ささいなものではない．それは，私たちの髪や爪が伸びる速さと同じくらいである．私たちは拡大が進行する瞬間を見ることはできないだろうが，ある程度の時間が経てば，動きを確認することができる．

● 地震活動度の全球分布

さらに決定的な証拠は，地震活動度の全球分布から得られた．地震は，地球表面ででたらめに起こるのではなく，明確な帯に限定されている（図 10-7）．数千の小さく，浅い地震が，海洋海嶺系と一致して，全球をめぐる縫いめののような細い線にそって起こる．これらの地震は，拡大軸に関連した火山活動と地殻変動に原因がある（図 10-8a）．第二の地震多発帯は，海盆縁辺部の深い海溝から，数百キロメートルにわたってマントルに沈み込む，傾いた面をなす．この震源の面は，初めてそれを発見した二人の地震学者にちなんで，**和達－ベニオフ帯**（Wadati-Benioff zones）と呼ばれる（図 10-8b）．

海嶺にそった小さく浅い地震は，海洋海嶺をずらしている断層で起こる．また，活発な火山活動による小さな断層，および新しく中軸谷が形成されたところで起こる．一方，ベニオフ帯には，別の説明が必要であった．最も簡単な説明は，海洋底拡大と密接に結びついている．地球の全表面積が一定に保たれるためには，海洋海嶺における地殻の生成と拡大は，同じ面積の地殻の破壊で相殺されねばならない．このような地殻のリサイクルは，**収束境界**（convergent margins），別名**沈み込み帯**（subduction zones）で起こる．ここで，地殻はマントルに沈み込み，海溝をつくり，マントルを下降していく．ベニオフ帯は，下降する海洋地殻とその上のマントルの間の断層に相当する．海洋地殻は，長期間

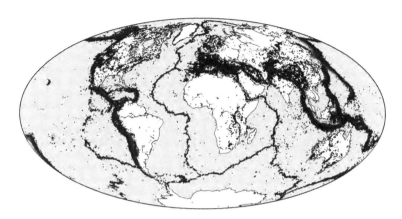

図 10-7：地震活動度の全球分布.黒点は浅い地震,灰色の点は中間の深度の地震,明るい灰色の点は最も深い地震を示す.浅い地震の帯が,海洋海嶺系を示すことに注意.収束境界の地震は,海溝では浅く,海溝から遠ざかると次第に深くなり,和達−ベニオフ帯をなす.これは,プレートがマントルに沈み込んだ跡である(図 10-8b 参照).ほとんどすべての地震は,プレート境界に限られることに注意.口絵 10 を参照.(Courtesy of Miaki Ishii, Harvard University).

の循環に含まれている.海洋地殻は,海洋海嶺のマントルから絶え間なくつくられ,海洋底をはるばる旅して,沈み込み帯でマントルに戻ってリサイクルされる.

　すべての地震が,海洋海嶺と沈み込み帯で起こるわけではない.地震は,海盆を横切る大きな断層でも起こる.これらの断層は,**トランスフォーム断層**(transform faults)と呼ばれる.それは,大西洋のヨーロッパまたはアフリカからアメリカに至る全域に広がる大きな断裂帯(fracture zones)において顕著である.断裂帯の地震活動の活発な部分では,拡大軸よりもはるかに大きな地震が起こる.また,地震は断裂帯の全域ではなく,断層にそった限られた部分でのみ起こる.

　海洋底拡大のアイディアは,この第 3 の型の地震にも簡単な説明を与える.ツゾー・ウィルソンは,「新しい型の断層とその意義」という論文において,これらの長い直線的な断層が海嶺のセグメントの間の連結部分として説明でき

294

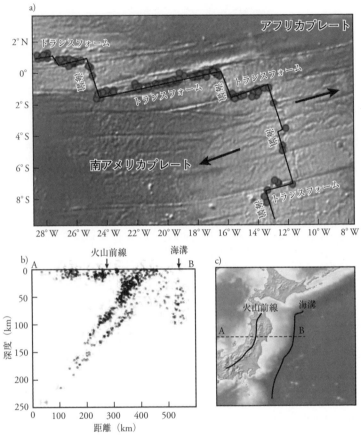

図 10-8：(a) アフリカプレートと南アメリカプレートが分かれて拡大している大西洋中央海嶺の一部．拡大中心は，プレートが分かれて離れていく火山海嶺セグメントから成り，2つのプレートが互いにすれ違うトランスフォーム断層でずらされている．丸は地震の場所であり，地震が活動的なプレート境界，特にトランスフォーム断層にそって起こることを示す．(Image from GeoMapApp (www.geomapapp.org))．(b) 日本における地震の深度分布の断面図．(Hasegawa et al., Tectonophysics 47 (1978): 43–58)．地震の帯の上端は，マントルに沈み込むプレートの上面を示す．パネル (c) の線 A–B は，断面図の位置を示す．

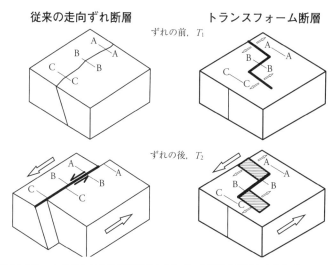

従来の走向ずれ断層　　　トランスフォーム断層

ずれの前，T_1

ずれの後，T_2

図 10-9：プレートテクトニクス以前に考えられていた従来の断層とトランスフォーム断層の違いを表す図解．上の図は初期時間，下の図は後の時間の状態を示す．左の図は，従来の走向ずれ（strike-slip）断層である．そのずれは断層全体におよび，断層両側のすべての点で同じずれが生じる．右の図は，トランスフォーム断層の動きを表す．海嶺の間隔は断層運動によって変化しない．海嶺間の地形的特徴のみが，トランスフォーム断層の動きによってずれる．例えば，A–A は，トランスフォーム断層によってずれない．斜線部は，上と下のパネルの間の時間に形成された新しい海洋底を示す．

ることを示した．海洋底拡大は，その断層にそった動きを予言した．海洋底拡大が起こると，地殻は断層の一部分（トランスフォーム断層）でのみ反対方向に動くと考えられる．断裂帯は，トランスフォーム断層の遺物であって，現在ではそれにそった活発なずれはない．したがって，簡単な予測は，地震は断裂帯のうち，トランスフォーム断層でのみ起こるというものである．断裂帯と拡大軸の接続位置を越えると，隣接する地殻は同じ方向に進むので，地震は起こらないだろう．断裂帯の地震の場所を正確に決めることで，この説明がほんとうであり（図 10-8a），断層にそう動きは海洋底拡大から予測される動きと一致することがわかった（図 10-9）．一部のトランスフォーム断層は，大陸を横切り，地震活動度が著しく高い地帯をつくる．例えば，カリフォルニアのサンアンド

レアス断層は，カリフォルニア湾とオレゴン沖の拡大中心を結ぶトランス
フォーム断層である．

プレートテクトニクス理論

　以上のすべてのアイディアと観測は，**プレートテクトニクス** (plate tectonics)
理論にまとめられた．この理論によれば，地球の表面は流動性のマントルの上
をすべり動く**プレート** (plates) からできている．プレートは，**リソスフェア**
(lithosphere) と呼ばれる地球の剛体部分を形成し，ひびが入ることがあり，地
震を起こす．**アセノスフェア** (asthenosphere) と呼ばれる流動性の内部は，剛体
ではない．地球内部の高温・高圧では，固体のマントルは，粘度が著しく高い
流体のようにふるまう．プレートは，海洋海嶺で生成され，発散し，沈み込み
帯に収束し，破壊される．トランスフォーム断層では，プレートは互いにずれ
動く．プレートは，物理的特徴によって定義され，海洋地殻や大陸地殻と同じ
意味ではない．プレートは，地殻と上部マントルの冷たく，もろい部分から成
る．プレートの底部は，流れに対してもろい部分と柔軟な部分の遷移帯である
（図 10-10）．これら 2 つの領域の境界の温度は，約 1,300℃ である．この温度
が現れるプレートの底面は，**等温面** (isotherm) と呼ばれ，リソスフェア－アセ
ノスフェア境界を表す．もちろん実際には，物理的特性は境界で徐々に変化す
る．このようにして，リソスフェアのプレートは，より流動性の内部の上をす
べり動く，あるいはいっしょに流れることができる．プレートは，地球全体を
覆う球状のジグソーパズルの大きなピースであり，生成され，破壊されながら，
絶えず表面を動きまわっている．

　プレートは剛体であり，自力で運動できないため，すべての重要な活動は，
プレート境界で起こる．**発散境界** (divergent boundaries) では，マントルが上昇
し，海洋海嶺をつくる．それにともなって，火山活動と地震が起こる．収束境
界では，沈み込みが巨大地震を引きおこし，ベニオフ帯からおよそ 110 km 上
にきわめて規則的に火山の列をつくる（火山前線）．プレートテクトニクスの重
要な特徴は，これら 2 つのプレート境界が，海洋の水深の両極端をなすことで
ある．第 11 章で議論する海洋島と海台を除くと，海嶺は海盆において最も浅く，

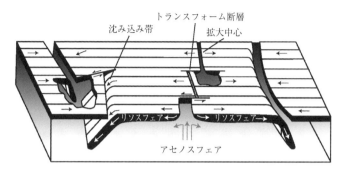

図10-10：アイザクス, オリバー, サイクスによって表されたプレートテクトニクスの概念図. 地球表面は硬いプレートからできている. プレートは, リソスフェアによって限定され, 砕けやすいため, 割れて, 地震を起こす. その下のアセノスフェアは, 流動性で割れない. プレートは, 拡大中心で生成され, 海溝で破壊される. また, プレートは, トランスフォーム断層で互いにずれ動く. (Modified after Isacks, Oliver, and Sykes, J. Geophys. Res. 73 (1968), no. 18: 5855–900).

大きな地形である. 一方, 沈み込み帯は, 海溝で定義される海盆の最深部である. 第三のプレート境界であるトランスフォーム断層は, 火山活動とは無縁であるが, 巨大なプレートが互いにずり動くため, 大きな地震を起こす. 地球の全表面は, 異なるプレートに分割されている（図10-11）. そして, すべてのプレートの相対的な運動が, 全表面積を一定に保っている. このモデルの簡単で決定的な検証は, 海洋底の磁気異常から決定されるプレート運動の速度と方向が, 地球の表面積を一定に保つことができるかどうかである. 実際その通りなのだ！

　プレートテクトニクスが大陸移動説と本質的に異なる点は, 大陸そのものがプレートではないことである. 大陸は, 密度が低いためマントルリソスフェアの上に浮かんでおり, プレートの上に乗った乗客として運ばれる. 太平洋プレートなどいくつかのプレートは, 完全に海洋地殻でできている. 北アメリカプレートなど他の多くのプレートは, 海洋と大陸の両方を含む. 大陸は, 密度が小さいため, 沈み込めない. それらは, 地球表面にずっととどまり, まわりの海盆でプレートが生成され, 破壊されるとき, コルクのように上下に動く. プレートの運動が2つの大陸を寄せ集めると, 大陸は大規模な衝突を起こし, 大山脈

298

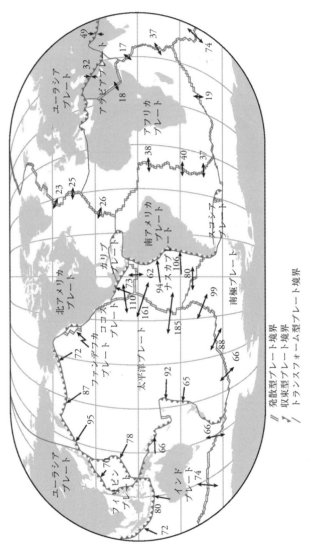

図 10-11：主なプレート。プレートの発散と収束の速度 (mm/y) をあわせて示す。東太平洋海嶺は、拡大速度の大きい (185 mm/y) 海洋海嶺である。一方、アフリカの南の南西インド洋海嶺の拡大速度は、19 mm/y に過ぎない。(Courtesy of U.S. Geological Survey)

// 発散型プレート境界
ブ 収束型プレート境界
// トランスフォーム型プレート境界

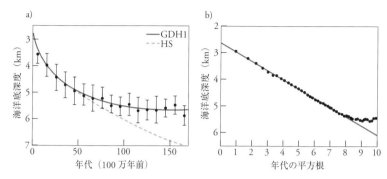

図 10-12：左：海洋底深度と地殻の年代の関係．古い年代に比べて，若い年代で急速な沈下が起こることに注意．GDH1 が実測データ，HS は理論曲線である．右：同じデータを年代の平方根に対してプロットしたもの（すなわち，64 は 8，100 は 10 となる）．年代の平方根に対する直線関係は，プレートが海嶺から遠ざかるにつれて次第に上から冷やされるというプレートテクトニクスのモデルと調和している．プレートが厚くなると，同じ量の熱が放出されるのにより長い時間を要する．プレートは，冷えるにつれて密度を増し，マントルへ沈み込む．このデータで興味をそそり，いまだ解決されていない点は，年代が 100 Ma（Ma は 100 万年前を表す単位）に近づくと，データが直線から外れることである．(Modified after Stein and Stein, Nature 359 (1992): 123)

を形成する．インドはアジア大陸に衝突してヒマラヤ山脈をつくり，イタリアはヨーロッパに衝突してアルプス山脈をつくった．アメリカ合衆国東岸のアパラチア山脈は，大西洋が開く以前に，ヨーロッパと北アメリカが衝突したときに生じた．

　プレートテクトニクスの統合された情報は，ヴェーゲナーが提唱した大陸移動のアイディアに，革命的な新しい見方を与えた．地球表面をさまよう大陸がくっついたり，離れたりするという，彼の結論はすべて本質的に正しかった．しかし，彼の物理的概念は，まったく間違っていた．彼の説では，大陸は地球表面を横切って進み，海洋は単に大陸移動の「障害物」であった．氷山が密集した海氷をかき分けて進むように，大陸は海洋地殻をかき分けて進むと考えられた．この概念は物理的に不可能であり，その欠陥が彼の仮説を撃破した．新しい見方では，大陸は，プレートの上に浮かんでいる受動的な乗客である．海盆は，物理過程が観察され，プレートが生成され，破壊される場所である．海

洋は，大陸移動の障害物ではなく，むしろ地球内部からやって来る力のダイナミックな表れである．

プレートテクトニクスのさらなる検証は，海洋の水深から得られる．プレートは，海洋の拡大軸でつくられ，海嶺から遠ざかるにつれて古くなる．表面近くに上昇したマグマが1,200℃くらいに冷やされてプレートがつくられるとき，その厚さは海洋地殻そのものとほぼ同じ 6〜10 km である．そのリソスフェアは，とても薄い．リソスフェアとアセノスフェアを分ける 1,300℃の等温面は，海底表面にきわめて近い位置にある．等温面と非常に冷たい海水との距離は，10 km に過ぎない．これは，きわめて急な温度勾配を持つ境界である．プレートが海嶺から離れていくとき，時間とともに，上を覆う冷たい海水がプレートを冷却する．そのため，1,300℃の等温面はマントル深くに後退し，プレートは厚くなる．プレートは，冷えて厚くなるにつれて，その密度を増し，次第に流動性のアセノスフェアに沈んでいく．では，プレートは古くなるにつれて，どのくらい沈むのだろうか？

境界層の温度勾配の変化は，古典的な物理学の問題であり，数学的に簡単に解くことができる．実際，ケルビン卿は，地球の冷却の議論にこれらの式を用いた．数学的結果は，堅固な特徴を示す．すなわち，冷たい層（リソスフェア）の厚さは，年代の平方根に比例する．冷たい高密度層は，厚くなり，マントルにゆっくりと沈む．プレートテクトニクスのモデルによれば，海洋の水深として記録される沈下量は，年代の平方根に比例する（図10-12）．そして，距離にともなう沈下速度の変化は，海嶺の拡大速度に依存する．この規則性は，世界の海洋で実際に観測され，プレートテクトニクス理論に対する説得力のある確証となっている．

● プレートテクトニクス革命

ほんの数年のうちに，プレートテクトニクスは，私たちの地球表面の理解に革命を起こし，地球科学のすべての分野からのデータをひとつの枠組みにまとめ上げた．地震，火山，海洋の磁気の変動，海洋底の水深，異なる大陸における化石の分布，太古の氷河堆積物の分布，造山帯の年代など．これらすべては，

別々の事象に見えたが，今ではひとつの過程のさまざまな側面であることがわかっている．アフリカで研究する地質学者は，南アメリカにも関係するだろう．北ヨーロッパの氷河時代を研究する科学者は，過去の氷河時代につくられ，赤道近くに存在する岩石に注目するかもしれない．古生物学者はテクトニクスを理解しなければならないし，大陸の地質学者は海洋で起こることを知らねばならない．地球は，相互に連結された全体となった．かつてはデータの種類と科学者の文化によって分けられていた学問分野も，孤立した研究だけでは理解できないだろう．この新理論の力をはっきりと示す事実は，主な疑問や長年の難問が，短期間のうちにプレートテクトニクスで簡単に説明できるようになったことである．

- 大陸の造山帯は，収束境界の過程によってつくられた．アルプスやヒマラヤのような内陸の山脈は，大陸の衝突によって生まれた．アンデス山脈やカスケード山脈のような火山列は，沈み込みによってつくられた．プレート境界ではない大陸縁辺部は，若い山々をまったく持たない．

- 海洋は若い．それは，拡大中心での地殻の生成によって絶え間なく敷きなおされ，沈み込み帯でリサイクルされるからである．大陸は古い．それは，密度が低いため，沈み込まないからである．

- 地震と火山は，プレートの運動とそれに関連するマントル対流の結果である．

- 大西洋のまわりの大陸は，ぴったりと合わせられる．それらは，かつてはくっついていたが，割れて，大西洋中央海嶺にそった海洋底拡大によって離されたからである．

- 深海底の堆積物が薄いのは，海洋プレートの寿命が限られているからである．海洋プレートは，連続的にマントルへ戻されている．

- 海洋底は，拡大中心から遠ざかるにつれて深くなる．それは，プレートが海水によって冷やされ，次第に厚くなるためである．

- ある大陸と別の大陸に生息する動物の差異は，それらの大陸が分かれた年代と関係している．分かれてからの時間が長ければ，進化はより

　大きな差を生ずる．大陸間の生物学上の差異は，大陸移動の歴史に依存する．

　海洋底からの新しい観測事実，海洋底拡大とプレートテクトニクスに明快なメカニズムが存在すること，および多数の観測結果が理解しやすくなったことにより，1960 年代半ばの約 5 年間で，プレートテクトニクスは世界的に受け入れられた．一方，すべての新しいアイディアについて見られるように，きわめて有名な人々を含む少数の科学者は，彼らの固定観念に反するものであるがゆえに，プレートテクトニクスに抵抗した．

　では，プレートテクトニクスは「単なる仮説」なのだろうか，それとも事実だろうか？　これを検証する明快な方法は，プレート運動の速度を実測し，プレートが動くのを見ることであろう．1960 年代には，それはきわめて難しかった．大陸の位置を数センチメートル以内の精度で調べることは，簡単ではない！汎地球測位システム（global positioning system，GPS）の出現は，そのような測定を可能にした．大陸にきわめて正確な基準点を設定し，長年観測を続けることで，大陸の相対運動が直接測定された．プレートを測定する能力は，あきらかな疑問に直接答えることを可能にした．プレートは動くのか？　その動きは一定で連続的なのか，それとも気まぐれに始まるのか？　プレートは互いにどのように動くのか？　測定されたプレートの動きは，古地磁気学から推定された速度とぴったり一致した．プレートは連続的に動き，その動きは断層に応力を生じ，ついには急にすべり，ずれ動いて，地震を起こす．驚きでもあり，美しくもあることに，海洋の磁気のぴくぴくとした変動から，やや奥義めいた方法で推定される数十万年の平均海洋拡大速度と，GPS によって測定される瞬間的な速度は，きわめてよく一致する．したがって，プレート運動は，地球表面における一定で絶え間ない流れである．プレート運動の直接測定によって，プレートテクトニクスは，もはや単なる仮説ではなくなった．それは，地球がどのように働くかに関する確立された観測事実である．私たちの理論評価では10 点満点である！

時間を通した運動

　プレート運動は，私たちには直接に知覚できないが，実際には驚くほど速い．40 億年の地球史のわずか 1 % の時間で，太平洋プレートは 4,000 km も移動した！　海洋底が沈み込むまでにかかる時間は 1 億 5,000 万年を大きく越えることはないので，海洋底は地球史の最近 4 % しか記録していない．この必然的結果として，海盆は，ほぼ同じタイムスケールで開いたり，閉じたりする．地球史のなかで多くの世代の海盆が生成し，消滅したと考えられるが，それは現代の研究から永遠に隠されている．大陸岩石には，30 億年以上におよぶ，はるかに長い記録が刻まれている．しかし，ほとんどの活動は海洋で起こったので，大陸の記録を解読することは難しい．結局，プレートテクトニクスは，大陸における 150 年におよぶ近代地質学ではなく，20 年の海洋底調査の後にあきらかになった！　しかし，大陸の注意深いマッピングと，岩石が生じたときの緯度をあきらかにする古地磁気学の研究により，地球史を通した大陸移動に関する情報が得られた．この復元により，大陸の衝突はすべての大陸がひとつにまとまった超大陸を生み，それがかなりの期間存続したことがわかった．やがて，リフト作用が，大陸をばらばらにした．それぞれの大陸は，地球表面を移動し，ついにはまた集まって別の超大陸を形成した．最近の超大陸は，パンゲアである．それは，2 億 2,500 万年前頃に分裂しはじめた．図 10-13 は，パンゲアの分裂後の大陸移動を表している．大陸は，地球史を通して分裂と集合を繰り返し，極から極までさまよい動いた．これらの運動は，すべての地質史を解釈する上で，まったく新しい文脈を提供した．古典的な科学である地質学は，プレートテクトニクスによって大変革を起こした．

　私たちは，大陸の未来の位置を予測できるだろうか？　私たちは，現在進行している大陸集合の証拠を，インドとアジアの衝突，および地中海を閉じつつあるアフリカとヨーロッパの衝突に見る．やがて，大西洋に沈み込み帯が形成され，大西洋海盆が閉じて，南北アメリカがアフリカおよびユーラシアと一体となり，次の超大陸を形成するだろう．また，私たちは，紅海と東アフリカの大地溝帯において初期のリフト作用を見る．それは，新しい海盆形成の初期段階である（図 10-14）．

304

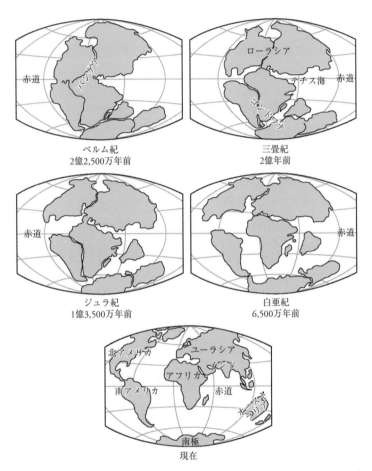

ペルム紀
2億2,500万年前

ローラシア
テチス海 赤道
ゴンドワナ

三畳紀
2億年前

赤道

ジュラ紀
1億3,500万年前

赤道

白亜紀
6,500万年前

北アメリカ　　ユーラシア
アフリカ　　インド
南アメリカ　　赤道
オーストラリア
南極
現在

図 10-13：2 億 2,500 万年前のペルム紀以降，大陸がどのように動いたかを表す地図．超大陸パンゲアは 2 つに割れ，ローラシア大陸とゴンドワナ大陸を生んだ．これらは，大西洋が開くにつれてさらに細かく分かれ，インドとオーストラリアは北へ移動した．アフリカ，インド，オーストラリア，およびユーラシアは，現在ふたたび超大陸を形成しつつある．やがて大西洋での沈み込みが始まり，大西洋が閉じられると，超大陸が完成するだろう．(Modified after C. R. Scotese, *Atlas of Earth History*, vol. 1, Paleogeography (Arlington, Tex.: PALEOMAP Project, 2001), 52 pp)

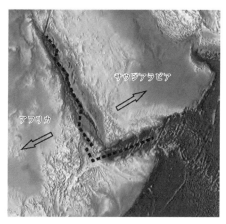

図 10-14：紅海とインド洋に通じるアデン湾の衛星写真．紅海は，最近開いたリフトで，徐々にサウジアラビアとアフリカを隔てつつある．拡大が続くと，ついには新しい海盆が形成され，インド洋とつながるだろう．口絵 11 を参照．(Background bathymetry from GeoMapApp; www.geomapapp.org)

● まとめ

　地球の表面は，絶えず動いている．その運動は，プレートが全球の表面を覆っており，互いに相対的に動くというモデルにより，正確に記述される．プレートは，硬く，割れることがある．この剛体の層は，リソスフェアと呼ばれる．プレートの下には流動性のアセノスフェアがあり，それは，マントル対流（次章で詳しく議論する）により，常に連続的に動いている．リソスフェアは，地球表面の低温と地球内部の 1,300℃ 以上の高温との間の温度境界層をつくる．リソスフェアは砕けやすいため，プレート境界でのみ内部と相互作用する．プレートは，海洋の拡大中心の火山活動によってつくられる．ここでは，プレートの厚さは 10 km しかない．プレートは，古くなり，拡大中心軸から遠ざかるにつれて，海水との相互作用で冷やされる．冷却は密度を高め，プレートを厚くする．その厚さは，年代の平方根に比例する．高密度で冷たい物質の厚さの増加は，海嶺から遠ざかるにつれて海洋プレートを沈下させる．海溝は，沈み込

み帯の位置を示す．そこでは，2つのプレートが収束し，プレートはマントルへリサイクルされる．上側のプレートでは，火山活動が起こり，火山列が形成される．火山列もまた，プレート収束帯の位置を示す．ある場所では，プレートが互いに行きちがう．そこでは，カリフォルニアのサンアンドレアス断層のようなトランスフォーム断層が形成される．大陸は，軽く，浮力があり，プレートの上にいかだのように浮いている．大陸は沈み込めないので，プレート運動によって大陸どうしが衝突すると，アルプスやヒマラヤのような大山脈が形成される．プレートはたいへん速く動くので，すべての海盆は若い．最も古い海洋岩石でも，地球史の最後の数パーセントしか記録していない．プレート運動が速いため，大陸は表面をすべり動き，頻繁に衝突し，分裂し，その位置を変える．大陸は，表面にとどまり，リソスフェアの永住者であるので，海洋よりもはるかに古い岩石を含んでいる．しかし，侵食と造山活動が絶え間なく大陸岩石を再加工するので，より古い岩石ほどますますまれになる．海盆は，地球の活動的な内部の現在と最近の歴史を表す．大陸は，はるかな過去の複雑な記録を有している．

参考図書

Alfred Wegener. 1966. The Origin of Continents and Oceans. Biram John, trans. New York: Dover Publications. 都城秋穂，紫藤文子訳．1981．大陸と海洋の起源—大陸移動説．岩波文庫．

Naomi Oreskes, ed. 2003. Plate Tectonics: An Insider's History of the Modern Theory of the Earth. Boulder, CO: Westview Press.

Henry Frankel. 1987. "The Continental Drift Debate." In H. Tristram Engelhardt Jr. and Arthur L. Caplan, Scientific Controversies: Case Solutions in the Resolution and Closure of Disputes in Science and Technology. Cambridge: Cambridge University Press.

Philip Kearey, Keith A. Klepeis, and Frederick J. Vine. 2009. Global Tectonics. New York: John Wiley & Sons.

第 **11** 章

内部の循環

マントル対流とその表面との関係

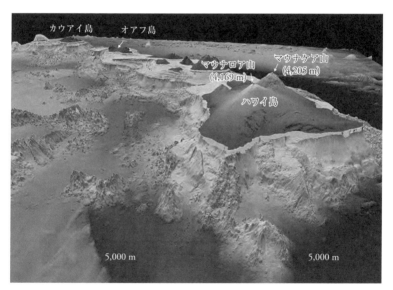

図 11-0：地球最大の火山であるマウナロア山の鳥瞰図．平均海面上の高度は約 4,200 m，基部の直径は 150 km に達する．火山の大部分は，平均海面下にある．この火山の全体積はおよそ 70,000 km^3 で，収束境界のほとんどの火山より 100 倍以上も大きい．それは，おそらくコア－マントル境界から上昇するマントルの対流プルームによってつくられた．口絵 12 を参照．（University of Hawaii School of Ocean and Earth Science and Technology and U.S. Geological Survey; http://oregonstate.edu/dept/ncs/photos/mauna.jpg）

　プレートテクトニクスは，地球の表面付近でのプレートの動きを説明するが，その動きがより深い層とどのように結びついているかについては何も示さない．沈み込むプレートはマントルを押しのけねばならず，海洋海嶺での融解には固体のマントルが上昇し減圧されなければならない．これらの観察は，マントルが固体状態で流れることを示唆する．地球の地形が氷床の有無に応じてどのように変化するかについての研究から，質量が加えられたり除かれたりすると，大陸はアルキメデスの原理にしたがって上下することがわかった．これは，**アイソスタシー調整**と呼ばれる．アイソスタシー調整は，マントルが流れる場合にのみ起こりうる．

　マントルの流れはどのようなパターンであるのか？　それは，表面の観察とどのように関係するのか？　密度差による流れは，対流と呼ばれる．対流が起こるか否かは，密度差がどれくらいであるかと，物質の粘度，およびその他のパラメータに依存する．これらのパラメータは，対流の指標であるレイリー数を与える．高いレイリー数は，対流が起こることを意味する．マントルのレイリー数は非常に高いので，**マントル対流**は必然である．プレートテクトニクスの初期の概念は，拡大中心をマントル内の巨大な対流セルの上昇流に，沈み込み帯を下降流に関連づけた．しかし，この単純な見方は，地球表面の観察結果と矛盾した．海洋海嶺は，地球表面を速やかに移動し，しばしば海溝で沈み込む．これは，海洋海嶺が表面の現象であり，深い対流とは関係がないことを示す．一方，沈み込み帯での下降流は，より深くまで追跡できる．マントル対流のこれらの側面は受動的であり，対流がプレートそのものによって駆動されることを示唆する．

　レイリー数が高いとき，対流セルは分解し，熱い物質の多数の上昇噴流が生じる．マントル内を上昇する**プルーム**による能動的な対流の証拠は，ハワイ諸島のようなプレート中央の海洋列島をつくるマントルの**ホットスポット**から得られる．プルームは，おそらくコア－マントル境界における加熱によって引きおこされる．

　さまざまなかたちの対流は，マントル上部に著しい温度差を生ずる．海嶺は地球表面を自由に移動するので，マントルの温度変動のわかりやすい試料を与える．マントルが熱いところでは，海嶺下深くで融解が進み，厚い地殻がつくられる．厚い地殻は，アイソスタシー調整のためより高く浮き上がり，アイスランドのように浅い海洋底を形成する．低温は，ホット

スポットから遠いところ，あるいは海嶺が昔の沈み込み帯を横切るところで現れる．細く熱い上昇噴流によってつくられる列島と海台，沈み込み帯の長い下降流帯，および表面をすべり動く海洋海嶺は，プレート運動とマントル流の間の多様な関係を示す．これらの動きは，表面と内部の間で化学物質のフラックスを生ずる．これは，惑星の生存可能性に必須の条件である．

● はじめに

　プレートテクトニクスは，すべての地質現象に対する私たちの理解を革新し，地球科学を統合する枠組みを与えた．しかし，プレートテクトニクスの限界は，基本的に記述的で，表面の動きの事実を述べるに過ぎないことである．それゆえ，それは**プレート運動学**（plate kinematics）と呼ばれる．プレートテクトニクスは，プレート運動の原因を説明しない．なぜプレートは動くのか？なぜ地球はプレートテクトニクスを持つのに，金星や火星は持たないのか？なぜ火山は，拡大中心や収束境界にあるのか？　地球内部の運動はどのようなもので，プレートの動きとどのように関連しているのか？　プレートテクトニクス革命は，地球を統合されたシステムとして理解するための骨組みを与えるのみである．私たちは，この章で，地球のさまざまな層の間のつながりに目を向ける．特に，表面のプレートの動きが，その下のマントルの循環とどのように結びついているかを見る．

　一見すると，この疑問は惑星の生存可能性とは関係が薄いように思われるかも知れない．しかし，この後の章で見るように，地球の内部と表面の間の物質フラックスは，気候の安定，海洋と大気の存在とその化学組成，および生命の起源と進化において中心的役割を果たしている．

● 地球内部の動き

　単純に考えれば，地球表面のプレートの動きは，下のマントルの動きに対応しているに違いない．拡大中心と沈み込み帯の両方で，マントルの流れが必要である．沈み込み帯でマントルに注入された物質は，マントルの物質を押しの

けなければならない．海洋海嶺におけるマントルの融解には，固体マントルの上昇流が必要である（第7章参照）．

　岩石の流れは，私たちにとっては直感的に理解しにくい概念である．表面近くのリソスフェアでは，岩石は流れない．岩石は割れて，断層にそってずれ動く．断層運動は，地震を引きおこす．しかし，地震は地球の最も外部でのみ起こり，その深さは拡大中心では 10〜15 km まで，ベニオフ帯では数百キロメートルまでに限られる．地震帯を離れると，拡大と沈み込みを償う運動が必要である．断層にそった砕けやすい運動と，断層のない柔軟な流れの間の境界は，マントルをもろいリソスフェアとやわらかいアセノスフェアに分ける．地震波は，マントルが固体であることを示す．したがって，アセノスフェアの流れは，固体の流れでなければならない．

　私たちは，固体の流れになじみが薄いが，固体の変形はよく知っている．例えば，私たちがペーパークリップを曲げるとき，あるいは鉄や銅が熱せられて新しいかたちに整えられるとき，固体は変形する．氷河では固体の氷の流れがあり，それは人間のタイムスケールで観察できる．また，岩石の褶曲は，表面に隆起すると，岩石の変形と流れをはっきりと示す（図11-1）．固体は，その融点近くの温度にあるとき流れることができる．したがって，地球表面で氷は流れるが，岩石は流れない．マントルの深さ，および大陸地殻深部のある場所では，温度は十分に高く，固体の岩石の流れが可能となる．

　また，固体マントルの流れの証拠は，地球の地形の起源に関する研究からも得られる．なぜ山は高いのか？　なぜ海洋は深いのか？　なぜカナダ北部とスカンジナビアの大陸は，隆起しつつあるのか？

地球の地形とマントルの流動

　私たちの常識では，地形はある場所に加えられた，またはそこから除かれた物質の厚さを単純に反映する．地面に大きな穴を掘れば，穴の底は低くなり，掘り出された土の山は高くなる．しかし，そのような結論は，その下の物質が硬く，重さの変化に応じて変化しないときにのみ正しい．下の物質は，流れることができれば，上にのせられた物質の重さに応じて変形するからだ．

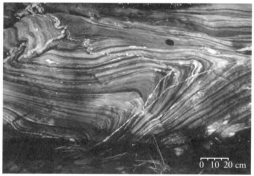

図 11-1：固体の流れの写真．（a）氷河の流れを示すバーナード氷河の空中写真．（courtesy of Robert Sharp, California Institute of Technology and the University of Oregon Press, Eugene, Oregon）（b）ケベック州，カボンガ貯水池の褶曲した片麻岩の写真．（courtesy of J. P. Burg, ETH Zurich）

例えば，液体は流れるので，そこに穴を掘ることはできない．水の上に置かれた木材は，下の水を脇に押して，あるところまで沈む．木材が沈む深さは，簡単な原理にしたがう．水は，同じ深さの圧力がどこでも等しくなるまで，圧力の高いところから低いところへ流れる．したがって，木材の底とその下の水の界面における圧力は，木材のすぐ脇の水柱の同じ深さにおける圧力と一致しなければならない．そうでなければ，圧力が等しくなるまで水が流れて，圧力を調整するだろう．この圧力が等しくなる深さは，**補償面の深さ** (depth of compensation) と呼ばれる．ある深さで圧力が等しくなるように物質が浮くとき，その物質は補償されていると言う．この原理は，アルキメデスによって最初に発見された．彼は，浮かんでいる物体はその質量と等しい質量の液体を移動させることを見いだした．地球では，この概念は**アイソスタシー** (isostasy) と呼ばれる (iso は等しい，stasis は静止の意)．**アイソスタシー調整** (isostatic adjustment) は，地球の表面が荷重に応じて上昇したり下降したりすることを意味する．

これが実際にどのように働くかを見るために，2つの例を考えよう．ひとつは質量が補償されている場合で，もうひとつは補償されていない場合である．同じ密度の厚さ 1 cm の合板と厚さ 20 cm の角材を水に浮かべたらどうなるだろうか？　角材は合板より深く沈み，かつ水面の上の高さは数センチメートルで合板より高くなるだろう．水中を見ると，角材は合板より深くまで突き出ているだろう．補償面の深さでは，どちらの木材の下でも，圧力は他と等しく，質量は補償されている．一方，硬いテーブルの上に角材と合板を置いたとすれば，角材の上面は合板の上面より 19 cm だけ高くなる．角材と合板の底は同じ高さとなるが，それぞれの下の点では圧力は等しくない．角材の下の圧力は，合板の下の圧力よりずっと大きい．水は流れるが，テーブルは流れないからだ．

これらの例のどちらが地球に当てはまるだろうか？　もし，地球の内部が硬ければ，標高 2 km の山脈は，単に厚さ 2 km の岩石を積んだものである (図 11-2a)．そうではなくて，山脈を下で支える物質が長い時間のうちに流れるならば，山脈はその高い高度を補償するために深い根を持たねばならない (図 11-2b)．

山脈および平地の下部の圧力を測ることができれば，これらのモデルを直接

a) 硬い基盤：圧力の補償なし　　b) 等密度の物質の厚さの
　　　　　　　　　　　　　　　　　違いによる高度差

c) 同じ厚さの物質の密度
　　差による高度差

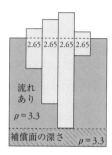
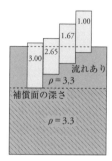

図 11-2：高度変動の 3 つのモデル．(a) 圧力が補償されていない物質の蓄積による高度差．深部で異なる圧力を生ずる．物質の下の硬い基盤は流れない．(b) 下の物質が流れるとき，軽い物質の厚さの違いによって生じる高度差．(c) 密度の違いによって生じる高度差．モデル b は大陸に当てはまり，モデル c は第 10 章で議論した年代にともなう海洋の水深の増加に当てはまる．同じ年代の海洋底の間では，地殻の厚さに差があるとき，モデル b が当てはまる．モデル a は，地球上に存在する大きなスケールの地形には当てはまらない．

的に区別できるだろう．実際には，それは地下およそ 100 km の地球内部での測定であり，不可能である．しかし，地球物理学者は，地球の重力場のわずかな変動を用いることにより，この疑問に答える明快な方法を見いだした．重力場は，地球の表面からコアまでのびる柱の全質量を反映する．もし，山が地殻の上に積み重ねられた過剰な質量であるとすれば，その過剰な質量は重力場を大きくするはずである．一方，地形が補償されているならば，どの柱でも全質量は等しく，山脈でも低い高度の平野でも重力場は同じになるだろう．19 世紀に行われた最初の粗い測定でさえ，山は重力場を有意に大きくしないこと，したがって地球の鉛直柱はすべてほぼ同じ質量を持つことを示した．結論：マントルは，その上の地殻の質量に応じて流れなければならない．

　複雑な問題のひとつは，密度差から生じる．第 4 章で学んだように，異なる物質は異なる密度を持ち，密度の変動も地形の違いの原因となる．発泡スチロール，および「同じ厚さの」高密度硬材が，水に浮かんでいる状態を想像してみよう．発泡スチロールは，軽いためごく小さな体積の水で補償され，より高く

突き出るだろう．厚さと密度の両方が，地形差に影響するのだ（図11-2bと11-2c）．したがって，もうひとつの補償モデルによれば，山は軽い岩石でできているために高いという可能性がある．大陸岩石を調べると，それは主に花崗岩と変成した堆積物であり，密度は大陸のすべての領域でほぼ同じであった．よって，山脈は軽い岩石ではなく，厚い地殻の領域であると考えられる．さらに，地震の観測が，重力場に基づく推論を補強した．その結果は，山脈は深い根を持ち，大陸の地形はおおむね地殻の厚さを反映していることを示した（図11-2b）．

アイソスタシーに基づけば，図10-1に示された地球の高度のふたこぶ分布も説明できる．なぜ海洋は深いのか？　海洋と大陸の違いは，厚さと密度の両方に関係している．海洋地殻は，大陸地殻より薄く（厚さ約6 km，大陸は厚さ約35 km），密度が10％だけ高い．そのため，海洋の高度は段違いに低くなるのである．

また，アイソスタシーは，海盆内の水深の変動も説明できる．第10章で議論したように，海洋底は，年代が古くなると深さを増す．これは，プレートが古くなり冷えるにつれて，地殻とマントルの密度が増して沈下するからである．また，同じ年代であっても，水深の変化は起こりうる．アイスランドは，大西洋中央海嶺のゼロ年代に位置するが，平均海面よりも高い！　同じ年代の水深の変動は，海洋地殻の厚さに依存する．それは，マントルが融解するときの温度に影響される．図11-2bのモデルは，同じ年代の海洋底の深さの変動に当てはまる．一方，年代による水深の変動は，図11-2cのモデルで表される．

海洋と大陸の両方がアイソスタシー調整を反映するという事実に基づけば，マントルは水のように，しかしもっとゆっくりと流れるに違いない．もし，地球の内部が硬ければ，アイソスタシー調整は起こらないだろう．

マントルは，どのくらいの速さで流れるのか？　この疑問に対するひとつの答えは，地球の自然の実験から得られる．それは，アイソスタシー補償が働いていることを観測事実として示す．最終氷期には，数キロメートルの厚さの氷床がカナダとスカンジナビアを覆った．この氷の荷重は大陸を沈下させ，マントルは荷重に応じて流れさった．しかし，その後，氷が融けると，荷重が除かれ，大陸は隆起した（図11-3）．アイソスタシー調整は数千年かけて起こるので，

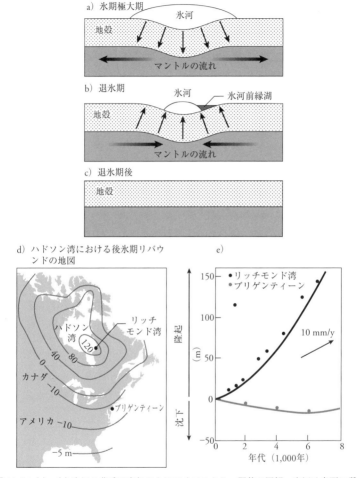

図 11-3：(a)〜(c) 氷河の荷重の有無によるアイソスタシー調整の図解．氷河は表面に質量を加え，マントルが流れると，大陸が沈下する．(d) 北アメリカ，ハドソン湾における後氷期リバウンドの地図．その過程は，現在も進行中である．等高線の数値は，隆起または沈下の大きさをメートル単位で示したもの．ハドソン湾中央部での大きな隆起に注意．(e) 地図 (d) の 2 つの場所における隆起の時間変化．（Figure from R. Walcott (1973), Ann. Rev. Earth and Plan. Sci., 15.）

これらの大陸は今なお測定可能な速度で隆起している（図11-3b）．この現象は，**後氷期リバウンド**（postglacial rebound）と呼ばれる．後氷期リバウンドによって記録されたマントルの剛性は，より大きなスケールのマントルの流れであるマントル対流を評価する上で決定的な情報を与える．

マントル対流

すべての流れは，力に対する応答である．これまで見たように，アイソスタシー調整は，表面の荷重の変化によって起こる．また，力は，軽い物質がより高密度の物質の下に存在するマントル内部でも働く．例えば，外部コアとマントル深部の間の熱い温度境界層では，マントルが下から熱せられる．数千キロメートル上方には，マントル上面の冷たい境界層があり，マントルは表面から冷やされる．加熱は膨張と密度低下を引きおこし，一方，冷却は収縮と密度増加を引きおこす．そのため，これらの境界層は，軽い物質がより重い物質の下に横たわる状況をつくる．マントルが硬すぎなければ，**熱対流**（thermal convection）と呼ばれる過程によって，循環が起こる．

最も簡単な対流は，**対流セル**（convection cells）を生ずる．熱い物質が一か所で上昇し，水平に流れ，冷やされて下降する．上昇と下降の領域が，セルの境界を定める（図11-4a）．ストーブの上で液体を熱するとき，ヒーターの上を熱い空気が上昇するとき，あるいは冷たい飲み物や製氷皿から冷たい空気が下降するとき，対流の動きを見ることができる．固体も，流れることができれば，液体と同様に対流する．対流セルの概念は，プレートテクトニクスと一見よく一致している．プレートは海洋海嶺で上昇するマントルによってつくられ，海嶺から拡がっていくにつれて冷却され，沈み込み帯で冷たいスラブとして下降する．プレートテクトニクスの多くの概念図は，まさにそのようなマントルの流れとプレート運動の関係を示す（図11-4b）．もし，これが正しければ，マントル内部の流れと，地殻とプレートの生成と破壊，および表面でのプレートの水平運動の間には，直接的かつ簡単な関係があると言える．すなわち，プレートは**マントル対流**（mantle convection）のパターンによって駆動されるだろう．

このシナリオでは，マントルが対流することが必須である．しかし，すべて

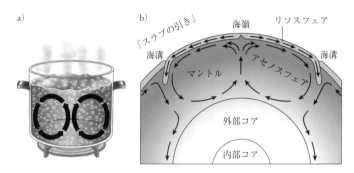

図11-4：(a) 下から加熱されるなべの水の最も簡単な対流のかたち．ひとつの対流セルを生ずる．(b) 沈み込むプレートが対流セルの下降流の縁にあり，海嶺はセルの対流上昇によって起こるという，仮説的な（そして部分的にまちがっている）関係の概念図．この単純な枠組みは，一般に地球のプレートに当てはまらないことに注意．

の物質が対流するわけではない．地球表面でなじみのあるほとんどの固体は，対流しない．山をつくる大量の岩石も，対流しない．アイソスタシーには流れが必要だが，対流は必ずしも必要ではない．対流はすべて力に依存する．そこで，基本的な2つの疑問が生じる．

(1) 地球内部の条件で，マントルは対流を起こすような特性を持つのか？
(2) もしそうであれば，対流のパターンは表面のプレート境界に従うのか？

マントルは対流するか？

対流は密度の変動に対する物質の応答であるが，密度の変動があっても，対流が必ず起こるわけではない．それは，密度差の大きさ，物質の粘度，および距離に依存する．大きな密度差，低い粘度，および大きな距離が対流を強める．

密度差は，多くの場合，温度差によって生じる．対流を駆動する決定的な要因は，対流が熱伝導よりも速く熱を散逸させることである．マントルは大きな

温度差を持つが，マントルの岩石はきわめて硬く，対流を妨げる．対流を駆動する力とそれを妨げる力の間に，争いが存在する．どうすればどちらが勝つとわかるだろうか？　対流の理論および実験の注意深い研究によって，対流が起こるかどうかを決めるパラメータが得られた．そのパラメータは，1915 年にレイリー卿によって発見され，現在は**レイリー数** (Rayleigh number) として知られている．レイリー数は，私たちがよく知っているパラメータである距離 (h)，温度 (T)，粘度 (η)，およびややなじみの薄い 2 つのパラメータによって表される．そのひとつは，熱膨張係数 (α) であり，物体が温度上昇に応じてどのくらい膨張するかのめやすである．もうひとつは，熱伝導率 (κ) であり，熱がどのくらい速く物質を通して拡散するかのめやすである．例えば，金属は，高い熱伝導率を持ち，熱を速やかに伝えるので，なべに用いられる．岩石は，より低い熱伝導率を持ち，熱を逃がしにくいので，高炉の外壁に用いられる．非常に熱い石は，レストランで卓上の調理に用いられる．それは，石が長い時間熱を保持するからである．

　対流は，大きな密度差を持続させるような要因によって「強め」られる．温度差と熱膨張係数 (α) の積は密度差を決定し，密度差による力は重力場が大きくなると強められる（すなわち，同じ質量の石は，月面では地球上より軽い）．大きな距離 (h) は，熱伝導により温度差がなくなることを妨げ，対流を駆動する密度差を保存するので，対流をより起こりやすくする．対流は，温度差が熱伝導で速やかになくなることを可能にする熱伝導率 (κ) の増加によって，また流れを難しくする高い粘度によって「妨げ」られる．

　レイリー数は，対流を強める項（温度差，熱膨張係数，距離，重力加速度）を分子に，対流を妨げる項（粘度，熱伝導率）を分母に持つ．レイリー数は，次式で表される．

$$Ra = \frac{\alpha g \Delta T h^3}{\eta \kappa} \tag{11-1}$$

ここで g は重力加速度，ΔT は底面と上面の温度差である．レイリー数が約2,000 以上であるとき，対流が必ず起こる．レイリー数が大きくなれば，対流はより活発になり，ついには乱流とカオスが生じる（図 11-5）．

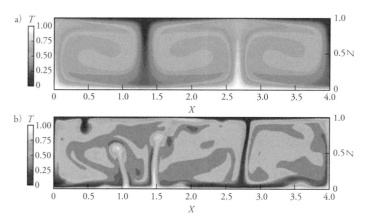

図 11-5：レイリー数の増加の影響を示す対流の数値モデル．（a）レイリー数が 10^5 のとき，簡単な対流セルが生じる．（b）レイリー数が 10^7 に増加すると，対流の組織性が低下し，乱流となり，激しい上昇と下降のプルームを生ずる．いくつかのプルームは底から表面までのびており，またいくつかはまさに上昇しはじめている．口絵 13 を参照．（Figure provided by Thorsten Becker）.

　マントルのレイリー数を計算することができる．距離はわかっており，マントルのかんらん岩の熱膨張係数と熱伝導率は実験で求められる．温度は，火山岩の組成（本章の後半を参照）と地球の岩石からの熱流量によって限定される．最も決定するのが難しいのは，粘度である．その最良の推定値は，氷河の有無に対する大陸のアイソスタシー応答から得られる（図 11-3 参照）．大陸の隆起速度は，マントルの粘度に依存する．お風呂では，水の粘度が低いため，荷重を取りのぞかれたコルクは，ぴょこんと飛びだす．ピーナツバターの中のコルクは，もっとゆっくり浮き上がる．なぜなら，ピーナツバターはより高い粘度を持ち，コルクの下の空間にゆっくりと流れ込むからである．最終氷期以降，北アメリカ大陸とスカンジナビアがどのくらい速く隆起したかを調べた結果，マントルの粘度はおよそ 10^{21} パスカル秒と計算された．それは，水の粘度より 10^{24} 倍（1 兆の 1 兆倍）も高い（参考のため，ピーナツバターの粘度は，水の 200,000 倍である）！

　マントルの粘度は大きいが，距離と温度差も大きいので，熱の拡散はきわめ

て遅い．すべての数値をレイリー数の式に代入すると，著しく高い粘度にもかかわらず，マントルのレイリー数は100万以上となる！　この値は，対流のしきい値である2,000をはるかに超えているので，マントルの対流は必然である．マントルの高いレイリー数に基づいて，英国の偉大な地質学者アーサー・ホームズは，1950年代に初めてマントル対流と大陸移動の間に関係がありうることを提唱した．

　しかし，そのように高いレイリー数では，対流は対称的な対流セルという簡単なパターン（図11-5a）ではなく，多数の上昇する噴流を含む，はるかに乱雑なかたちとなる（図11-5b）．マントルのレイリー数の不確かさのため，マントル対流がどのようなかたちであるかを演繹的に推定することはできない．そしてもちろん，地球は多くの対流実験で用いられるような単純な箱ではない．単純な対流セルがプレート境界に対応しているのだろうか？　それとも，対流は複雑なパターンで生じる上昇プルームを示すのだろうか？　地球は，その内部の対流について，私たちに何を語るだろうか？　これらの疑問に答えるため，私たちは地球が与える証拠に立ち返らなければならない．

● プレートの形状はマントルの対流セルに対応しているか？

　プレート境界を注意深く調べると，プレート境界と対流セルの間には簡単な関係はないことがわかる．プレート運動の概念図はしばしばきれいな規則的な対流セルを表すが，地球の実際の地形はずっと複雑である．例えば，図10-11をもう一度よく見ると，東太平洋海嶺と西部太平洋沈み込み帯の距離はおよそ10,000 kmであるが，アメリカ北西のファンデフカ海嶺はカスケード沈み込み帯からほんの数百キロメートルの距離である．対流セルのサイズが，どうしてそのように異なるのだろうか？　さらに悩ましいことに，アフリカプレートと南極プレートは，ほとんど海嶺で囲まれており，対流セルの下降流の縁となる沈み込み帯がない（図11-6）．あきらかに，マントルは同じような大きさの対流セルで構成されていない．

　単純な対流セルの概念にとどめを刺すのは，海嶺が沈み込むという事実である．東太平洋海嶺は，かつては南太平洋からワシントン州まで連なっていた．

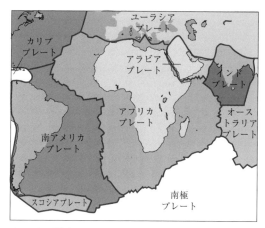

図 11-6：地球のプレートの地図．アフリカプレートは，ほぼ海嶺に囲まれており，沈み込み帯を持たない．そのため，アフリカプレートは南，東，および西に成長しつつあり，海嶺は次第に大陸から遠ざかっている．プレート境界とマントルの対流セルの間には，決まった関係はない．そうではなくて，大西洋の拡大は，太平洋での過剰な沈み込みにより太平洋海盆が縮小することで補償される．〔Image from U.S. Geological Survey's *This Dynamic Earth*; http://pubs.usgs.gov/gip/dynamic/dynamic.html〕

カリフォルニア沖の沈み込みは，シエラネバダ山脈をつくった．シエラネバダ山脈は，今では花崗岩の基盤まで侵食されている．大西洋海盆の拡大のため，太平洋は縮み，北アメリカの沈み込み帯は東太平洋海嶺を飲み込みつつある．海嶺が沈み込めば，カリフォルニアはサンアンドレアス断層で切り裂かれるだろう（図 11-7a）．現在，海嶺の沈み込みは，チリ南部のチリ海嶺など，いくつかの場所で進行している．対流セルの上昇と下降は同じ位置では起こりえないので，拡大中心は大きな対流セルの上昇流の縁ではない．

　それでは，海洋海嶺とは何であり，マントルの流れとどのように関係しているのだろうか？　この疑問もまた，観測による証拠に基づいて考えねばならない．アフリカプレートは，東，西，および南に海嶺を持つので，アフリカ大陸はプレート内でほぼ停滞している．拡大が起こると，新しい海洋地殻がつくられ，アフリカプレートは大きくなり，海嶺は大陸から遠ざかる．例えば，大西洋中央海嶺は，南アメリカとアフリカが分かれたとき，アフリカ大陸のすぐ近

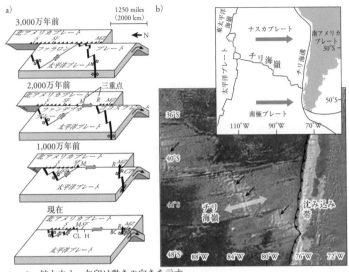

拡大中心. 矢印は動きの向きを示す.

沈み込み帯. のこぎり歯を付けたプレートが上部にある.

断層. 矢印は相対運動の向きを示す.

▲ 三重点

図 11-7：（a）かつてカリフォルニアの西に存在したファラロンプレートの歴史. 太平洋海盆の縮小により，ファラロンプレートとその海嶺は，次第に沈み込み帯に飲み込まれた. 将来，ファンデフカ海嶺も沈み込むだろう.（courtesy of U.S. Geological Survey）.（b）チリ海嶺の拡大中心は，現在，チリ南部の下に沈み込みつつある.（base map is from GeoMapApp; http://www.geomapapp.org）. 口絵 14 を参照.

くで誕生した. そして，南大西洋が開くにつれて，徐々に西へ移動した. その西への移動速度は，南アメリカとアフリカが離れる速度の半分である. 同時に，アフリカ大陸の東側の中央インド洋海嶺は，東に移動した. 2 つの海嶺は下のマントルを横切って動きつづけ，互いの距離を増している. マントルのように大きなものの対流セルの縁は，長い時間にわたって安定であると考えられる. もし，海嶺が上昇部の縁にあるならば，海嶺は動かないだろう. しかし，実際はそうではなく，海嶺は拡大速度と同じくらいの速さでマントルの上を速

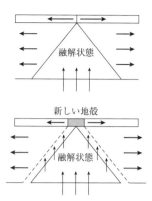

図 11-8：プレート運動に駆動されるマントル上昇の図解．2 つのパネルは，拡大の進行を表している．上のパネルは，海嶺の下にある定常状態の融解状態を示す．下のパネルは，拡大のひとつの増分を示す．プレートが水平に動くと，「ギャップ」が開き，マントルが上昇してそれを埋める．上昇は，マントルを減圧し融解させる．融解物は，上昇して新しい海洋地殻をつくる．もちろん，この過程は段階的ではなく，連続的である．プレートの連続的な拡大は，海嶺下の局所的な上昇流を引きおこす．それは，下のマントルで何が起こっているかには依存しない．プレートはおよそ 100 km の深さしかないので，この上昇流は基本的にマントル最上部における現象である．

やかにすべり動いているのだ！　全球を注意深く測定すると，ほとんどすべての海嶺が表面を移動していることがわかる．

　これらすべての観察を説明する鍵は，ほとんどの拡大軸が（すぐ後で例外を見るが），深部の対流の上昇を反映しているというよりも，それ自身でマントルの流れを生みだしているという認識にある．これは，大きなスケールのマントル対流に関連した能動的上昇流に対して，**受動的上昇流**（passive upwelling）と呼ばれる．これがいかに働くかを，図 11-8 に図解する．プレートは海洋海嶺で分かれて，年代とともに厚くなるので，その拡大は下のマントルとの間にギャップを生ずる．そのギャップを埋めるために，マントルが上昇しなければならない．海嶺が開くにつれ，その下の浅いマントルが上昇する．この上昇は，拡大そのものによって引きおこされる浅い現象である．それは，レイリー数によって駆動される対流ではなく，拡大の運動学による局所的な流れである．この場合，海嶺は，アメンボのように地球表面をすべり動くことができる．そし

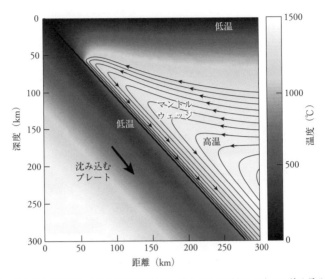

図 11-9：沈み込み帯の流れと熱構造の計算結果．冷たいスラブがマントルに沈み込み，その上のマントルウェッジに低温を生ずる．マントルは，「コーナー」で進行方向を右下に変え，沈んでゆくプレートに引きずられる．この過程は，沈み込み帯と結びついた広範なマントル下降流を生ずる．口絵 15 を参照．(Figure courtesy of Richard Katz)

て，沈み込み帯に達すると，マントルへ運び込まれ，消滅する．プレートの新しい場所でひびが入り，拡大が始まると，それはすぐ下に局所的な上昇を引きおこす．拡大中心は，局所的な上昇の原因であり，一般には深部のマントル対流とは無関係である．

　沈み込み帯には，別のストーリーがある．沈み込むプレートは厚く冷たく，マントルの中を 700 km も下降することが，ベニオフ帯の観測からわかっている．沈み込みは，浅い過程だけではない．また，プレートの深い沈み込みは，隣接するマントルを同じ方向に引きずり，冷たい大きな下降領域を生ずる（図11-9）．近年の洗練された地震波イメージング技術によれば，沈み込んだ古いプレートの**スラブ** (slabs) が地震帯よりも深くまでのびていることがわかる．ある領域では，スラブはマントルの深さ 1,500 km 以上にも達している（図 11-10）．したがって，沈み込み帯は，鉛直的ではないが，深部の対流の下降流と

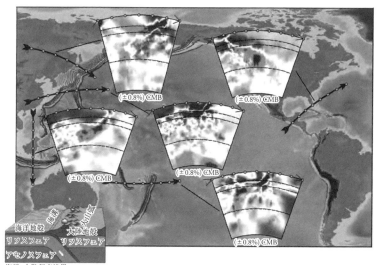

図 11-10：地震波トモグラフィーに基づくマントルの画像．スラブの沈み込みの多様性を表す．地図上の矢印は，断面図の場所を示す．挿入図は，地震波速度の変動を示す地球の断面図．スラブは，深部の濃い色で表される．各挿入図の上部の 2 つの破線は，上部マントルの相変化面を示す．第三の破線は，深さ 1,600 km を示す．右端の中央アメリカおよび左端のスンダでは，スラブが深くまで達していることに注意．その他の断面図では，スラブは上部マントルの底付近に止められているように見える．口絵 16 を参照．（Modified after Li, C., et al. A new global model for P-wave speed variations in Earth's mantle, Geochemistry, Geophysics, Geosystems, vol. 9, Q05018, doi: 10.1029/2007GC001806. Figure courtesy of Rob Van der Hilst）

結びついている．それは，マントル対流の冷たい下降流の部分なのだ．

　　ハーバードのブレッド・ハーガーとリック・オコネルは，この動きを「プレートによって駆動されたマントル対流」と表現した．プレート運動は，海嶺では局所的な上昇流を，沈み込み帯では大きな下降流を引きおこす．上部マントルは，部分的に，上に横たわるプレートの運動にしたがって流れる．プレートがマントル対流によって駆動されるというよりは，むしろプレートそのものが重要な駆動力であるように見える！

　　プレートは，マントルの対流セルの上に乗って動くのでなければ，なぜ動く

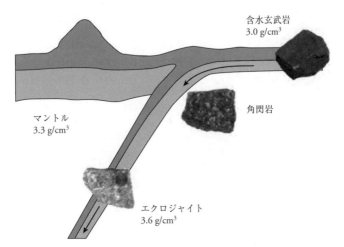

含水玄武岩
3.0 g/cm³

マントル
3.3 g/cm³

角閃岩

エクロジャイト
3.6 g/cm³

図 11-11：スラブが沈み込むときに起こる鉱物の変化．玄武岩は，高圧下でエクロジャイトに変化する．エクロジャイトは，周囲のマントルより密度が高いため，スラブを重くし，「スラブの引き」を生ずる．これは，プレート運動の重要な駆動力のひとつである．

のか？　駆動力のひとつは，沈み込み帯で起こる鉱物の変化であると思われる．第7章で学んだように，鉱物の安定性は，圧力と温度に依存する．鉱物組成は，高圧ではより高密度となる．そのような変成は，沈み込む地殻の玄武岩で起こる．表面の玄武岩の密度は約 3.0 g/cm³ であるが，玄武岩は深さ 50 km くらいでざくろ石を含むエクロジャイト（eclogite）という岩石に変成される．その密度は約 3.6 g/cm³ である．この高密度の物質は，沈み込むプレートの深い方の端の重りとなり，プレートを下方へ引きずる（図 11-11）．プレートのもう一方の端は，拡大中心にあり，まわりの海洋底よりも高い位置にある．海嶺の高度は，プレートを海嶺から押しはなす．それは，地すべりのようである．プレートは，海嶺をすべり落ちるとともに，沈み込み帯の底の余分な荷重によって引き込まれる．「海嶺の押し」と「スラブの引き」の両方が，プレートを表面にそってすべらせるのだ．

　しかし，ちょっと待て．この章の前半で見たように，マントルの高いレイリー数が能動的な上昇流を含むマントル対流を駆動することは，どうなるの

か？　海嶺が浅く，受動的な上昇流であるならば，マントル対流の能動的な上昇流はどこにあるのか？　そして，沈み込み帯が下部マントル深くまで動くならば，それを補うべき下部マントルからの物質移動はどこにあるのか？　高いレイリー数のため，マントルはそれ自身の対流を持つに違いない．この対流は，温度変動と複雑な循環を含む．マントル対流の深部のようすは，海盆中に現れる海洋列島の観測からあきらかになる．

● マントルの能動的上昇流：プルームの頭と尾

　現在，地球の火山活動の約 90 ％はプレート境界で起こっているが，プレートの中央部に生じる火山も相当数ある．それらは，**プレート内** (intraplate) または**ホットスポット** (hot spot) 火山活動と呼ばれる．また過去には，巨大な火山噴出が，大陸の**洪水玄武岩** (flood basalts) や海洋の**海台** (oceanic plateaus) を形成した．これらの多くも，大陸や海洋プレートの中央部で起こった．世界の有名な火山のいくつか，ハワイ島 (図 11-12a) やイエローストーン国立公園などは，プレート内火山である．それは，プレート境界から数千キロメートルも離れていることもある．これらの火山活動は，古く厚いプレートや軽い大陸地殻を貫くほどなので，活発な上昇流を反映しているに違いない．ここに，私たちはマントル対流の能動的上昇流の証拠を見る．そして，それが多様な熱い上昇噴流であるのか，または安定な上昇流の縁であるのかという疑問に答えることができる．

　プレート内海洋火山活動の多くは，列島と結びついている．プレート内の列島は，海洋底地図のめだった特徴である (図 11-12a)．列島は，上昇流にともなう長いリフトを表しているのだろうか？　それとも，プレートがその上を移動していく，固定された場所の点源によってつくられるのだろうか？　どちらだろうか？

　この疑問に対する答えは，地球化学と地球物理学の両方から得られる．ハワイの列島は，東端に位置していて活発な火山があるハワイ諸島から始まり，だんだん低くなりながら西へ連なり，さらに天皇海山列と呼ばれる多数の海底火山の列に続く (図 11-12a)．活発な火山は，最も若い島にある．その他の島と

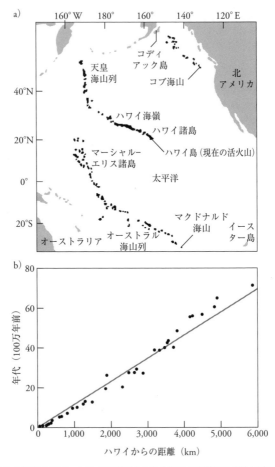

図 11-12：(a) 太平洋の地図．ハワイに関連する島と海山の直線的な列を示す．ハワイ島の活火山は，現在活動している列島の端にあり，島が成長しつつある．より古い島は，昔，同じホットスポットの上でつくられ，太平洋プレートの運動によって運ばれた．年が経つにつれて島は侵食され，沈下し，ついには完全に水面下の構造となり，天皇海山列を形成した．(b) ハワイ諸島と海山の年代が距離とともに規則的に増加することを示すグラフ．直線の傾きは，太平洋プレートの拡大速度と一致している．(Modified after K. C. Condie, Mantle Plumes and Their Record in the Earth History (Cambridge: Cambridge University Press, 2001))

海山は，死火山である．これらの火山の岩石を注意深く年代測定すると，列の全体を通して，年代が単調に増加することがわかる（図11-12b）．そして，その年代は，他の方法で求められる太平洋プレートの拡大速度とぴったり一致する．

　そのような火山の列が存在する理由は謎であったが，プレートテクトニクスの発見によって，簡単な成因が示された．プレートテクトニクスの創始者のひとりであるジェイソン・モーガンは，火山の列がプレートの絶対的な運動の方向にしたがっており，下のマントルにある固定された**ホットスポット**（hot spot）によって説明できることに気づいた．この概念を図11-13に示す．プレートがマントルの固定点を横切って動くとき，固定されたホットスポット上の現在のプレートの位置に活火山ができる．列を下った次の火山は，つい最近にホットスポット上にあったが，プレート運動によってそこから移動したものである．時間がたつと，この過程が次第に古くなる列島を形成する．ホットスポットの真上にある最も若い火山だけが，活火山である．ハワイの列の「折れまがり」は，おそらく4,300万年前に起こったプレート運動の大きな変化を示している．そのとき，沈み込み帯の配置が変わり，プレート運動の方向が急に変化した．若い火山が平均海面より高くそびえるのは，過剰な火山活動が厚い地殻をつくるからである．火山は，プレートが古くなるにつれて沈下する．ホットスポットは，プレートの下から一点に上昇する**マントルプルーム**（mantle plumes）によってつくられる．これは，図11-5aよりも図11-5bに示された上昇のパターンに似ている．能動的なマントル対流は，熱い物質の上昇噴流から成る．それは，拡大中心の位置とは無関係に現れ，通常，沈み込み帯にある冷たい物質の下降流の縁からはるか遠くにある．

　マントルプルーム仮説に対するさらなる証拠は，マグマに由来するプルームの高温と，「**プルームの頭と尾**」（plume heads and tails）の密接な関係から得られる．それは，プルームのダイナミクスについての理解を地球表面の証拠と結びつける．その詳細を調べよう．

　ホットスポットでは圧力の解放により融解が起こるが，それには固体マントルの上昇が必要である．プルームの上昇流は，プレートの動きによって生じるのではない．むしろ，プレートは，冷たいキャップとして働き，融解を阻害す

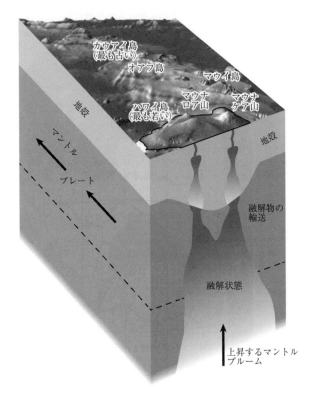

図 11-13：ハワイ諸島と海山の年代変化モデルの図解．マントルに固定されたホットスポットがあり，定常的なマントルプルームによって維持されている．太平洋プレートがホットスポットの上を移動するとき島がつくられ，その後島は運びさられる．口絵 17 を参照．

る．プレートの中央部でプルームによる火山活動を起こす唯一の方法は，能動的な上昇流である．すなわち，浮力のある物質のプルームが，マントルを通して上昇する．マントルの物理的特性はかなり均一であるので，浮力の主な原因は高温である．したがって，海洋島はマントル内で固定された場所にある熱いマントルプルームによってつくられると考えられる．

これが正しければ，プルームの温度は，周囲のマントルより高くなければな

らない. この場合, ホットスポットのマグマの圧力と温度は, 海嶺で見られる
ようなふつうのマントルより高いはずである. これらの予言は, ホットスポッ
ト火山の岩石の詳しい化学組成と調和する. また, プルームが表面に達すると
ころで常につくられる地殻の過剰な厚さを説明できる.

　ホットスポットは, 位置が固定されているので, 深部の熱い温度境界層に起
源を持つと考えられる. 上部マントルは, 常に動いており, プレート運動に
よってかき混ぜられている. 上部マントルは, 水平方向にも運動する. プルー
ムが上部マントルの対流の中で生みだされるとすれば, 対流によって運ばれ,
プルームが表面に達する位置も移動するだろう. そうではなくて, 熱いプルー
ムが決まった位置にあるということは, それがもっと深い, 上部マントルの対
流とは無関係な場所から来ていることを意味する. これは, 図 11-5b に示す
ように, プルームが熱い境界層から上昇するとすれば可能である. 装飾用のラ
バランプでは, 物質が下から熱せられ, 次第に浮力を得て, ランプの上端まで
プルームのように上昇する. これと同じように, 下から熱せられたマントルは
プルームを生じ, 速やかに表面まで上昇するのである. 固定されたマントルプ
ルームの存在は, 熱い境界層が地球内部のどこか深くにあることを示唆する.

　この境界層がマントルの半ばの深さにあるのか, それともコア－マントル境
界にあるのかについて, 大きな論争が繰り広げられてきた. 最新の高分解能地
震波イメージングによると, 少なくとも一部のマントルプルームは, マントル
の最も深いところに起源を持ち, おそらくコア－マントル境界での加熱により
生じると考えられる. 熱モデルによれば, コアは下部マントルよりずっと熱い.
外部コアは, 液体で粘度が低いため, さかんに対流しているに違いない. コア－
マントル境界で冷やされたコア物質は速やかに除かれるので, 上のマントルと
の間には, ごく薄く, 温度勾配の大きい熱境界層が形成される. マントルの下
の熱い温度境界層は, 上昇する対流プルームの自然かつ必然の起源であるだろ
う.

　熱い温度境界層から生じるプルームのモデルによると, プルームは上昇する
巨大な熱い球状物質である「**プルームの頭**」(plume head) から始まる. その後
には, 同じ軌跡をたどる細い上昇噴流である「**プルームの尾**」(plume tail) が続
く (図 11-14). プルームの頭は, プルーム開始時に巨大な火山活動を引きおこ

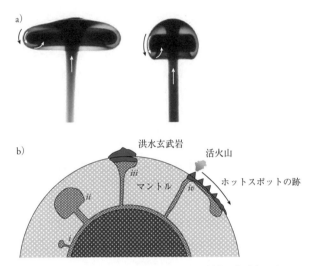

図 11-14：(a) ロス・グリフィス，イアン・キャンベルらの研究に基づく，プルームの頭と尾のモデル．最初のプルームの表面への到達は，大きなプルームの頭と関係しており，巨大な火山噴出を引きおこす．引き続く火山活動は，プルームの尾によって生じ，定常的だがより小さな体積の火山活動を生ずる．(After Griffiths and Campbell, Earth Planet. Sci. Lett. 99 (1990): 79–93; http://www.mantleplumes.org/WebDocuments/Campbell_Elements.pdf)．(b) 地球内部におけるプルームの頭と尾の出現のようす．(i) プルームがコア－マントル境界で生じる．(ii) 導管を通した速やかな輸送により，プルームの頭が膨張する．(iii) プルームの頭が表面に達し，洪水玄武岩地域を形成する．(iv) 洪水玄武岩の後，プレートがプルーム上を通過するにつれ，プルームの尾がより小さな火山から成るホットスポットの跡をつくる．(Modified from Humphreys and Schmandt, Physics Today 64 (2011), no. 8: 34)．

す．その後，長年にわたり，より小規模の火山活動が同じスポットで継続する．

　熱いプルームの仮説から予測されるこれらの特徴は，表面に現れるプルームの痕跡と一致する．それは巨大な火山噴出物で始まり，その後数千万年かけてつくられるより小さな体積の熱い物質へと続いている．多くのホットスポット火山列の年代変化を調べると，その始まりは陸上の洪水玄武岩，または海洋の海台にある．これらは，きわめて短期間に起こった大量の溶岩の噴出である．その例は，南大西洋やインド洋に見られる（図 11-15）．例えば，インドのデカン洪水玄武岩地域はプルームの頭の跡であり，その南に続く長い海嶺は次第に

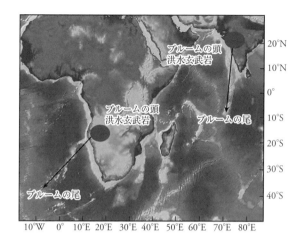

図 11-15：プルームの頭と尾が表面に残した跡を示す地図．プルームの頭は，巨大な火山活動により洪水玄武岩地域を形成する．プルームが定常状態で残ると，表面のプレート運動は，年代が一様に増加する火山の長い列をつくる．口絵 18 を参照．(Map modified from image created by GeoMapApp; www.geomapapp.org)．

若い玄武岩になる（図 11-15）．北アメリカのコロンビア川玄武岩は初期の洪水玄武岩であり，それに関連するホットスポットは現在イエローストーン国立公園の下にある．洪水玄武岩の年代は，ホットスポットの跡にそった年代の変化と調和している．多くのホットスポットの軌跡は，洪水玄武岩の開始点と，はっきりとわかる空間的な軌道にそった数千万年にわたるプレート内火山活動を示す（ハワイは例外であって，洪水玄武岩地域を持たない．おそらく，その頭はすでに沈み込んでしまったのだろう）．表面の地形的特徴は，まるでプルームの「頭と尾」を地表に横たえたようである（図 11-15）．

　地球には，多くのホットスポットがある．これらは 2 つの大きな地域に集中しており，それぞれ異なる半球に属している．その地域のひとつは中央太平洋にあり，タヒチ，サモア，ハワイなどの多くの海洋島を含む．もうひとつの地域は，アフリカ付近にある．太平洋は，ほぼ沈み込み帯に囲まれている．アフリカプレートは，図 11-6 で見たように海嶺で囲まれている．両方の地域に共通する特徴は，ホットスポットがプレート境界から遠いところに集中している

ことである．それらは，大きなプレートの中央部にあり，おそらく，これらの地域におけるプルームに駆動されたマントル上昇流と結びついている．

　以上の結果は，地球のような現実の惑星のマントル対流は，実験や計算よりもずっと複雑で興味深いことを示している．上部マントルの流れは，表面の冷たい境界層（プレート）の動きによって駆動される．熱い能動的上昇流は，深部の熱い温度境界層から上昇するプルームとして現れる．もちろん，この2つの種類の対流は相互作用し，マントル全体に複雑な流れと温度場を生ずる．その解明は，始まったばかりである．

　海洋海嶺は，マントルにおける横方向の温度変動を調べるためののぞき窓となる可能性を秘めている．海洋海嶺は，表面を移動するとき，受動的にその下のマントルから試料を採取する．マントルの温度は，海洋地殻の深さと厚さの変動を支配する．その結果，マントルの条件にしたがって，海洋底に特徴的な地形がつくられる．したがって，海洋海嶺はマントルの温度構造を知るための「窓」を提供する．マントルの温度構造は，マントル対流の構造と一致しているはずである．この窓がどのように機能するかを理解するために，拡大中心で海洋地殻をつくる融解過程をもっと詳しく調べよう．

● 拡大中心における海洋地殻の生成

　私たちは，第7章で（温度上昇ではなく）圧力解放によるマントルの部分融解が，海洋海嶺で起こる融解の基本的なメカニズムであることを学んだ．図11-8で見たように，プレートの拡大は，その下のマントルを必然的に上昇させる．この運動は，圧力解放による融解と関連づけられる．図11-16は，海嶺の下のマントルの流れが，どのように断面が三角形の「融解状態」（melting regime）をつくるかを表している．融解率は，固相線を越える三角形の底辺で0%から増加しはじめ，海嶺の真下まで上昇する融解物の柱の頂部において最大となる．融解率が深さの減少にともなって直線的に増加するとすれば，融解率の平均値は最大値の半分である．

　マントルから抽出された融解物が上昇して海洋地殻をつくるので，地殻の厚さは融解抽出物の体積と関係づけられる．これを最も単純に視覚化するには，

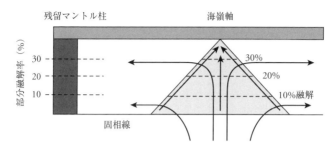

図 11-16：海嶺の融解状態の図解．拡大の各増分により，「残留マントル柱」(residual mantle column) がつくられる．地殻の厚さは，柱から除かれる融解物の全量に依存する．それは，平均融解率と柱の長さの積で求められる．典型的な海洋地殻は，60 km の柱の 10% の融解から生じ，厚さ 6 km となる．

マントルと地殻を貫く垂直な柱を考えるとよい．それは，拡大の各増分の最終生成物である．残留マントル柱 (residual mantle column) の各部分は，融解状態の異なる深さから生じる．実験データによると，マントルは 3 km 上昇するごとにおよそ 1% だけ融解する．したがって，マントルが 60 km 上昇したとすれば，融解率の最大値は 20% である．その平均融解率は，10% となる．60 km の 10% は，6 km である．これは，現在の海洋地殻の平均厚さに相当する．

　さて，マントルの温度が変動する場合に何が起こるかを考えよう．海嶺が上部マントルの対流システムを横切って移動するとき，温度変動は必ず現れる (図 11-17)．より高い温度では，マントルの固相線は，海嶺の下のより深いところに現れ，融解状態のサイズと，残留マントル柱の長さが増加する．融解が深さ 90 km で始まったとすれば，最大融解率は 30%，平均融解率は 15% となる．その結果，地殻の厚さは 90 km の 15%，すなわち 13.5 km となる．一方，融解が深さ 30 km で始まったとすれば，最大融解率は 10%，平均融解率は 5%，地殻の厚さは 1.5 km となる．このような地殻の厚さの変化は，海洋海嶺の水深に直接的な結果を生ずる．海洋地殻は，マントルよりも浮力に富み，アイソスタシー補償の原理にしたがう．厚い地殻を持つ海嶺は，薄い地殻よりも高く浮く．したがって，水深の浅い海嶺は，厚い地殻を持ち，その下のマントルがより高温であることを示す．

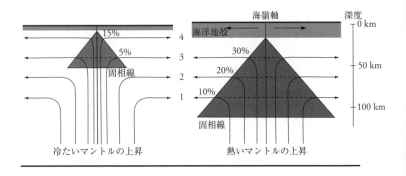

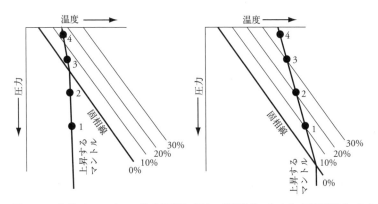

図 11-17：海嶺下のマントルの温度が融解の深さ，融解状態のサイズ，平均融解率，および地殻の厚さにいかに影響するかを表す図解．熱いマントル融解物が多ければ，地殻はより厚くなり，アイソスタシー補償のため平均海面からの水深は浅くなる．

　この結論によれば，融解が始まる深さの変化は，その下のマントルの温度に直接的に応答して，海洋地殻の厚さと海洋海嶺の水深を決める．熱いマントルは，より多く融解し，より厚い地殻と，より浅い海嶺をつくる．融解が始まる温度は，深さ 1 km あたり約 3℃ 上昇するので，温度差を定量化することができる．例えば，最初に融解が始まる深さが 100 km から 60 km に変化したとき，温度差は約 100 度である．

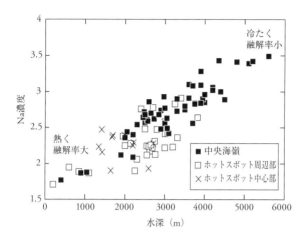

図 11-18：海洋地殻の組成は，海嶺軸の水深に応じて変化する．各点は，距離約 100 km の領域の平均地殻組成を示す．低いナトリウム濃度と浅い水深は，ともにマントルの高い温度による大きな融解率の結果である．

　マントルの融解の割合によって，化学組成も変化する．簡単な相図で学んだように，液相の組成は融解物の割合によって徐々に変化する．したがって，大きな融解率からつくられた海洋地殻は，小さな融解率からつくられた地殻と化学組成が異なるだろう．その最も簡単な結果は，親マグマ元素の組成に現れる．親マグマ元素は，液相に強く濃縮される．その濃度は，液相の割合に逆比例する．例えば，ナトリウムがすべて液相に濃縮されるとすれば，液相の体積が全体の 1 ％であるとき，ナトリウムは液相に 100 倍濃縮される．液相の割合が 2 ％に増加すれば，ナトリウムの液相への濃縮は 50 倍となり，10 ％の融解では，濃縮は 10 倍となる．融解物の割合が増すと，同数のナトリウム原子がより大きな体積の融解物で希釈される．実際には，すべてのナトリウムが液相に移動するわけではないが，ほとんどが移動する．このため，同じ組成のマントルが高温のためより多く融解すると，地殻が厚くなり，水深が浅くなるとともに，ナトリウム濃度は低くなる．

　これまでの説明のように，海洋海嶺の水深，海洋地殻の厚さ，および海洋地殻の化学組成は，すべて互いに関連づけられる．図 11-18 に示すように，海

338

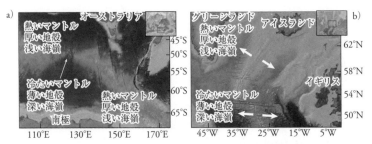

図 11-19：(a) オーストラリアと南極の間の南東インド洋海嶺の地図．この地域は，オーストラリア－南極不整合（Australian/Antarctic Discordance，AAD）と呼ばれる．中央の海嶺軸にそった明るい色は，水深が浅く，熱いマントルによってつくられた海嶺を示す．暗い色の部分は，より深く地殻は薄く，低温のマントルによりつくられた．AAD は低温領域であり，異なる化学組成を持つインド洋と太平洋の領域を分けている．これらの領域の差異は，下のマントルと関係している．(b) アイスランド地域の地図．アイスランドは，すべての海洋海嶺系のうちで最も高温のマントルプルームがあると推定されている．そのため，水深は浅く，地殻は厚い．アイスランドの北と南では，マントルの温度が低下し，深度が増し，地殻は薄くなる．口絵 19 を参照．（Background maps from GeoMapApp; www.geomapapp.org）

洋地殻のナトリウム濃度は，海洋海嶺の水深とともに単調に増加する．これは，マントルの温度変動の自然な結果である．

　以上のように，海洋海嶺の水深をマントルの温度に関連づけるには，長い説明が必要だが，その結論はいたって簡単である．海洋海嶺の水深は，その下のマントルの温度を反映する．すなわち，全球の海洋海嶺系の地図は，直下のマントル温度のスナップショットでもあるのだ！　最も浅い海嶺は，近くにホットスポットがある．これは，ホットスポットが本当に熱いことを示すさらなる証拠である．最も明白な例は，アイスランドである．そのマントル温度はきわめて高いため，地殻の厚さは通常の海洋地殻の 5 倍であり，拡大海嶺にそって島が形成されている．

　さらに，海嶺の水深から推定される温度変動は，マントル対流のパターンについて追加の情報を与える．アイスランドのような浅い海嶺は，マントル深部の熱境界層からのマントルプルームに由来するホットスポットと一致している（図 11-19b）．最も深い海洋海嶺は，一般に大きな海盆の縁に形成される．その例は，オーストラリアの南のインド洋と太平洋の境界である．オーストラリア－

南極不整合は，インド洋と太平洋のマントルの境界にあり，その下のマントルは温度が低い（図 11-19a）．一般に，海嶺は 5,000〜10,000 km にわたり，高低のうねりを示す．このうねりは，マントル全体の対流循環を反映しているに違いない．マントルの上昇流はホットスポットと結びついており，下降流はホットスポットから遠く離れた海盆の縁と結びついている．海洋海嶺の水深の大きな変動は，海嶺が地球表面を移動していること，および拡大中心下のマントルの温度に応答していることを確信させる．

 ## まとめ

　海洋地殻の動きと表面の地形は，地球内部で起こっている過程と密接に関係している．アイソスタシーとプレート運動は，マントルが流れることを示す．マントルの高いレイリー数は，活発な対流が必然であることを示す．マントル対流は，内部の熱エネルギーと外部のプレートの働きとを関連づける必須の要素である．外部のプレート運動は，マントルの循環を生じ，その流れに影響をおよぼす．別のかたちのマントル対流は，プルームによって表され，コアおよびマントルから表面へ物質とエネルギーを輸送し，海洋海嶺の深度やプレート境界の細かい位置に影響をおよぼす．プルームは，沈み込み帯から遠いところで最も豊富であり，異なる様式のマントル対流の間にフィードバックがあることを暗示する．マントル対流は，コア－マントル境界の熱い温度境界層と，マントルと表面の間の冷たい温度境界層とを結びつける．コア－マントルおよびマントル－プレートの関係は，地球史の初めに，内部の成層化によってつくられた．それは，エネルギーを交換し，輸送し，惑星を動かしつづけている．以下の章で，私たちは，固体地球とコアの継続的な循環が地球の生存可能性にとっていかに重要であるかを理解するだろう．

参考図書

Goeffrey F. Davies. 2001. Mantle Convection for Geologists. New York: Cambridge University Press.

Gerald Schubert, Donald L. Turcotte, and Peter Olson. 2001. Mantle Convection in the

Earth and Planets, 2 vols. Cambridge: Cambridge University Press.

第12章

層と層を結びつける

固体の地球，液体の海，気体の大気

図 12-0：東太平洋海嶺のブラックスモーカー・チムニーの写真．無機イオンに富む流体は，地殻の深部では透明だが，海水と出合うと硫化物と酸化物を沈殿し，「煙」のようになる．これは炭素ではない！　流体の出口温度は，400℃に達する．口絵 20 を参照．（Photograph courtesy of K. H. Rubin）

　物理的描写は，地球におけるプレートテクトニクスの重要性を理解するための第一歩に過ぎない．プレートテクトニクスの過程における化学物質の循環，すなわち**プレートテクトニクス地球化学サイクル**は，地球の生存可能性の中心に位置する．この化学的循環は，海水の組成を一定に保ち，海洋地殻と大陸地殻をつくり，生命にとって必要な元素を地球の表面に輸送し，さらにマントルの粘度を減少させ活発な対流を起こす．

　このサイクルは，海嶺で始まる．海嶺では，マントルからマグマが輸送され，海洋地殻が形成される．拡大中心では，1,200℃のマグマが数℃の海洋のすぐそばにある．海水は地殻の割れめを循環し，熱せられ，激しい**熱水活動**を起こす．そのあきらかなしるしは，ブラックスモーカーである．ブラックスモーカーの高温のチムニーは10階建てのビルの高さに達し，噴出孔流体の温度は400℃に達する．この反応性の高い流体は，海洋地殻の火成岩を**変質**させ，水（H_2O）と二酸化炭素（CO_2）を含む新しい鉱物を生ずる．これらの鉱物は，プレートが古くなっても生き残る．固体地殻は，初めは H_2O をほとんど含まないが，最後には約2%の H_2O とかなりの量の CO_2 を含むようになる．海水が岩石の組成を変化させるとき，海水の組成も岩石との反応によって変化する．熱水噴出孔から噴出する流体は，海水とはまったく異なる組成を持ち，河川からの物質供給を調整し，海水組成の定常状態を保つ．

　プレートが海洋底を移動するとき，多様な堆積物が堆積し，もともと海嶺には存在しなかったような水や元素に富む物質の複雑なサンドイッチをつくる．プレートが沈み込むと，これらの物質は**変成作用**と呼ばれる鉱物学的変化を受け，鉱物に閉じ込められていた H_2O と CO_2 を放出する．放出された水は，スラブとその上のマントルウェッジの融点を下げ，湿ったマグマを生ずる．湿ったマグマは上昇して，爆発性の含水マグマとなり，収束境界の火山を形成する．収束境界の含水マグマは，冷却されると分化して，ケイ素に富みマグネシウムと鉄に乏しい鉱物とそれを含む低密度の岩石をつくる．この岩石が大陸に付加され，大陸地殻を平均海面上に浮かばせる．スラブに残った物質は，マントルに戻される．その結果，マントルは，揮発性物質や微量元素の組成が不均質になる．収束境界での CO_2 のリサイクルは，地球の気候を長期にわたって安定させる．H_2O のリサイクルは，海洋の体積を一定に保ち，マントルの粘度を下げ，マントル対

流を強める．さらに，コア－マントル境界に起源を持つマントルプルームによる火山活動も，表面への物質輸送を起こす．このように，固体の地球化学サイクルは，マントル，海嶺，海洋，収束境界の火山活動，大陸地殻の形成，マントル対流，および気候の長期安定性を結びつける．固体地球のサイクルとその表面のリザーバーとの相互作用は，惑星の長期の生存可能性にとって不可欠である．

● はじめに

　プレートテクトニクスの基本的な構造は，海嶺でのマントルの融解によるプレートの形成，表面を横切るプレートの移動，および沈み込み帯でのマントルへの回帰である．この過程を通して，プレートテクトニクスは，物質を内部から表面へリサイクルし，ふたたび固体地球の大きなサイクルに戻す．しかし，この過程は，マントル，地殻，海洋，大気，生命，そしてコアさえも含む，地球内部と外部の層の間の交換，循環，およびフィードバックからなる包括的なシステムの物理的枠組みに過ぎない．全体の過程を**プレートテクトニクス地球化学サイクル**（plate tectonic geochemical cycle）と呼ぶことにしよう（図 12-1）．岩石がプレートに乗って単に物理的に循環するだけではない．プレートテクトニクス地球化学サイクルは，地球の歴史を通して気候の安定性を維持し，海水の体積と組成をほぼ一定に保ち，地上の生物が繁栄する大陸地殻を形成し持続させる，惑星の生存可能性に必須の過程である．また，このサイクルは，太陽の光の届かない深海に生態系を生んだ．後で学ぶように，この生態系は，初期の生命の誕生と維持にとって重要であったらしい．本章での私たちの目的は，プレートテクトニクスに含まれる化学交換の全容，および地球のリザーバーを特徴づける平衡から外れた定常状態に寄与する過程について学ぶことである．そのために，拡大中心と収束境界でのプレートの形成と破壊を詳しく調べる必要がある．本章で，私たちはこのサイクルを探究する．海嶺での海洋との相互作用を含むプレートの形成，海洋底を横切るプレートの移動，およびプレートが収束境界でマントルに戻るときの複雑な過程について学ぶ．収束境界では，島弧の火山活動が大陸を形成し，揮発性物質を大気に放出する．これらの過程

344

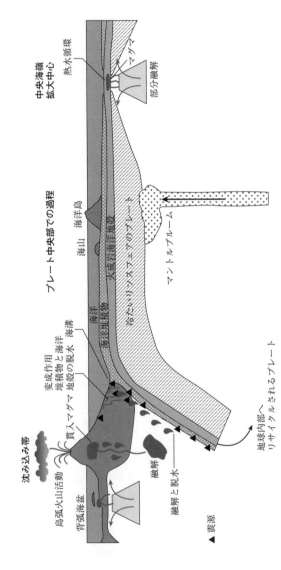

図12-1: この章で述べるプレートテクトニクス地球化学サイクルの概念図. マントルの上昇は海嶺で地殻をつくり, 熱水循環を駆動する. 熱水活動は, 海水の化学組成を変化させ, 地殻に含水鉱物をつくる. 地殻が移動し古くなるとともに, 堆積物が蓄積する. また, 地殻はホットスポットの影響を受ける. この複雑な物質の塊が沈み込む. 地殻の変成は, 水を放出し, 融解を起こし, 島弧を形成する. 究極的には大陸地殻を形成する. スラブは, マントル深部に戻り, マントルを不均質にする. その試料は, 火山活動によって得られる. 口絵 22 を参照.

は，マントル対流とプレートテクトニクスを海洋および大気と結びつける．

全球的システムとしての海嶺

　初期のプレートテクトニクス仮説では，**海嶺** (ocean ridges) は地図上に直線として描かれた．トランスフォーム断層は，直線のずれとして示された．海嶺の調査は，海嶺が単なる直線ではなく，マントルから微生物までの広がりを持つダイナミックなシステムであることをあきらかにした．海嶺は，マントル，地殻，海洋，および生命を結びつけている．海嶺での化学フラックスは，生命に新しい環境を提供し，数千キロメートル離れた収束境界で地殻がリサイクルされるとき火山活動を引きおこし，さらに，海水の化学組成の定常性に寄与する．これらすべてが，地球の生存可能性にとって重要である．陸上の進化した生物にとっての地球の住みやすさも，海嶺システムの隠れた作用に依存している．その事実は，目に見えず，ほんの数十年前には専門家にさえ知られていなかった．

　体積に基づく単純な考察によって，地球の火山活動の「大部分」は海嶺で起こることがわかる．マントルから海嶺に運ばれる新しいマグマの量は，生産される地殻の厚さ（6 km）と平均拡大速度（約 5 cm/y）と海嶺の長さ（約 70,000 km）の積として見積もられる．その量は，1 年あたり約 21 km^3 である．収束境界の火山からのマグマの産出量は，約 2〜3 km^3 と見積もられており，10 分の 1 に過ぎない．プレート内部の火山活動の推定量は，収束境界と同程度である．したがって，海嶺の火山は，地球の火山噴出の 80 ％を担っている．

　20 世紀の最後の数十年に，海洋底の詳細なマッピングが行われた．海嶺の火山は，**火山** (volcano) という用語から連想される対称的な円錐形ではなく，長い直線状であることがわかった．海嶺ではマグマが上昇し，プレートとプレートの分離によってできた割れめを埋めている．また，海嶺は，火山の割れめを互い違いにする**トランスフォーム断層** (transform faults) によって「分割」(segmented) されている．そのため海嶺火山は火山の名前ではなく，境をなすトランスフォーム断層にちなんだセグメントの名前でしばしば呼ばれる．

　海嶺火山の形態は，拡大速度に依存する．拡大速度の大きい（>10 cm/y）東

346

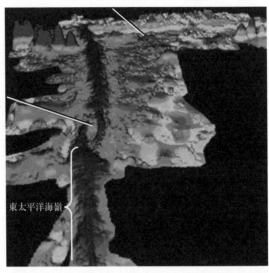

クリッパートン・トランスフォーム断層

9°N 重なり
合った拡大中心

東太平洋海嶺

図 12-2：南アメリカ沖の東太平洋海嶺の海底地形．シケイロス・トランスフォーム断層の南からクリッパートン・トランスフォーム断層の北まで．9°N 付近に「重なり合った拡大中心」（overlapping spreading center）があることに注意．これは，2 つの海嶺火山が重複している部分で，トランスフォーム断層よりずれが小さい．通常，海底の等深線図は，地形を見やすくするために，水深ごとに異なる濃さの影をつけて表される．もちろん，これらの影は，実際の海洋底の色とは関係なく，単に地形を見やすくするためのものである．長い直線的地形は，速い拡大速度（＞8 cm/y）を持つ海嶺火山の特徴である．この図の縦方向の距離は，約 200 km である．海嶺軸を横切る水深の変化は，数百メートルである．口絵 21 を参照．（Image courtesy of Stacey Tighe, University of Rhode Island）．

太平洋海嶺（図 12-2）では，火山はとても長く，狭く，海洋底からあまり高く隆起していない．富士山のような火山は，直径約 20 km の円形で，ふもとからの高さが 3,000 m に達する．一方，東太平洋海嶺の火山は，長さ 100 km，幅 2～3 km で，高さは数百 m しかない．この長い直線の形状は，拡大速度が速いため熱いマントルが表面近くまで上昇し，拡大中心の割れめ全体からマグマがにじみ出るという事実から理解できる．ジェフ・フォックスは，それを「決して癒えない傷」と表現した．拡大速度 10 cm/y の地殻は，地質学ではレーシ

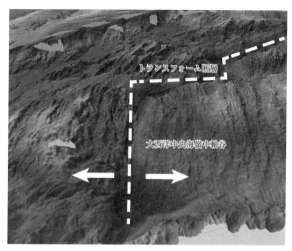

図 12-3：大西洋中央海嶺北部の海底地形．上が北である．36°N 近くのこの地域は，FAMOUS（French American Undersea Study）と呼ばれている．このセグメントは，長さが約 55 km，北と南はトランスフォーム断層で区切られている．拡大軸は切り立った崖に囲まれた中軸谷に位置していることに注意．水深の変化は速い拡大海嶺よりずっと大きく，中軸谷はその境界をなすリフト海嶺より 1,000 m も深い．起伏が約 5 倍大きいので，灰色のスケールは図 12-2 と大きく異なる．口絵 23 を参照．（Figure courtesy of Javier Escartin, Institut de Physique du Globe, Paris, using data from Cannat et al., Earth Planet. Sci. Lett. 173 (2001): 257–69, and Escartin et al., J. Geophys. Res. 106 (2001): 21, 719–35）.

ングカーのようであり，100 万年あたり 100 km も動く．火山は数キロメートルの幅しかないので，古い溶岩は急速に広げられ，海底に高い火山錐をつくる機会がない．

　拡大速度の遅い（< 4 cm/y）海嶺では，拡大中心はやはり長い割れめであるが，熱いマントルはゆっくりと上昇し，高温部は深部にとどまる．リソスフェアは，拡大軸に近づくにつれて，また海嶺が古いリソスフェアと隣接するトランスフォーム断層に向かうにつれて，急に厚くなる．浅いマグマだまりは，短命であるか，または存在しない．リソスフェアは，冷たいテントのような構造をつくり，より深くまで達する断層を引きおこし，マントル由来のマグマを海嶺軸に集中させる（図 12-3）．深い断層は大きな中軸谷をつくり，集中した火山活

動は海嶺にそった大きな水深差を生ずる．水深は，セグメントの中心へ向かって浅くなり，トランスフォーム断層へ向かって深くなる．

拡大中心での熱水循環

　海嶺火山は，地上の火山とは異なり，深さ 2～3 km の海洋に覆われている．このため海嶺は，0℃くらいの冷たい海水と 1,200℃のマントル由来マグマとの境界となる．拡大による噴出と断層は，流体が地殻を通って，融解したマグマと非常に高温の岩石のすぐ近くにまで達する経路をつくる．流体と高温の岩石の相互作用は，化学交換をともなう活発な熱水活動を生じ，海水の組成と海洋地殻の組成を変化させる．

　海嶺熱水系（ridge hydrothermal systems）の活発さは，海洋地質学者を驚嘆させた．潜水艇で東太平洋海嶺北部の探査が行われたとき，頂部から黒い「煙」をもくもくと噴出する尖塔が発見された（図 12-0 参照）．潜水艇は煙を噴き出す「チムニー」（chimneys）に到達し，マニピュレーターのアームで温度センサーを流体に差し込んだが，温度幅が合わず測定できなかった．潜水艇が母船に戻ったときに確認すると，温度センサーは融けてしまっていた！　その後，ついに測定されたブラックスモーカー噴出孔の温度は，なんと 400℃という高さであった．地球表面での水の沸点である 100℃よりはるかに高温だったのである．

　なぜこのような高温になるのだろうか？　その鍵は，沸点に対する圧力の影響である．高地でキャンプすると，気圧が低いため水は低温で沸騰し，調理に長い時間がかかる．圧力が高いと，これとまったく反対のことが起こる．つまり，沸点が上昇するのである．これは，図 4-3 の水（H_2O）の圧力－温度相図からも見てとれる．海水の重さは深度とともに圧力を著しく増大させるので，水は沸騰する前に著しく高温になる．マントルから上昇する融解マグマは 1,200℃であり，海水を沸点まで加熱する．それゆえ，冷たい海水の覆いは，熱水活動を妨げるのではなく，その高圧によって地上よりもはるかに高温で激しい活動を引きおこす．

　高温で塩分の高い水は，化学反応性が著しく高い．マントルからのマグマは水をほとんど含んでおらず，岩石と高温の海水は非平衡である．その後の化学

反応は，岩石と水の両方の化学組成を変化させる．岩石は，もともとの鉱物として輝石，斜長石，およびかんらん石を含み，反応により緑泥石，角閃石，緑簾石などの含水鉱物を生ずる（その詳細は，後で述べる）．同時に，水の組成も変化する．水は，マグネシウム（Mg）のほとんどすべてとナトリウム（Na）の一部を失う．一方，硫酸イオン（SO_4^{2-}）が硫化物イオン（S^{2-}）に還元されるとき，水は鉄（Fe），マンガン（Mn），銅（Cu），亜鉛（Zn），鉛（Pb）などの金属を溶解する．この溶液は，高温かつ低密度となり，浮力を得て，海底へ激しく上昇する．流体が上昇するにつれて，硫化物鉱物が地殻中の経路に沈殿する．流体は，海底の噴出孔から高速で流れ出る．ここで流体は，温度が数℃の深層海水と出合う．還元的で酸性の熱水流体の急速な冷却は，その中に溶けていた金属を沈殿させる．これが劇的な「黒煙」（black smoke）をつくり，海洋底からそびえるチムニーを形成するのである．

海嶺熱水系の研究はまだ揺籃期であるが，熱水系の型と分布に関する一般論が見いだされた．海嶺熱水系は，火成活動と断層に関係している．拡大速度が速いとき，浅いマグマだまりが海洋地殻の地下 2～3 km に存在する．マグマだまりの上では，浅い断層が流体の移動経路となる．海水は，地殻の割れめにしみ込み，下部のマグマによって熱せられる．生じた熱水は，浮力を得て，地殻表面へ力強く駆動される．熱水系は，活発な対流システムである．それは，基部にきわめて大きな温度差がある薄い層によって駆動される．対流は，岩石そのものではなく，割れめや多孔質の岩石を通して移動する水によって起きる．流体のレイリー数は，非常に高い．なぜなら水の粘度は低く，温度差は大きいからである．拡大速度が速いため，マグマの供給量が大きく，頻発する噴出は熱水系を初期状態に戻す．熱水活動は，海嶺セグメントにそって密集した**ブラックスモーカー**（black smokers）の小さなグループとして現れ，その集団は速やかに変容する（図 12-4，下右パネル）．

拡大速度の遅い海嶺では，マグマの供給量はより小さく，リソスフェアはより厚くなり，断層はより深くなる（図 12-4，下左パネル）．浅いマグマだまりは，存在しても一時的である．断層の位置と熱源への経路が，熱水系の位置を主に支配する．これらのテクトニクスの差異が，熱水系に影響を与え，多様な熱水環境をつくる．水が断層にそって深くまで侵入する場所では，熱はマグマだま

350

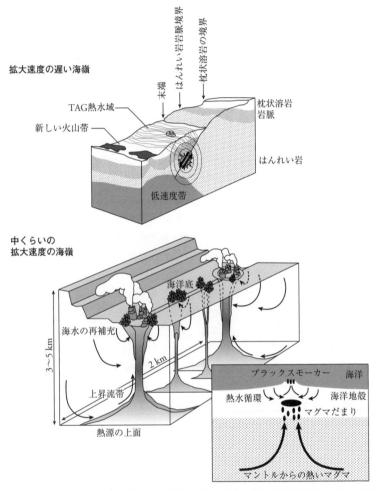

図 12-4：拡大速度の速い海嶺と遅い海嶺での熱水循環の図解．拡大速度が中くらいまたは速い海嶺（下パネル）では，ふつう浅いマグマだまりがある．熱水循環は，マグマだまりの上の海嶺の中心近くにあり，浅い断層によって維持される（Figure courtesy of D. Kelly and J. Delaney）．大西洋中央海嶺 20°N 付近の TAG 地域のような，拡大速度の遅い海嶺（上パネル）では，マグマのリザーバーはふつう存在せず，熱水循環は海嶺軸から少し外れた位置にある深い断層に関連して起こる．

りの境界層よりも，大量の高温の岩石から供給される．このため，大きな熱水系は，火山活動の活発な地域から離れており，比較的長い時間にわたって持続する．海嶺セグメントの中心部で，マグマが表面まで接近して浅いマグマだまりを生じた場合は，拡大速度の速い海嶺と同じような熱水系が発達する．また，拡大速度の遅い海嶺は，これまでに述べたものと大きく異なる低温の熱水系も発達させる（図 12-4, 上パネル）．それは，熱いマントルかんらん岩が断層によって表面近くまで上昇し，海水と相互作用して変質されるときに生じる．この型の熱水系は，メタン（CH_4）や水素（H_2）のような還元体化合物のガスを放出する．これらのガスは生命の起源に重要であったかもしれないことを後で学ぶ．

熱水系の影響は，海洋底に止まらない．熱水噴出孔から上昇するプルームは，反応性の高い粒子を含んでおり，海嶺から立ち上がり，中性浮力の深度まで水柱を上昇する．それは，煙突から煙がたなびくのと同じである．熱水プルームは，深海を遠くまで広がる．これは，ヘリウム同位体 ^{3}He の分布によってあきらかにされた．^{3}He は，海嶺玄武岩から放出されるガスに存在し，熱水プルームに含まれるが，海水から大気に拡散し，最終的には宇宙に散逸するので，海水から定常的に失われている．^{3}He は，宇宙の元素合成によってのみつくられ，地球の放射性崩壊ではつくられない．地球表層の古いヘリウムはすべて大気上層から宇宙へ散逸したので，海洋には熱水起源以外の ^{3}He は存在しない．このため，海洋において，^{3}He は熱水流体の量と広がりのよいトレーサーとなる．プルームの跡は，水に溶存する ^{3}He の分布によりマッピングできる．図 12-5 は，東太平洋海嶺からの ^{3}He プルームが太平洋を遠くまで広がっていることを示す．

深海熱水系の最も驚くべき発見は，噴出孔を取りまく豊富で多様な動物の生態系である．それ以前には，豊富な生命には太陽の光が必要であると考えられていた．深海の大部分では，生物生産はごく限られており，表面から沈降する有機物に依存している．しかし，熱水系の初期の写真は，水深 2,000 m にハマグリやムラサキ貝のような生物が存在することを示した．ハマグリやムラサキ貝は，ふつうは潮間帯に生息する生物だ！　多くの動物は私たちが知っているものと見かけが似ていたが，大部分は固有の新しい種であった．中には，陸上のどの生物とも似ていない生物もいた．最も色彩に富むものは，白く背の高い

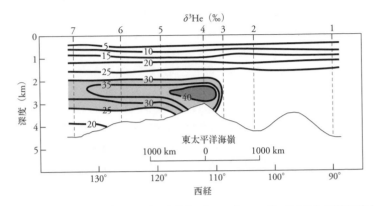

図 12-5：太平洋における ³He の分布．高濃度の ³He のプルームは，熱水流体の影響が東太平洋海嶺から太平洋海盆全体に広がっていることを示す．（Figure modified from J. Lupton and H. Craig, Science, 1981 v. 214, no. 4516, 13–18）

チューブワーム（tubeworms）である．チューブワームは，白い茎からすばやく伸びたり，引っこんだりする明るい赤色の頭を持つ（図 12-6）．熱水噴出孔付近の生物の密度は，驚くほど高い．地球で最も不毛な環境であり，生命をはぐくむ太陽から隔絶されているにもかかわらず，深海噴出孔の生物群集は，規模は小さいが，熱帯雨林に匹敵するほどの生物密度を有する．

この生物群集の食物連鎖の基礎は，**硫黄酸化細菌**（sulfur-oxidizing bacteria）である．熱水中の硫化物は，酸化的な海水と非平衡にある．硫化物と高温との組み合わせにより，硫黄酸化細菌が繁栄する．これらの細菌は，噴出孔生態系の食物連鎖の基礎となり，噴出孔近くの海洋底に集まる多くの動物と共生関係を発達させた．細菌の一部は，100℃を越える温度でも生きられることがわかった．これは従来の常識をくつがえす発見だった．この生態系は，頑強であり，陸上であれば有毒で生存不可能であるような環境によく適応している．陸上の生物は，栄養と健康を究極的に太陽に頼っている．もし，噴出孔で知的生命が進化したならば，太陽は小さな，はるか遠くの存在でしかない．彼らの豊穣と破壊の神は，生命サイクルのすべての面を支配する活発な火山活動だろう．拡大するプレートという単純な事実が，マントルから微生物までを結びつけるシ

図 12-6：図 12-2 に示した東太平洋海嶺にある熱水噴出孔周辺の生物群集の写真．一部の動物は，潮間帯に住む生物と外見が似ている．それ以外の生物は，長細い「チューブワーム」のように特異な外見である．これらすべての生物は，地球表面に住む生物とはまったく異なる代謝を行う．この代謝は，噴出孔流体を利用する硫黄酸化細菌との共生関係に基づいている．口絵 24 を参照．（Photograph courtesy of Cindy Lee Van Dover）

ステムをつくっている．そこでは，マントルからエクステリアに放出されるエネルギーと物質の鉛直的な移動によって，生命が支えられている．

　熱水噴出孔での生命の発見は，その食物連鎖の基礎が太陽ではなく惑星内部からの火山エネルギーであることを示した点で革命的である．このことは，他の惑星における生命の生存可能性に対する見方を著しく拡大する．恒星から遠くても，太陽の光がまったくなくても，生命はありえるのである．

● 海嶺と生存可能性

　海嶺は，あきらかにプレートテクトニクスの中心であり，特殊な生物圏を支えているが，惑星の生存可能性の中心でもあるのだろうか？　答えはイエスである．海洋地殻の形成，輸送，およびリサイクルの間の化学過程は，生存可能な地球の重要な要素である．海洋地殻の形成と再循環に関する次の4つの点は，特に重要である．これらはいずれも，単にテクトニクスのプレート運動を考えるだけではわからないものである．

(1) 海嶺における地球化学的過程は，海水の化学組成を維持する．

(2) 海嶺は，水とその他の元素を蓄え，沈み込み帯へ輸送する．これは，沈み込み帯の火山活動と大陸の成長につながる．

(3) 海嶺は，水と炭素の循環に重要な役割を果たす．これは，地球の気候の長期安定性をもたらす（第9章で議論した）．

(4) 海嶺は，地球の生命の起源において重要な役割を果たしたかもしれない．このことは，銀河系の他の場所での生命の生存可能性に大きな意味を持つ（第13章で議論する）．

海水組成の謎

　プレートテクトニクス理論の以前には，海洋の物質収支はかなり簡単に見えた．海洋の物質は，河川水と風送塵から供給され，閉鎖性の海での蒸発による塩の析出と海洋底への堆積物の沈殿により除去される．蒸発して上昇し，雨と

表 12-1　地球の水の化学組成 (濃度は ppm)

元素	雨水	河川水*	海水	熱水流体**	熱水 / 河川水 濃度比	熱水 / 河川水 フラックス比
Ca	0.65	13.3	412	1,200	90	0.0675
Mg	0.14	3.1	1,290	0	0	0
Na	0.56	5.3	10,770	–	–	–
K	0.11	1.5	380	975	650	0.4875
SO_4	2.2	8.9	2,688	28	3.15	0.00
Cl	0.57	6	19,000	–	–	–
Si	0.3	4.5	2	504	112	0.08
Fe	0	0.03	0.002	168	5,600	4.20
Mn	0	0.007	0.0002	41	5,857	4.39
Li	0	0.002	0.18	5	2,500	1.88
H_2S	0	0	0	255	無限大	無限大
Mg/Na	0.25	0.58	0.12	0.00		
Ca/K	5.91	8.87	1.08	1.23	–	–
Si/K	2.73	3.00	0.01	0.52	–	–
海洋への水の フラックス (kg/y)		4×10^{16}		3×10^{13}		

* R. Chester, Marine Geochemistry (Oxford: Blackwell Science, 2000); and H. Elderfield and A. Schultz, Annu. Rev. Earth Planet Sci. 24 (1996): 191–224.
** Elderfield and Schultz (1996); 熱水流体は組成に大きな幅がある. 熱水流体のナトリウムと塩素の濃度は, 海水とほぼ等しい.

なる水は, きわめて純粋である. この水は, まず大気のガスと塵との反応によってさまざまな元素を取り込む. 次に, 雨となり大陸の岩石に降りそそぎ, 地表を流れるとき, 岩石を風化させ構成鉱物の一部を溶解させる. その結果, 海洋に戻るときには, 高い塩濃度を持つ. 表 12-1 は, 海水, 雨水, 河川水, および熱水流体の組成を比較している. 河川水は, 塩濃度が海水よりずっと低いが, 純粋な雨水と比べるとさまざまな元素をはるかに大量に含んでいる. 海水は多くの元素を高濃度に含むが, グレートソルト湖の水のような飽和した溶液よりは低濃度である.

　この単純なモデルでは, 純水が海洋から蒸発によって除去され, それと同量のより塩に富んだ河川水が海洋に流入する. したがって, 水のサイクルは, ますます多くの化学物質を海へ加え, 海水の塩濃度は時間とともに単調に増加す

るだろう．河川水と海水の元素の比は，同じになるだろう．それは，水がいっぱいの浴槽に立って，その水を蒸留してシャワーを浴びるようなものである．シャワーに使う蒸留された水は，常にきれいである．最初，浴槽の水はきれいだが，あなたがシャワーを浴びるたびに汚れと石鹸がたまり，ついには浴槽の水は石鹸や塩で飽和するだろう．

　しかし，海洋は過度に塩に富んでいるわけではないし，塩や他の鉱物で飽和しているわけでもない．ユタ州のグレートソルト湖のように塩で飽和した水は，海水よりはるかに高濃度の元素を含む．実際，海洋のナトリウム量は少なく，河川によってたった 4,700 万年で供給される（これは，実際に地質学者が地球の年齢を計算するのに用いた初期の方法のひとつである）．どのようにしてか，海水は飽和よりずっと低い濃度の定常状態に保たれているのである．さらに，海水の多くの元素の比は，河川水の比と大きく異なっている（表 12-1）．これは，活発な「除去」(sinks) を示唆する．元素は，海洋へ供給されるのと同じ速度で海洋から除去されている．その結果，動的なバランスすなわち非平衡定常状態が，地球の歴史を通して維持されてきた．未飽和の海水の定常状態組成は，供給と除去のつり合いによって保たれているのである．

　水のサイクルは，放射性起源元素の同位体比を有意に分別しない（安定同位体の分別は第 9 章を参照）．もし，海洋への元素の供給がすべて大陸由来であるならば，海水の放射性起源元素は風化され河川によって運ばれる大陸地殻と同じ同位体比を持つだろう．放射性起源元素のうちで海水に最も豊富に存在するのは，第 6 章で述べたストロンチウムの同位体 ^{87}Sr である．$^{87}Sr/^{86}Sr$ 比の平均値は，大陸地殻では 0.712 より大きいが，海水ではずっと低く 0.709 くらいである．ストロンチウム同位体の証拠は，大陸は海洋への物質供給の唯一の「供給源」(source) ではないことを示す．海水には，供給と除去の「両方」に寄与する何らかの過程が必要である！

　除去過程のひとつは，海洋生物による取り込みである．ケイ酸塩の殻を持つ生物は海水からケイ素 (Si) を除き，炭酸塩の殻を持つ生物はカルシウム (Ca) を除くので，残った海水の Si/K 比と Ca/K 比は低くなる（K はカリウム）．しかし，なぜ海水では Mg/K 比も低いのだろうか？　また，生物は，放射性起源元素の同位体比を有意に分別しないので，ストロンチウム同位体のデータを説明でき

ない.

　海水組成をバランスさせる謎の過程の正体は, 海嶺熱水循環である. 海水が高温の岩石の割れめを通過するときの非平衡は, 新しい鉱物をつくり, ある元素を海水から除き, 他の元素を海水に加える. この変質された溶液は, 噴出孔流体として海洋に放出される. ある元素は海洋に供給され, ある元素はチムニー内でたちまち沈殿する. ある元素は反応性の高い粒子となり, 水中から他の元素を吸着・除去し, 堆積物に移行させる. 地殻を通して水が循環するとき, 河川から供給されたナトリウムのかなりの部分が除去される. 一方, マグネシウムは海水から完全に除去される (熱水流体のマグネシウム濃度はゼロであることに注意). その結果, Mg/Na 比は, 河川水では約 0.6 であるが, 海水では約 0.1 となる. また, 海洋地殻と噴出孔流体の $^{87}Sr/^{86}Sr$ 比は, 約 0.703 である. 噴出孔流体のストロンチウムと地殻由来のストロンチウム ($^{87}Sr/^{86}Sr = 0.712$) との混合が, 海水の中程度のストロンチウム同位体比 (0.709) をつくる.

　個々の熱水噴出孔は小さいが, 海嶺にそって数千の噴出孔を有する熱水系の全体は巨大である. 高温の熱水循環は, 海洋全体の水を数千万年で完全に処理する. 海嶺軸から外れたところにある低温の循環はもっと大規模であり, 海洋の全体積を数十万年で処理する. しかし, これらのフラックスは, 河川に比べれば小さい. 河川は, 海洋の全体積の水を 30,000～40,000 年で供給する. 河川の流入体積の方がずっと大きいにもかかわらず, どうして熱水フラックスが重要となるのだろうか?　その答えは, 高温噴出孔流体の元素濃度が著しく高いことにある (表 12-1). 中には, 河川の 1,000 倍かそれ以上に高い濃度になる元素もある. そのため, 多くの元素の熱水フラックスは, 全球の河川フラックスに匹敵するか, それ以上にもなる.

　噴出孔流体に著しく濃縮される 2 つの元素は, 鉄とマンガンである. これらの元素の海水中濃度は事実上ゼロと見なせるほどである. どうしてだろうか? 第 16 章で詳しく述べるように, 鉄とマンガンは, +2 価の酸化状態では溶解度が高いので, 高温, 酸性, 還元的な熱水流体に容易に溶ける. これらの元素は, アルカリ性で酸化的な海水と出合うと, +3 価に酸化され, 噴出孔チムニーの上の熱水プルーム中でたちまち沈殿する (水酸化物および酸化物として). 鉄とマンガンの沈殿粒子は, 反応性の高い表面を持ち, 沈降して海底堆積物とな

るまでに，他の多くの元素を海水から吸着・除去する．よって，熱水流体は大きな供給源であると同時に大きな除去過程となる．この除去過程には，海洋の他の元素も含まれる．なぜならプルームはチムニーから大きな海洋に広がり，粒子は大量の海水と接触するからである．プルームは4,000〜8,000年で全海水を処理できるので，熱水系と海洋全体との相互作用において重要な役割を担う．

火山活動の地球化学的結果が，地球の生存可能性の中心となる海水の組成を維持する上で重要な役割を果たすことは，プレートテクトニクスの注目すべき点のひとつである．

沈み込み帯への元素の輸送

海嶺下で上昇し融解するマントルは，ほとんど水を含まない．そのため，海嶺で地殻を形成する溶岩（**中央海嶺玄武岩**, mid-ocean ridge basalts, MORB）は，水を含まない斜長石，かんらん石，輝石からできている．マントルの水以外のすべての揮発性物質も，マントルが融解するときに分離され，マグマが固化するときに脱ガスされる．新しいプレートは，形成されたときには，水と揮発性物質を含まない．

岩石と海水との熱水相互作用は，プレートの組成を変化させる．高温でも低温でも海水との相互作用は，岩石を**変質**し（alteration），もとの無水鉱物を角閃石や層状ケイ酸塩のような含水鉱物へと変化させる．これらの鉱物は雲母と似ており，触っても湿ってはいないが，鉱物構造の重要な部分として水を含んでいる．例えば，角閃石の化学式は $Ca_2(Mg,Fe)_5Si_8O_{22}(OH)_2$ であり，緑泥石の化学式は $(Mg,Al,Fe)_{12}(Si,Al)_8O_{20}(OH)_{16}$ である．水酸基（OH）は，固体鉱物の一部である構造水を反映している．これらの鉱物の生成は，岩石を黒光りする玄武岩から**変成岩**（metamorphic rock）へと変化させる．この岩石は，含まれる鉱物に基づいて緑色片岩（greenschist）または角閃岩（amphibolite）と呼ばれ，数パーセントの水を含む（表12-2）．地殻が古くなるにつれて，低温でも水との相互作用が進み，地殻の下のマントルでも水和が起こり，かんらん石や斜方輝石が蛇紋石（serpentine, $Mg_3(Si_2O_5)(OH)_4$）に変質される．

表 12-2　マントル，変質されたマントル，海洋地殻，変質された海洋地殻，および全球沈み込み堆積物（GLOSS）の化学組成（重量パーセント）

	始原的マントル[a]	変質蛇紋岩[b]	海洋地殻[c]	変質海洋地殻 (side 801)[d]	GLOSS[e]
SiO_2	45.00	40.14	49.71	49.23	58.57
TiO_2	0.20	0.01	2.02	1.7	0.62
Al_2O_3	4.45	0.79	13.43	12.05	11.91
FeO	8.05	7.46	12.92	12.33	5.21
MnO	0.14	0.12	0.19	0.226	0.32
MgO	37.80	40.83	6.83	6.22	2.48
CaO	3.55	0.97	11.41	13.03	5.95
Na_2O	0.36	0.09	2.56	2.3	2.43
K_2O	0.03	0.00	0.14	0.62	2.04
P_2O_5	0.02	0.01	0.17	0.168	0.19
CO_2	<0.1	8.61	~0.02	6.31	3.01
H_2O	<0.01	−	0.20	−	7.29
Rb (ppm)	0.6	14.56	1.46	13.7	57.2
U (ppm)	0.022	1.51	0.02	0.39	1.68

[a] 始原的マントルの平均化学組成（W. McDonough and S. Sun (Chemical Geology 120 (1995) 223-253).
[b] 変質された蛇紋岩の平均化学組成（harzburgite aver. (OM94) K. Hanghoj et al., J. Petrol. 51 (2010) 201-227).
[c] 平均海洋地殻（Gale, Langmuir, and Dalton, in press).
[d] 変質された海洋地殻（SUPER, K. Kelley and T. Plank, Geochem. Geophys. Geosys. 4(6) (2003) 8910).
[e] 全球沈み込み堆積物の組成（T. Plank and C. Langmuir, Chemical Geology 145 (1998) 325-394). 変質された物質と堆積物における揮発性物質のきわめて高い濃度に注意.

　地殻が海洋底を横切って沈み込み帯へ移動するとき，堆積物の雨が次第に蓄積する．一般に厚さ 500〜1,000 m の堆積物が，沈み込むプレートの一部となる．堆積物は，複数の起源から来る．主な起源は，河川と風によって運ばれる地殻の風化物，もともと熱水噴出孔起源の粒子が水柱を沈降したもの，および死んだ生物の集積物である．堆積物中のほとんどの鉱物は，変質された海洋地殻よりも高い割合で水を含む．また，CO_2 は炭酸塩鉱物の固体としてプレートに付加される．これは，炭酸塩堆積物の沈降，および海洋地殻とマントルの地下水脈での炭酸塩の沈殿によって起こる．沈み込む堆積物の平均組成は，GLOSS（global subducting sediment）と呼ばれる．その組成を表 12-2 に示す．
　変質や堆積を通してプレートに付加されるのは，揮発性物質だけではない．

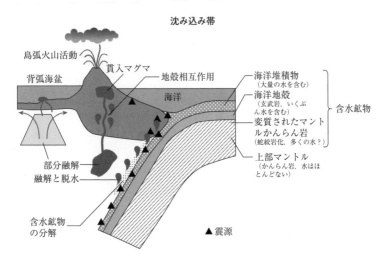

図 12-7：プレートの組成が変化し，揮発性物質に富む塊となり，沈み込み帯へ移動するようすを表す概念図.

多くの元素，例えばウラン (U)，ルビジウム (Rb)，バリウム (Ba)，カリウム，およびホウ素 (B) が，含水鉱物に取り込まれる（表 12-2）．鉛，銅，亜鉛のような元素は，熱水流体から沈殿し，硫化物に蓄積される．また，酸化的な海水との反応は，地殻の酸化状態を変化させ，Fe^{2+} の多くを Fe^{3+} に変換する．

　これらの物質の全体，すなわち変質されたマントル，変質された玄武岩，および堆積物が，沈み込み帯でマントル内へ移動する（図 12-7）．沈み込むプレートは，数千年前に拡大中心で生じた，水と CO_2 に乏しいマグマとはまったく異なる．それは，地球表面のリザーバーとの相互作用の結果である．海水との相互作用は，地殻の組成を変化させ，揮発性物質と他の元素を付加する．大陸の風化，生物起源物質の堆積，および熱水噴出孔起源の粒子の沈殿は，地殻上に豊かで多様な堆積物を蓄積する．プレートの移動は，これらの多様な物質の塊を沈み込み帯へ輸送し，地球表面からマントルへのフラックスを生みだす．次の節で見るように，このフラックスが，収束境界で火山活動を起こし，不均質なマントルを生じ，大陸地殻の形成をもたらす．

収束境界における地球化学過程

　プレートテクトニクスの運動学的記述は，下方に動くプレートを，地震によって定義される和達−ベニオフ帯と関連づけた．ベニオフ帯の上方では，円錐火山がきわめて規則的に列をつくっている．それは，太平洋では「火の輪」のうである（環太平洋火山帯）．円錐火山が海洋底に形成されるとき，その頂上はかろうじて平均海面より上にあるくらいである．中央メキシコやアンデスのアルティプラノ高原は，地殻が厚い．ここに円錐火山が形成されると，その麓の高度は 2,000〜3,000 m，火山の標高は 5,500 m 以上に達し，世界で有数の高い頂となる．これらの火山の存在は，プレートテクトニクス仮説が出現する数百年前からよく知られていた．プレートテクトニクスは，これらの火山が沈み込み帯と普遍的な関係を持つことをあきらかにした．地震の位置の注意深い調査により，沈み込むプレートに対して驚くべき規則性があることがわかった．火山の位置をその下の震源の位置と比べると，ほとんどの火山はベニオフ帯から約 110 km 上方に位置していた．沈み込みと火山活動は，組織的に結びついているのである（図 12-8）．

収束境界での融解と火山活動の原因

　沈み込みがなぜ火山活動を起こすのかを理解しようとするとき，難しい問題がある．海嶺では，高温の物質が圧力から解き放たれて融解する．対照的に，沈み込み帯では，冷たいプレートが沈降し，マントルウェッジにマントルの下向きの流れが起きる．このようすは，図 11-9 に表されている．冷たい物質の沈降は海嶺での熱い湧昇と反対であり，マントルが融解するのをますます困難にするはずである．沈み込み帯では，なぜ融解が抑制されないのだろうか？

　収束境界での融解を考える鍵は，水である．数々の証拠が，収束境界のマグマは海嶺のマグマと異なり水に富むことを示す．

- 結晶に閉じ込められた小さな包有物は，揮発性成分を保存しており，5％以上の水を含む（CO_2 も高濃度である）．

362

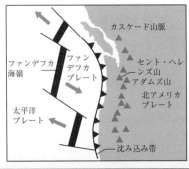

図12-8：上：ファンデフカプレートとカスケード火山群の地図．火山は，沈み込み帯と平行な列をつくっている．下：アリューシャン火山前線の航空写真．前景は，カナガ山．モフェット山が中ほどに，グレートシトキン島が遠くに見える．（Photo courtesy of Chris Nye, Alaska Division of Geological and Geophysical Surveys and Alaska Volcano Observatory）．

- 収束境界の火山は，しばしば爆発的である．爆発的な噴火の主な原因は，溶解している水がガスに変わることである．

- 含水状態下の分化作用により，マグマ中のケイ素が多くなる（安山岩，流紋岩，花崗岩）．これは，収束境界の火山で高ケイ素マグマが優勢であることを説明できる．

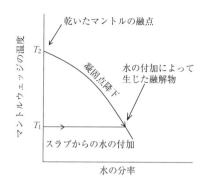

図 12-9：温度と水含有量の相図．水がどのようにマントルかんらん岩，および沈み込む玄武岩と堆積物の融点に影響するかを示す．T_2 は，乾いたかんらん岩の融点である．凝固点降下は，水がマグマにどれだけ溶解するかに依存する．水の溶解度は，圧力に強く依存する．低圧では，マグマは多くの水を含むことができないので，水は融解に影響をおよぼさない．高圧では，マグマは 20% 以上の水を溶解でき，融点が大きく降下する．図に示されているように，T_1 が含水状態での融点である．

　高い水含有量は，収束境界でどのように融解が起こるかを知る鍵となる（図12-9）．マントルかんらん岩の融解実験は，水が凝固点降下にきわめて有効な試薬であることを示す（第 7 章参照）．凝固点降下の大きさは，液体マグマに溶ける水の量に依存する．水が多すぎる場合は，水は単に流体かガスとなり，さらに融点を下げることはない．水蒸気は圧縮されやすいので，マグマ中の水の最大含有量（マグマ中の水の「溶解度」）は，圧力とともに著しく増大する．1 気圧では，水はマグマにほとんど溶解しない．しかし，10〜30 kbar の圧力がかかっているマントルウェッジ（地下 30〜90 km）では，20% もの水がマグマに溶解し，融点を数百度も降下させる．水の含有量の大きな違いのため，発散境界と収束境界では，異なる機構で融解が起こる．海嶺での融解は熱いマントルの減圧によって起こり，収束境界での融解は**フラックス融解**（flux melting）によって起こる．後者は，水の付加による凝固点降下のため融点が下がることが原因である．
　フラックス融解が起こるためには，水がどうにかして収束境界火山の下のマントルへと輸送されねばならない．そのあきらかな起源は，沈み込むプレートの一部をなす，揮発性物質を積み込んだ地殻である．地球の表面近くでつくら

れる水に富む鉱物は，高圧高温では不安定である．それらの鉱物は変化し，水含有量の低い新しい構造と鉱物をつくり，過剰の水を流体として放出する．この全過程は，**変成作用**（metamorphism）と呼ばれる．変成作用は，温度と圧力の変化に対応した岩石の固体状態の変化である．圧力と温度が増加すると，変成反応は岩石の段階的な脱水と脱炭酸を起こし，H_2O と CO_2 を周囲に放出する．沈み込みの間に，角閃石や緑泥石のような含水鉱物は，一連の反応を受け，輝石やざくろ石のような無水鉱物となり，高密度のエクロジャイト岩石をつくり，スラブをマントルへ引きずり込む（図 11-11 参照）．また，炭酸塩鉱物も不安定となり，高圧高温で炭酸塩とケイ酸塩が反応して，CO_2 を気体として放出する．例えば次の反応式のように透輝石と CO_2 を生じる.

$$CaCO_3 + MgSiO_3 + SiO_2 \rightarrow CaMgSi_2O_6 + CO_2 \qquad (12\text{-}1)$$

第9章で学んだように，この脱炭酸反応は，長いタイムスケールで地球の穏やかな気候を維持している重要な経路のひとつである．

水を含む海洋地殻の玄武岩と堆積物の融点（約800℃）は，マントルのかんらん岩の融点（地下100 kmの無水マントルかんらん岩の固相線は約1,500℃にある）よりずっと低い．水の存在下では融点が低いため，スラブの一部は沈み込むときに融解する．スラブの温度は，マントルウェッジと接触するところで最も高くなる．堆積物はスラブの最上層にあるので，堆積物は最も融解しやすい．地球化学的証拠は，このような融解が沈み込む堆積物で一般的に起こることを示す．沈み込みの熱的環境によって，融解は海洋地殻でも起こる．例えば，沈み込み速度が非常に遅ければ，スラブは加熱される時間が長くなるので，融解しやすくなる．太古の地球では，マントルウェッジの温度がかなり高かったので，スラブは必ず融解しただろう．スラブの融解物は，高濃度の H_2O と CO_2 を含んでおり，揮発性物質を表面へ輸送するもうひとつのメカニズムとなる．

スラブ由来の流体と融解物は，マントルより温度の低いスラブ上部の領域で生じ，マントルより低密度であるため，マントルウェッジに上昇する．この深さにあるマントルウェッジは，逆転した温度勾配を持つ．温度は，古いスラブよりマントルウェッジの「中心」でずっと高くなる（図 11-9 参照）．冷たいスラブに隣接するマントルは，温度が低すぎて融解しない．水が上昇してより高

図 12-10：1980 年 5 月のセント・ヘレンズ山の噴火前（上）と噴火後（下）の写真．（Courtesy of U. S. Geological Survey）

温の領域に入ると，融点を低下させ，マントルの融解を起こす（図 12-9）．人になじみ深い融解は温度上昇によって起こり，海嶺下のマントルの融解は圧力低下によって起こるが，収束境界での融解は第三のメカニズムによって起こる．それが，フラックス融解であり，他の化学成分の付加により融点が低下することで起こる融解である．私たちは，冬季に道路の安全を確保するために同じ原

理を用いる．水の温度が純粋な水の氷点より低いときでも，道路に塩をまくと氷の融点が下がる．収束境界では，スラブからの CO_2 と H_2O の移動がマントルの融点を下げ，揮発性物質に富んだマグマを生ずる．これが地球表面に上昇すると，爆発的な島弧の火山を形成する（図12-7参照）．

また，高濃度の水は，発散境界と収束境界の噴出の大きな違いを説明できる．海嶺玄武岩は，爆発的に噴火しない．ほとんどの溶岩流は小さく，海洋底をゆっくりと移動する．一方，大陸の火山は，爆発的な噴火で有名である．多くの火山の頂上には，大きなクレーターがある．これは，火山の頂上が爆発で吹き飛ばされた跡である．このような噴火は，1980年にセント・ヘレンズ山が噴火したのをきっかけによく知られるようになった（図12-10）．マグマ中の水の溶解度は，噴出のようすの違いを説明できる．収束境界マグマの高濃度の水は，圧力が高い限りマグマに溶解できる．しかし，圧力が低下すると，溶解度は低下し，水の一部は蒸気として逃げる．水蒸気は，マグマ中に気泡をつくり，圧力を極端に高くする．マグマで満たされた火山は，圧力制御を失った圧力釜，あるいは過剰にガスの詰め込まれたシャンパンのようである．地震が火山表面に割れめをつくると，あるいは火山表面近くの岩石が耐えられないほど高圧になると，火山は激しく爆発する．沈み込むスラブが運ぶ多量の水が，収束境界の火山を爆発的に噴火させるのである．海嶺の火山は，そうではない．また，マグマ中の揮発性物質の濃度が高いので，収束境界の火山からのガスフラックスは，大気の組成と気候の安定性にとって不可欠である．

大陸地殻への元素の輸送

沈降するスラブから分離される物質は，水だけではない．堆積物と変質された海洋地殻には，マントルに比べて多くの元素が強く濃縮されている．一部の元素は，高圧で熱水に溶解し，スラブから効率的に抽出される．他の元素は，スラブ融解物によって運ばれ，効率的に輸送される．堆積物はマントルに比べて多くの元素を100倍以上も濃縮しているので，堆積物の寄与は元素の存在度を高くする．

海溝に沈み込んだ元素がマントルでリサイクルされ，収束境界の火山に現れ

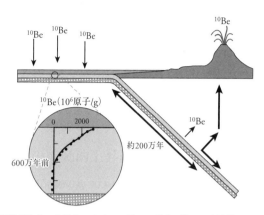

図 12-11：深海堆積物中の放射性ベリリウム ^{10}Be の濃度. ^{10}Be の半減期は 160 万年であるので, 表面に新しい堆積物が堆積する間に, 下の古い堆積層の ^{10}Be は崩壊してなくなる.（Figure courtesy of Terry Plank）

ることを証明できるだろうか？　幸運にも, その証拠を射とめる魔法の弾丸が, 地球化学の兵器庫にある. 宇宙線と地球大気の相互作用は, 多くの放射性核種をつくる. 最も有名なのは放射性炭素 ^{14}C である. 半減期 160 万年の放射性ベリリウム ^{10}Be も宇宙線起源放射性核種である. 大気中で生成した ^{10}Be は, 地球表面に沈降し, 海洋底に達し, 堆積物中で少量であるが測定可能な量となる. ^{10}Be の濃度は, 海洋堆積物の最上部において最大であり, 放射性崩壊のため深度とともに減少する. 1,000〜1,500 万年前より古い堆積物中では, すべての ^{10}Be は崩壊して娘核種のホウ素 ^{10}B となる. この崩壊は, ^{10}Be がどこに存在するかには関係しない. 沈み込む堆積物柱では, ^{10}Be は上部数メートルの最も若い堆積物層にしか存在しない（図 12-11）. マントルや海嶺玄武岩には, ^{10}Be はまったくない. しかし, 最近噴出した収束境界のマグマは, ^{10}Be を含んでいた！ 新しく噴出した島弧火山における ^{10}Be の存在は, 数百万年のうちに ^{10}Be が堆積物最上部から海溝へと運ばれ, スラブから分離され, マントルウェッジへ移動し, 火山から噴出されたことを意味する. これは, 沈み込んだ堆積物中の元素が島弧のマグマに寄与していることを示す決定的な証拠である. 他の多くの

元素の研究により，沈み込むスラブの堆積物の元素比と，その上の島弧の火山岩の元素比の間には，よい相関があることがわかった．このことは，沈み込む堆積物がリサイクルされ，収束境界の火山活動に寄与していることを確信させる．

ここでは深く探究しないが，海洋地殻の元素もまたリサイクルされていることを示す細かい証拠がある．したがって，スラブの多様な層からの元素のフラックスが，海嶺玄武岩と大きく異なる島弧火山の化学組成をつくると言える．堆積物に濃縮される元素，および変成流体やスラブの部分融解物によって輸送されやすい元素は，収束境界のマグマにおいて著しく存在度を高める．海嶺の火山岩は親マグマ元素に乏しいが，収束境界の火山岩は親マグマ元素に富んでいる（10〜100倍．カリウム，ルビジウム，セシウム（Cs），バリウム，トリウム（Th），ウラン，鉛など）．地球の歴史を通して，スラブからのフラックスは，親マグマ元素や流体を好む元素を徐々に地球表面に濃縮した．その過程には，生物に必須であるナトリウム，カリウム，およびリン（P）の3元素も含まれていた．

また，高い水含有量は，マグマの二酸化ケイ素（SiO_2）濃度を高くする．このマグマが冷却されて鉱物を沈殿すると，マグマのSiO_2量はさらに高くなる．すべての海嶺玄武岩は，SiO_2濃度が比較的低く，50％くらいである．一方，収束境界のマグマは，ふつう55％またはそれ以上のSiO_2を含む．SiO_2に富むマグマは，低密度である．したがって，収束境界の火成活動は，親マグマ元素に富む軽い地殻をつくる．その地殻は，沈み込むことができないので，永久に表面に残り，プレートの上に浮かぶ．大陸地殻は，固体の地球化学サイクルによってつくられると見ることができる．最初に，玄武岩地殻が海嶺で生じる．次に，それが表面との相互作用により変質され，水を取り込む．沈み込むスラブは，大陸地殻を形成するのに必要な元素を輸送する．そうして形成された大陸地殻に，現在，地球の進化した生物の多くが住んでいるのである．

水は，あきらかにこの過程の中心となる物質である．マントルへの水のリサイクルが，大陸地殻を形成するのに不可欠である．同時に，海洋の長寿を保つために，沈み込んだ水は表面へ戻らねばならない．変質された海洋地殻と堆積物の水が単にマントルへ移動するだけであれば，海洋は数億年で干からびるだろう．水は生命にとって不可欠であるので，海洋がなくなれば，惑星の生存可

能性も失われるだろう.

プレート再循環の最終結果

　プレートは, 収束境界において加工された後, 地球内部への旅を続ける. また, スラブからマントルウェッジに輸送された物質は, すべてが沈み込み帯の火山へ出て行くわけではなく, 一部はマントル内に残る. 沈み込みの最終生成物は, 時間をかけて徐々にマントルと混ざり, マントルの進化において重要な役割を果たす.

　このリサイクルシステムの最も重要な結果のひとつは, H_2O がマントルの粘度を制御することである. 水のほとんどは地球表面へ戻るが, ごく一部は, 名目上は無水であるマントル鉱物に取り込まれる. これらの鉱物は, 化学式に OH 基を含まないが, その構造中に数十 ppm の水を取り込むことができる. そのため, マントルの鉱物は, スラブから来た流体と触れると, 「湿り気」を帯びる. そのわずかに含水した鉱物は, 完全に乾いた鉱物よりもずっと弱い. 少量の水は, マントルの粘度を 1〜2 桁も減少させる. この粘度の変化は, レイリー数そしてマントル対流の活発さに大きな影響をおよぼす. 一部の科学者は, 金星はマントルが乾いていて硬いためプレートテクトニクスを持たないと考えている. 地球の海洋の存在は, プレートテクトニクス地球化学サイクルと結びついて, 地球内部と表面の間の定常的で活発な対流と物質交換を実現している.

　また, プレートの循環過程は, マントルの主要元素組成, およびその分布と関わっている. リサイクルされるプレートは, 海嶺で融解したものとは異なる. それは, 海嶺で分離された地殻と残渣のマントルであり, 収束境界で加工されている. 特に, 厚さ 6 km の地殻は, マントルのかんらん岩とは異なる鉱物, 密度, および物理的特性を持つ. マントル対流は, 惑星的視点で見ると「活発」であるが, 固体状態で起こるので, かなり遅いかき混ぜと折りたたみである. リサイクルされる物質は, マントル内で効果的にかくはんされず, 均一にはならない. そうではなく, ゆっくりと変形され, 薄くなる. この過程は, マントル中にさまざまな厚さの脈構造を発達させる. クロード・アレグルとドン・

図 12-12：左：「マーブルケーキ」の写真．これと同じように，マントルはさまざまな層が折りたたまれた混合物である．右：さまざまな脈状の層を持つマントル岩石の露頭．この脈の一部は，リサイクルされた地殻を反映しているかもしれない．(Photography courtesy of Peter Kelemen)

ターコットは，それを「マーブルケーキ」のようだと描写した（図 12-12）．

　沈み込むプレートもしくはその一部は，密度が十分に高く，マントルを通り抜け，コアーマントル境界にまで沈み込んで蓄積される可能性がある．この境界がマントルプルームを生成する場所であれば，地殻はプルームの生成に優先的に寄与することになる．その後，プルームは，地球表面まで上昇し，マグマを生じ，揮発性物質を放出する．マントルプルームの噴出は，時に激しく，気候と生命に重大な衝撃を与える（第 17 章参照）．プルームは，沈み込む地殻，およびコアからの熱供給を表面のリザーバーに結びつける．

　また，リサイクルされる地殻は，周囲のマントルより低い融点を持つので，マントル対流の間に融解しやすい．そのため，プレートの再循環によって，親マグマ元素を濃縮して沈み込んだプレートの低温融解物がマントル中に生じるだろう．以上すべての過程の結果，マントルはさまざまなスケールで不均質になる（mantle heterogeneity）．プレートのリサイクルの間に，マントルの組成の変動がつくられ，保存される．このような不均質性は，数億年から数十億年後に，海嶺や海洋島の玄武岩の多様な組成として現れる．大陸地殻の形成と海水組成の維持を補完するものは，プレートの再循環による不均質なマントルの形成である．

● まとめ

　プレートテクトニクスの地球化学サイクルは，マントル，地殻，海洋，および大気を結びつける．海嶺のマグマは，地殻と深海の間の大きな温度差を生みだし，海嶺軸の巨大な熱水系を駆動する．熱水系は，海水にとって重要な供給と除去を提供し，海洋の化学組成に大きな影響をおよぼす．同時に，地殻は，緑泥石や炭酸塩のような揮発性物質に富んだ鉱物を含むようになる．プレートが沈み込み帯へ移動する間に，低温熱水循環と堆積物の沈殿がプレートの化学組成に影響を与えつづける．収束境界においてプレートがマントルへ沈み込むとき，揮発性物質に富む鉱物が変成を受け，ナトリウム，リン，カリウム，鉛のような多くの親マグマ元素とともに，H_2O と CO_2 を放出する．水は，スラブの融解温度を下げ，特にその上部堆積物層を融解させる．流体と含水融解物は，軽いので上部のマントルウェッジに浸透する．その結果，マントルの融解温度が下がり，水に富むマグマが生じる．このマグマが，表面へと上昇し，島弧火山を形成する．高い含有量の水は，噴出の際に脱ガスされるので，火山をきわめて爆発的にする．

　地球化学データは，海洋プレートから沈み込む物質が収束境界の形成に重要であることを示す．「冷たく，沈降してゆく環境において，どのようにして火山が生じるのか」という収束境界の火山活動の不思議は，中央海嶺の火山活動が熱水相互作用によって揮発性物質やその他の元素を地殻に付加し，この地殻がプレートテクトニクスにより沈み込み帯へ輸送されるという過程の自然な結果として理解できる．収束境界の火山で爆発的に噴出される水は，もともと水深 3,000 メートルの海底海嶺下を循環する熱水系に起源を持つのである．

　また，大量の水は，SiO_2 に富む低密度のマグマを生ずる．それからつくられる低密度の地殻は，表面に安定に存在し，沈み込まない．収束境界は，大陸が形成される場所である．大陸地塊の起源と存在は，海底下に隠された海洋プレートの機能と循環に依存している．大陸岩石の特徴的な組成は，主にスラブから放出される流体による元素の移動，および侵食，深海への堆積，マントルへの沈み込みを含む堆積物のリサイクルに支配される．したがって，大陸は，海洋下で起こる火山活動とプレートテクトニクスの自然な結果であると言え

る．第9章で見たように，大気と太陽の相互作用，および沈み込みによって制御される CO_2 のリサイクルを含む気候のフィードバックのために，海洋はそれ自体持続的である．プレートテクトニクス，および地球のマントル対流の活発さも，プレートテクトニクス地球化学サイクルによって維持されていると言える．例えば，リサイクルされる水は，マントルの粘度を1〜2桁も低下させる．これが，マントルプルームの活発さの一因となっている．マントルプルームは，マントル全体を通り抜けて地球表面へ上昇し，表面のリザーバーに寄与する．大気，海洋，海洋地殻，マントル，コア，大陸，およびプレートテクトニクスは，連結されたシステムをつくり，私たちの惑星の生存可能性を維持しているのだ．

参考図書

Special Issue on InterRidge 2007. Oceanography 20, no. 1.

J. D. Morris and J. G. Ryan. 2003. "Subduction Zone Processes and Implications for Changing Composition of the Upper and Lower Mantle." In H. W. Carlson, ed., The Mantle and Core, vol. 2 of Treatise on Geochemistry. Oxford: Elsevier Science. Pp. 451–70.

[著者紹介]

チャールズ・H・ラングミューアー（Charles H. Langmuir）
ハーバード大学教授，アメリカ芸術科学アカデミー会員
専門：地球化学，地球科学

ウォリー・ブロッカー（Wally Broecker）
1931-2019
元コロンビア大学ニューベリ教授，元米国科学アカデミー会員
専門：地球化学，地質学

[訳者紹介]

宗林由樹（そうりん　よしき）
京都大学教授，公益財団法人海洋化学研究所代表理事
専門：分析化学，水圏化学

生命の惑星　上
　―ビッグバンから人類までの地球の進化　　学術選書 096

2021 年 6 月 10 日　初版第 1 刷発行

著　　　　者…………チャールズ・H・ラングミューアー
　　　　　　　　　　　ウォリー・ブロッカー
訳　　　　者…………宗林　由樹
発　行　人…………末原　達郎
発　行　所…………京都大学学術出版会
　　　　　　　　　　京都市左京区吉田近衛町 69 番地
　　　　　　　　　　京都大学吉田南構内（〒 606-8315）
　　　　　　　　　　電話（075）761-6182
　　　　　　　　　　FAX（075）761-6190
　　　　　　　　　　振替 01000-8-64677
　　　　　　　　　　URL http://www.kyoto-up.or.jp

印刷・製本…………㈱クイックス

装　　　幀…………鷺草デザイン事務所

学術選書［既刊一覧］

＊サブシリーズ　「心の宇宙」↓心　「諸文明の起源」↓諸
「宇宙と物質の神秘に迫る」↓宇

001 土とは何だろうか？　久馬一剛
002 子どもの脳を育てる栄養学　中川八郎・葛西奈津子
003 前頭葉の謎を解く　船橋新太郎　心1
005 コミュニティのグループ・ダイナミックス　杉万俊夫 編著　心2
006 古代アンデス 権力の考古学　関 雄二　諸12
007 見えないもので宇宙を観る　小山勝二ほか 編著　宇1
008 地域研究から自分学へ　高谷好一
009 ヴァイキング時代　角谷英則　諸9
010 ＧＡＤＶ仮説 生命起源を問い直す　池原健二
011 ヒト 家をつくるサル　榎本知郎
012 古代エジプト 文明社会の形成　高宮いづみ　諸2
013 心理臨床学のコア　山中康裕　心3
014 古代中国 天命と青銅器　小南一郎　諸5
015 恋愛の誕生 12世紀フランス文学散歩　水野 尚
016 古代ギリシア 地中海への展開　周藤芳幸　諸7
018 紙とパルプの科学　山内龍男
019 量子の世界　川合 光・佐々木節・前野悦輝ほか編著　宇2
020 乗っ取られた聖書　秦 剛平
021 熱帯林の恵み　渡辺弘之
022 動物たちのゆたかな心　藤田和生　心4
023 シーア派イスラーム 神話と歴史　嶋本隆光
024 旅の地中海 古典文学周航　丹下和彦
025 古代日本 国家形成の考古学　菱田哲郎　諸14
026 人間性はどこから来たか サル学からのアプローチ　西田利貞
027 生物の多様性ってなんだろう？ 生命のジグソーパズル　京都大学総合博物館・京都大学生態学研究センター編
028 心を発見する心の発達　板倉昭二　心5
029 光と色の宇宙　福江 純
030 脳の情報表現を見る　櫻井芳雄　心6
031 アメリカ南部小説を旅する ユードラ・ウェルティを訪ねて　中村紘一
032 究極の森林　梶原幹弘
033 大気と微粒子の話 エアロゾルと地球環境　笠原三紀夫 東野 達 監修
034 脳科学のテーブル　日本神経回路学会監修／外山敬介・甘利俊一・篠本滋編